버킷 리스트와 두 질문

인생이란
어디론가
떠나는 것

버킷 리스트와 두 질문

인생이란
어디론가
떠나는 것

글 · 사진 임경순

푸른사상
PRUNSASANG

저자, 〈눈 내리는 달밤의 삼나무 호수〉, 종이에 연필 _ 미주리주 컬럼비아

버킷 리스트와
두 질문

신은 인간의 영혼을 천국으로 보낼지 지옥으로 보낼지를 결정하기 위해 두 가지 질문을 한단다. 하나는 '인생의 기쁨을 찾았느냐?'이고, 다른 하나는 '자기 인생이 다른 사람들을 기쁘게 했느냐?'이다. 살다 보면 놓치기 쉬운 질문일 뿐 아니라, 그 누구도 대답하기 힘든 것이다.

프롤로그 버킷 리스트와 두 질문

안내자
롭 라이너(1947~)
〈버킷 리스트 : 죽기 전에 꼭 하고 싶은 것들〉(롭 라이너, 2007)

왜, 많은 사람들은 삶의 끝자락에 이르러서야, 삶의 진정한 의미를 생각하게 되는 걸까? 심장이 힘차게 뛰는 시절, 우리들은 생을 의미 있는 일로 채울 수 있을 것이라 생각하곤 한다. 그래서 굴레, 명령, 복종, 굴욕, 고독…… 이 모든 것들로 인해, 비록 우리들의 삶이 고달플지언정 우리는 우리에게 주어진 생명을 쉽사리 여기지 않는다. 학교를 나와 직장에 다니고, 아이를 낳아 기르고, 아이들이 우리의 품을 떠나갈 즈음, 우리네 부모들도 우리 곁에 있지 않게 되고, 마침내 우리는 황량한 벌판에 서게 된다. 그리고 결코 다시는 돌아갈 수 없는 발자국을 돌이켜보면서 회한 속에서 남은 생의 여정을 생각한다.

여기 시한부 인생을 앞둔 두 남자가 있다. 롭 라이너(Rob Reiner)가 감독한 영화 〈버킷 리스트 : 죽기 전에 꼭 하고 싶은 것들(The Bucket List)〉에는 우연히 같은 병실을 쓰게 된 두 남자가 등장한다.

한 남자는 에드워드 콜(잭 니콜슨)이다. 그는 열여섯 살부터 돈을 벌기 시작해서 쉬지 않고 일해왔다. 많은 병원과 사업체를 소유한 사업가로서 남부러울 것 없이 살아간다. 자수성가한 사람이 가질 법한 거만함도 있다. 그러나 이제, 암이 온몸에 퍼져 그가 생존할 가능성은 거의 없다.

또 한 명은 암으로 시한부 인생을 사는 카터 챔버스(모건 프리먼)다. 그는 역사 교수가 되는 게 꿈이었다. 그렇지만 그는 가족을 먹여살려야 했기에 다니던 대학을 포기해야 했다. 대신 자동차 정비사가 되어 가정을 꾸리고, 금전적으로 남부럽게 살지는 못해도 가족이 있어 행복한 삶을 살아왔다.

두 남자가 머물고 있는 2인 병실. 카터는 대학 초년 시절에 철학 교수가 숙제로 내주었던 버킷 리스트를 적어본다. 떼돈을 번다든가, 최초의 흑인 대통령이 되겠다든가…… 인생에서 하고 싶은 소원들을 쓴다. 수십 년이 지난 후, 그는 병실에서 다시 그 목록을 적고 있다. 모르는 사람 도와주기, 눈물이 날 때까지 웃기, 정신병자가 되지 말기, 장엄한 것을 직접 보기……. 같은 병실을 함께 쓰는 에드워드가 우연히 그 목록을 보고, 거기에 스카이다이빙 하기, 가장 아름다운 소녀와 키스하기, 문신하기 등의 목록을 추가한다.

에드워드는 그 목록에 적힌 일들을 실행하기 위해 여행을 떠나자고 카터를 설득한다. 둘은 죽음의 그림자를 안고서 병실을 떠난다.

이집트 피라미드가 보이는 곳에서 카터가 말문을 연다. 신은 인간의 영혼을 천국으로 보낼지 지옥으로 보낼지를 결정하기 위해 두 가지 질문을 한단다. 하나는 '인생의 기쁨을 찾았느냐?'이고, 다른 하나는 '자기 인생이 다른 사람들을 기쁘게 했느냐?'이다. 살다 보면 놓치기 쉬운 질문일 뿐 아니라,

그 누구도 대답하기 힘든 질문이다. 아니나 다를까 에드워드는 어려운 질문이라며, 주변 사람들한테 물어보라 대답한다. 카터는 다시 '자네에게 물었노라'고 묻는다. 우리는 어떤 대답을 내놓을 수 있을까?

여행자들은 여행을 통해 인생의 기쁨과 의미를 찾으려 한다. 그러기에 그것을 다른 어떤 것보다도 인생을 가치 있게 사는 길의 하나로 여긴다. 우리는 '여행하는 인간(Homo Viator)'이지 않은가! 그런데 인생의 기쁨과 의미를 찾는 것이 여행이 되었든 또 다른 그 무엇이 되었든, 자기만족에 빠지기 십상이다. 그로부터 벗어나는 길은 '자기 인생이 다른 사람들을 기쁘게 했느냐?'는 물음에 답하는 것이다. 어느 한 가지만으로 천국에 갈 수 없다는 이야기에는 인간에게 보내는 경고와 지혜가 농축되어 있다.

따지고 보면 우리는 시한부 인생을 살고 있다. 누구나 죽기 마련이기 때문이다. 우리는 이 같은 사실을 잊고 산다. 그러다 누군가로부터 살 시간이 얼마 남지 않았다는 이야기를 들었을 때, 그때서야 자신의 삶을 진지하게 돌이켜보게 된다. 남은 시간은 1년일 수도 있고, 3개월일 수도 있을 터이니, 시간의 두께는 그 돌이킴과 함께 간다.

다행히 하늘의 도움으로, 우리는 아직 남은 인생을 살아갈 수 있다. 그렇다면 천만 다행이다. 더 늦기 전에, 시한부 인생을 선고받기 전에, '버킷 리스트'를 작성해보는 것도 좋겠다. 아마도 그 목록에는 여행이라는 두 글자도 적혀 있을 것이다. 거기에는 남을 기쁘게 하는 일들도 들어 있을 것이다. 카터와 에드워드에게 '인생에서 기쁨을 찾았는지', '다른 사람들을 기쁘게 했는지'를 묻고, 깨닫고, 실천하게 되는 계기가 여행이었다면, 우리는 그들의 이야기를 통해 더 많은 성찰을 할 수 있게 되어 다행이다.

이제 우리는 끝을 알 수 없는 여행을 떠나련다. 우리는 아직 젊고, 생을 마감하기에는 너무나 할 일이 많고, 딸린 부모 자식이 많다고 생각할지 모른다. 그러나 언제부턴가 마음속에 자리 잡고 있는 여행이라는 목록을 호출해서 감행하고자 한다. 여행을 통해 삶의 즐거움을 찾고, 깨달음을 얻을 수 있다면, 더 늦기 전에 길을 나서련다. 카터가 에드워드에게 한 두 질문을 가슴에 담고서……. 여행의 진정한 이유를 찾기 위해…….

일러두기
시, 단편소설 : 「 」
단행본, 장편소설, 정기 간행물 : 『 』
노래, 그림, 영화, 드라마, 공연 : 〈 〉

인생이란 어디론가 떠나는 것

프롤로그 버킷 리스트와 두 질문　　　　　　　　　　　　　　　　5

1부
호모 사피엔스, 진정한 '레인 맨'을 꿈꾸다

현재를 잡아라(카르페 디엠)! "시간이 있을 때 장미 봉오리를 거두라"　19
호모 사피엔스의 종말은 피할 수 없는가? : 공생, 미소, 선한 천사　　26
영원한 문명, 멋진 낙원의 신기루 그리고 '햇살이 춤추는 땅'　　　　36
달을 향한 사다리의 꿈, 새로운 '레인 맨'을 위하여　　　　　　　　46

2부
죽음의 고통을 넘어 인간에 대한 희망을 보다

전장을 기억하기 : 영웅들의 명멸, 그 시공간을 넘어서　　　　　　59
죽음의 고통을 넘어서는 길 : 타인의 감정을 이해하고 공감하기　　66
행복하신가요? 외롭고 허무하신가요? : 시간의 비밀을 찾아서　　　73
국경을 넘어선다는 것 : 인간 존재에 대한 가능성과 희망　　　　　80
아류 사무라이, 총잡이를 벗어나기 : 사라진 엄마와 아버지의 선물　86

3부
의미 있는 장소로 가득한 세상에 살기 위하여

재즈의 탄생 : 들판의 절규, 도시의 야성, 자유의 꿈틀거림   95

물질과 욕망을 넘어 생명의 비약을 꿈꾸며   103

내일은, 내일의 태양이 뜨고 지리라!   111

부평초 같은 여행자인 우리들, 집이란 무엇인가?   116

4부
모든 인간은 별이다, 희망을 꿈꾸는

당신의 가슴은 아직도 뛰고 있는지요? : 모험의 근원을 찾아서   125

천국에 이르는 문은 어디에? : 록의 뿌리를 찾아서   135

모든 인간은 별이다, 애타게 그리워하다 갈 고독한 별   142

꿈꾸는 자, 죽음 그리고 꿈을 지켜보는 자들을 위해!   152

자유와 평등은 어디에 있는가? : 투표, 그것은 목숨과 같은 것   159

5부
삶과 죽음 사이에서 불꽃같은 순간들

혼들의 거대한 무덤, 다른 문화 사이의 진정한 소통은 가능한가? 169

늑대와 춤을! 나는 당신의 친구다! 당신도 항상 내 친구인가? 175

빛나는 불꽃, 사멸과 부활 사이에서 꽃을 보다! 180

아! 아버지, 당신의 아이들은 기차를 타지 말았어야 했나요 186

우리는 고통을 감내하며 감사할 수 있는가? 194

레퀴엠, 모래성 그리고 참으로 아름다운 순간! 201

사랑하는 아이의 목숨을 누군가 앗아갔을 때, 그를 용서할 수 있는가? 207

6부
살며 사랑하며 진정 바라는 것

냄새의 문화, 파이프 오르간 연주 그리고 두 할머니 연주자 219

우리의 전부인 아이와 아버지라는 자리 225

삶과 죽음이 공존하는 옐로스톤에서, 나의 사랑이여! 232

누군가 곁에 있다는 것, 살며 사랑하며 죽는 순간에 237

평범한 사람들의 역사, 영혼에게 진정 바라는 것 243

카우보이 프런티어를 넘어서기 위하여! 247

7부

목마른 세상, 시온은 어디에 있는가?

지금, 우리는 중대한 기로에 서 있다!　　　　　　　　　　　255

우리는 왜, 무엇을 위해 도박을 하는 걸까?　　　　　　　　265

누가, 두 눈을 뽑는 고통을 감내할 수 있을까?　　　　　　　272

진정한 이야기에 목마른 세상, 어느 누구도 죽음을 피할 수 없는 것　277

진정, 시온은 어디에 있는가?　　　　　　　　　　　　　　282

8부

인생이란 어디론가 떠나는 것

길, 떠남 : 낯선 시간과 공간 속으로　　　　　　　　　　　293

여행, 일상으로부터의 탈주 : 존재의 충일함을 위하여!　　　　297

지독하게 아름다운 밤, 인생은 초콜릿 상자와 같은 걸까?　　　302

인생이란? 역마차를 타고 어디론가 떠나는 것　　　　　　　309

에필로그　다시, 여행 너머의 여행을 꿈꾸며　　　　　　　315

여행과 함께한 작품들　　　　　　　　　　　　　　　　　320

참고문헌　　　　　　　　　　　　　　　　　　　　　　324

이 책의 배경이 된 공간과 장소

저자, 〈기도〉, 종이에 연필과 아크릴 _ 뉴멕시코주 샌타페이 샌미겔 교회

1부

호모 사피엔스,
진정한 '레인 맨'을 꿈꾸다

하얀 모래 언덕에서 앙상하게 하늘거리는 유카(Yucca)를 본다.
뉴멕시코주의 꽃 유카. 유카는 유카꽃만 찾아 꽃가루를 묻혀온
유카나방을 맞아들이고, 그들의 알을 품고, 후손을 위해 씨를
만든다. 그러니 그네들은 서로를 위하고, 서로를 필요로 하는
존재들이 아닌가. 서로가 서로를 위하는 공생관계로 가득하다면
이 지구는 얼마나 평온하고, 인간들은 얼마나 행복할 것인가.

현재를 잡아라(카르페 디엠)!
"시간이 있을 때 장미 봉오리를 거두라"

여행지
칼즈배드 동굴(Carlsbad Caverns National Park, NM) - 링컨국유림(Lincoln National Forest, NM)
- 화이트 샌즈 국가 기념물(White Sands National Monument, NM)

안내자
로빈 윌리엄스(1951~2014), 에이브러햄 링컨(1809~1865), 월트 휘트먼(1819~1892)
「끝물의 라일락이」(월트 휘트먼, 1865), 「오 선장님! 우리 선장님」(월트 휘트먼, 1865),
『죽은 시인의 사회』(톰 슐만, 1989)
〈죽은 시인의 사회〉(피터 위어, 1989)

'카르페 디엠'. 〈죽은 시인의 사회(Dead Poets Society)〉에서 문학을 가르치는
키팅 선생이 전통, 명예, 규율, 최고를 중시하는 학교에 다니는 학생들에게
속삭인 말이다.

언젠가 새끼손가락에 'Carpe diem♡'이라는 문신을 새긴 사람을 만난 적
이 있다.

"문신을 새기면 아프지 않습니까?"

내게 돌아온 대답은 의외다.

"바늘이 내 살을 파고들 때 무척이나 따끔거리고 아프지요. 그렇지만 하고
나면 그게 그리워지는 걸요?"

그는 무엇 때문에 손가락에 그 말을 새겨 넣은 것일까. 현재를 붙잡기 위
해서? 아니면 즐기기 위해서? 우리에게 '카르페 디엠'은 무엇인가?

칼즈배드 동굴을 나와 62번 도로를 타고 북으로 향한다. 경치가 좋다는 82번 도로를 따라 링컨 국유림을 넘어 화이트 샌즈 국가 기념물로 가련다. 초원 식물들이 척박한 땅에 흩뿌려 만든 수묵화 길을 가르며 달린다.

82번 도로를 몇 번 자맥질하다가 마주친 것은 링컨 국유림. 노예 해방에 기여했으나, 암살당한 미국 제16대 대통령 에이브러햄 링컨을 기념한 산이다. 월트 휘트먼은 「오, 선장님! 우리 선장님!(O Captain! my Captain!)」이라는 시로 그를 칭송한다.

월트 휘트먼은 200행에 달하는 「끝물의 라일락이」에서 라일락이 지는 것과 '선장' 링컨의 타살, 그의 죽음과 별의 떨어짐, 그리고 그에 대한 추억은 해마다 라일락과 함께 찾아온다고 했다. 키팅은 학생들에게 자기를 '나의 선장'이라 불러도 좋다고 말한다.

산머리에 걸쳐 있던 먹구름은 빗물이 되어 퍼붓는다. 산 중턱쯤에 이르니 잠시 소강상태에 있던 비는 이제 진눈깨비가 되어 휘날린다.

시인 안도현은 「우리가 눈발이라면」에서 "진눈깨비는 되지 말자"고 했는데, 우리 앞에는 진눈깨비가 추적추적 내린다. "따뜻한 함박눈이 되어 내리자"고 했는데, 함박눈은커녕 진눈깨비는 사람도 없는 깊고 높은 산속을 뒤덮고 우리의 앞길을 막아선다. "편지가 되고, 새살이 되자"고 했건만, 우리를 위로해주는 '편지'나 '새살'은 고사하고, 진눈깨비는 야생말처럼 차창을 후려치고 두려움에 떨게 한다.

설상가상(雪上加霜)이다. 진눈깨비는 어느새 눈발이 되어 쌓인다. 눈길 대비가 전혀 되어 있지 않다. 어찌할까. 돌아가야 하나? 이 산을 한두 시간에 넘으면 목적지인데, 돌아가면 대여섯 시간 이상은 더 걸린다. 평범한 길을 가기보다 우리는 모험의 길을 택한다.

정상으로 다가갈수록 눈발은 사나워져 산길을 덮어버린다. 링컨산도 삼켜버릴 태세다. 조심조심 산길을 오르니 차들이 길을 메우고 있다. 내리막길

인생이란 어디론가 떠나는 것

옆 낭떠러지에는 트
럭 한 대가 곤두박질
해 있다. 오르막길이
산쪽이라는 것이 천
만다행이다. 그렇다
고는 해도 차량 한 대
라도 문제가 생기면
옴짝달싹하지 못하
고 갇히고 만다. 차는
조금씩 전진한다. 경
사진 곳에서 브레이

눈보라를 뚫고 링컨국유림 넘는 길

크를 밟았으나 미끄러진다. 앞차의 범퍼를 받고 만다. 중년 나이의 운전자가
나와 보더니, 손짓만 하고 간다. 이런 상황에서는 어쩔 수 없었고, 그저 그가
고마울 따름이다. 나도 고맙다고 손을 흔드는 수밖에.

그는 조상을 잘 만나, 유명 사립학교에 다니면서, 희망이라는 성공 신화를
쫓아 앞만 보고 달리다가, 휴가를 받고 가족과 이 산을 넘다가, 우리와 마주
친 것일지도 모른다.

키팅은 부임 첫날, 첫 국어 시간에 전시실로 학생들을 데려간다. 그는 사
진을 보고 있는 학생들에게 이렇게 묻는다. '두 눈에 희망의 빛이 깃들어 있
는 것도, 지금의 너희들과 마찬가지지……. 그런데 그때의 그 웃는 얼굴들이
지금은 모두 어디로 갔을까? 그리고 또 희망은?' 키팅은 학생들에게 좀 더
가까이 다가가서 그들이 전하는 목소리에 귀를 기울이도록 독려한다.

오래전에 서부에서 교포 가족이 산길을 가다가 눈 속에 갇혀 변을 당했다

는 이야기가 떠오른다. 아버지는 혹한 속에 며칠 동안 차 안에 고립된 가족을 구하기 위해 차를 떠났다가 영영 돌아오지 못한 것이다. 그는 남 못지않게 성공하였으나, 가족과 여행 중에, 홀로 눈 속에 묻혔다. 죽음에 이른 극한 상황에 처했을 때, 그는 어떤 내면의 목소리를 전해주고 싶었을까.

혹한(酷寒)의 눈 속 고립에 대비해야 한다. 연료를 보니 반도 못 된다. 그걸로 하룻밤을 버티기는 어렵다. 후회하기에는 이미 늦었다. 추위에 떠는 가족을 그려보고, 내가 무엇을 해야 할지를 생각한다. 할 수 있는 일이란 그리 많아 보이지 않는다. 참으로 두렵다.

다행인 것은 우리만 있는 것이 아니라는 것과 차가 조금씩 앞으로 가고 있다는 것이다. 제설차가 선두에서 길을 트고 있었던 것이다.

드디어 산 정상 근처 클라우드크로프트 마을(Cloudcroft)에 도착한다. 구름 속에서 농사짓는 마을 이름처럼 한가롭겠지만, 오늘은 그렇지 못하다. 해발 2,642미터. 천지(天池)를 본 사람도 천지고, 못 본 사람도 천지라는 백두산(2,750미터)보다 조금 못 미치는 높이다. 언젠가 찾아갔던 백두산은 정말로 소문대로 그랬다. 백두산에 오른 첫날, 천지는 앞을 볼 수 없게 하는 눈보라로 자신을 감추더니, 다음 날, 천지는 화창한 날씨로 모든 것을 활짝 열어주었다. 그러기에 겨울에 이런 곳을 넘으려면 단단히 각오를 해야 한다.

누군가 주유소가 있다고 소리친다. 정말로 마을이 내려다보이는 끝머리에 주유소가 있다. 무척 반갑다. 눈보라와 쌓인 눈을 뚫고, 휘발유를 가득 넣는다. 하룻밤은 버틸 수 있을 것이다. 이제라도 온 길을 되돌아가고 싶지만, 그건 더 위험하다. 길은 미끄럽고 곳곳이 낭떠러지다.

차들이 마을 길에 가득 늘어서 있다. 내려갈 수 없으므로, 정상을 넘는 길을 뚫는 수밖에 없다. 두 대의 제설차가 앞장을 선다. 우리는 제설차를 뒤따르는 차량 행렬에 동참한다.

정상을 넘어가니 눈은 온데간데없고, 먹구름 하늘 아래 광활한 대지가 눈

인생이란 어디론가 떠나는 것

화이트 샌즈 가는 길 : 먹구름 하늘 아래 광활한 대지가 눈부시다.

물겹도록 눈부시다. 얼었던 마음이 녹아내린다.

'카르페 디엠'

현재를 붙잡아라! 현재를 즐겨라! 현재를 붙잡고 즐겨라! 그것도 아니라면, 그 무엇이란 말인가? 아! 지나간 시간이여! 그리고 다가올 소멸의 시간이여! 우리는 여행에서 느끼는 이 순간의 온갖 감정과 경험들을 붙들어 매고자 한다.

'카-르-페-디-엠'

키팅 선생은 사진 속 선배가 되어 후배들에게 낮고 쉰 목소리로 속삭인다. 그는 실제로 그 학교를 졸업하고 새로 부임한 선배이자 선생이다.

"어떤지 이상한 데가 있는 것 같아."

"난 등골이 오싹해지는 것 같더라."

"뭔가 이상한 데가 있어. 확실히 다르거든."

"그거 혹시 시험문제에 나오는 거 아닐까?"

키팅 선생의 이색적인 교육을 받은 피츠, 녹스, 닐, 카멜론 학생들의 첫 반응이다.

다른 학생들의 반응과 달리 키팅 선생의 수업을 시험과 연관지은 것은 카멜론답다. 그는 키팅 선생을 학교에서 축출하는데 학교 측과 쉽게 타협해버린다.

"뭐랄까, 바늘로 한 땀 한 땀 살을 파는 고통과, 그 고통들이 이어지는 사이의 휴식이 내게는 너무도 달콤하다고나 할까요."

새끼손가락에 'Carpe diem♡'이라 새긴 그가, 문신을 새긴 이유를 묻는 우리에게 보인 반응이다. 그러고 보니, 눈에 잘 띄지 않는 다른 곳에도 문신이 있다. 그는 정녕 키팅의 말처럼 "자기 스스로의 인생을 잊혀지지 않는 것으로 만들기 위해서," 스스로 다짐을 하면서, 문신에 빠진 것일까.

자기에게 정직한 삶을 살겠다고, 연극의 길을 가고자 했던 닐은 의사가 되라는 부모의 강압에 못 이겨 결국 자살을 택한다. 닐도 차라리 몸 어딘가에 'Carpe diem'을 새기고 당당하게 살아갈 수 있었다면 어땠을까. '뭔가 이상한 데가 있어. 확실히 다르다'고 키팅 선생의 수업에 적극적인 반응을 보인 결과가, 선생의 가르침에 충실한 결과가, 자살이라는 극단이다.

영화 〈죽은 시인의 사회〉에서 키팅(로빈 윌리엄스) 선생은 카르페 디엠을 "시간이 있을 때 장미 봉오리를 거두라(Gather ye rosebuds while ye may.)"는 시 구절을 인용해서 가르친다. 그것은 우리가 벌레의 먹이이기 때문이고, 믿거나 말거나, 여기 있는 우리 모두는 언젠가 숨이 멎고, 차갑게 식어서, 죽기 때문이란다. 그렇다. 우리 모두는 벌레의 먹이이고, 언젠가 죽게 되는 피할 수 없는 운명을 지닌 존재들이다. 우리의 장미 봉오리는 아름다울 수도 있고, 병들 수도 있지만 말이다.

두렵고 힘들게 링컨 국유림을 넘어서니 광활한 모래밭이 우리를 맞이한다. 그냥 모래밭이 아니라 예사스럽지 않은 하얀 모래밭이다. 그래서 화이트 샌즈 국가 기념물인가 보다. 여행자 안내소를 지나, 하얀 모래밭 사이로 난 길을 달린다. 바람은 흰 모래로 길을 열었다가 닫았다 한다. 위험을 느끼면서 조마조마한 마음으로 눈길을 넘을 때와는 달리, 구름 위를 나는 듯이 달린다.

학교를 떠나는 키팅 선생을 보내는 학생들이 흰 모래 언덕에 '오 선장이여! 우리의 선장이여!'라고 외치면서 올라서고 있는 듯하다. 놀란 교장의 거듭되는 퇴학 경고에도 불구하고, 책상 위에 올라간 앤더슨(Anderson), 오버스트리트(Overstreet) 그리고 학생들. 두려움과 갈등을 딛고 마침내 두 발을 책상 위에 올려놓았던 것이다.

그들은 월트 휘트먼이 「오 선장님! 우리 선장님!」에서 노래했듯이, 이제 이렇게 노래하리라. "오 선장님! 우리 선장님! 우리의 무서운 항해는 끝났습니다(O Captain! my Captain! Our fearful trip is done)"

호모 사피엔스의 종말은 피할 수 없는가?
: 공생, 미소, 선한 천사

여행지

화이트 샌즈 미사일 사격장(White Sands Missile Range, NM) – 앨버커키(Albuquerque, NM)
: 루트 66(Route 66) – 올드 타운(Old Town)

안내자

냇 킹 콜(1919~1965), 바비 트루프(1918~1999), 유발 하라리(1976~)
「삼포 가는 길」(황석영, 1973), 『변신』(F. 카프카, 1915), 『사피엔스』(유발 하라리, 2015)
〈루트 66〉(냇 킹 콜, 1946),
〈브레이킹 배드〉(AMC, 2008~2013), 〈트랜스포머〉(마이클 베이, 2007)

지금, 우리는 인류 최초로 원자폭탄 실험이 이루어진 화이트 샌즈 미사일 사격장에 있다. 화이트 샌즈 입구에 있는 안내판에는 이렇게 적혀 있다.

뉴멕시코 남부 지역. 3,200제곱마일(8,288제곱킬로미터) – 로드아일랜드와 델라웨어를 둘러싸고도 남는 미국에서 가장 큰 사격장.
아파치(Apache) 미술과 모골론(Mogollon) 암각화와 상형문자가 발견된 곳
1880년 4월 6~7일. 미 육군 제9기병대의 버팔로 병사들과 아파치 추장 빅토리오(Victorio)와 그의 전사들이 전투를 벌인 곳.
1945년 7월 16일. 핵폭탄 실험.
1999년 3월 29일. 고고도미사일방어체계(사드, THAAD) 설치.

이곳에는 아주 오래전에 살았던 인디언(부족민)들의 삶의 흔적도 있고, 그들의 후손이 이주민들에게 쫓긴 전투 현장도 있다. 그리고 제국이 된 정복자

의 힘을 보여주는 역사적인 현장도 고스란히 남아 있다.

1945년 7월 16일 오전 5시 29분 45초. 이곳 화이트 샌즈 미사일 사격장에서 원자폭탄이 터진 정확한 시간이다. 맨해튼 프로젝트(Manhattan Project). 테네시주 오크리지에 있는 미식 축구장 35개 크기의 핵시설에서 추출된 우라늄은 2,500킬로미터 떨어진 뉴멕시코주 로스알라모스 연구소(Los Alamos National Laboratory)로 옮겨져 원자폭탄으로 만들어진다. 그리고 7월 16일 새벽, 그곳에서 400킬로미터 떨어진 화이트 샌즈 근처 사막 알라모고도(Alamogordo)에서 폭파 실험에 성공한다. 3주 뒤, 원자폭탄 한 발은 8월 6일 일본 히로시마에, 또 한 발은 8월 9일 나가사키에 투하된다. 마침내 전범 국가 일본은 항복하고야 말았지만, 조선인 수만 명을 포함하여 수십만 명의 사상자를 대가로 치러야 했다. 그러나 조선인 사상자들과 그의 후손들은 자이니치(在日, ざいにち, 일본에 살고 있는 한국인 또는 조선인을 지칭하는 말)라는 이유로 아직도 어려움에 처해 있다.

이스라엘 예루살렘 히브리대학 교수인 유발 하라리(Yuval Noah Harari)는 『사피엔스(Sapiens)』에서 그 순간을 이렇게 말한다. "이 시간이야말로 지난 500년간 가장 눈에 띄는 단 하나의 결정적 순간"이었으며, "그 순간 이후 인류는 역사의 진로를 변화시킬 능력뿐 아니라 역사를 끝장낼 능력도 가지게 되었다."

이제 우리가 취할 수 있는 선택지는 두 가지다. 지구를 살 만한 세계로 변화시킬 것인가? 아니면 끝장낼 것인가?

호모 사피엔스(Homo Sapiens). 7만 년 전 아프리카 지역에 있던 이들은 지구 곳곳으로 이동해서 살았다. 그리고 철제 무기를 앞세운 이들은 돌과 나무로 만든 무기로 저항하는 이들을 차례로 몰살시키거나 정복해나갔다. 마침

화이트 샌즈-원자폭탄 실험으로 지난 500년간 단 하나의 결정적 순간을 만든 곳.

내 이들은 원자폭탄을 만들었고, 달나라를 지나 우주를 넘보고 있다. 급기야 이들은 유전공학, 나노공학, 뇌공학 등 온갖 과학 기술의 약진을 발판으로 새로운 인간으로의 진화를 꿈꾸고 있다. 과학혁명 너머의 혁명을 꿈꾸는 사피엔스. 지금의 속도라면 호모 사피엔스가 최후를 맞이할 날은 멀지 않은 듯하다. 그것은 어쩌면 유발 하라리의 말처럼, 지구의 주인 노릇을 자처하면서도, 인류의 고통을 증가시키고, 생태계 파괴를 일삼아온 호모 사피엔스의 종말이 될지도 모른다.

호모 사피엔스가 아닌 또 다른 종을 우리는 뭐라 명명해야 하는가? 그는 사피엔스를 멸종시킬 것인가 아니면 그와 공생할 것인가? 인류사를 아무리 되돌아 봐도, 공생이라는 단어는 어울리지 않기에 우울하다. 쎈 인공지능의 출현에 대하여 긍정적인 답변을 내놓지 않는 연구자들을 보면 더욱 암담하다.

하얀 모래 언덕에서 앙상하게 하늘거리는 유카(Yucca)를 본다. 뉴멕시코주의 꽃 유카. 솟아오른 꽃대 마디마다 한때는 화사하게 하얀 초롱꽃을 피웠을 유카. 유카는 유카꽃만 찾아 꽃가루를 묻혀온 유카나방을 맞아들이고, 그들의 알을 품고, 후손을 위해 씨를 만든다. 그러니 그네들은 서로를 위하고, 서

인생이란 어디론가 떠나는 것

로를 필요로 하는 존재들이 아닌가. 서로가 서로를 위하는 공생관계로 가득하다면 이 지구는 얼마나 평온하고, 인간들은 얼마나 행복할 것인가.

그런 생각은 부질없는 공상에 불과한 것인가. 아니면 일말의 희망이라도 있는 것인가. '나에게는 꿈이 있습니다!'라고 워싱턴 에이브러햄 링컨 동상 앞에서 외친 마틴 루터 킹과 같은 사람들의 목소리가 이 지구에 잔향으로 남아 있는 한, 그것은 결코 헛된 생각일 수만은 없다고 자신할 수 있는가. 우리 호모 사피엔스가 존재하는 현생 인류에서 만이라도 말이다.

방문객 센터를 빠져나와, 화이트 샌즈 사막을 달리는 길은 눈부시다. 이토록 평온한 곳에서 사람과 문명을 일시에 멸망시켜 버리는 무기가 생산되고 있다니 참으로 아이러니컬하다. 사피엔스가 새로운 종을 만들기도 전에, 사피엔스끼리의 핵전쟁은 자신들을 멸종시킬지도 모른다. 아니면, 어느 외계인들의 공격을 받아 그들을 막아내거나, 그렇지 못하면 멸망의 길에 이를지도 모른다. 아니다. 그들은 어쩜 사피엔스를 가엾게 여겨 존재 가치를 인정해줄지도 모른다.

여기, 어느 창의적인 이야기꾼 사피엔스가 상상해낸, 인간보다 월등하고 강력한 외계의 '트랜스포머들(Transformers)'이 모여 있다.

앨버커키(Albuquerque)에서 촬영한 영화 〈트랜스포머(Transformers)〉. 어느 외계의 트랜스포머들은 정의의 군단 '오토봇(Outobot)'과 악당 군단인 '디셉티콘(Decepticon)'으로 나뉘어 가공할 위력을 지닌 에너지원인 '큐브'를 두고 전쟁을 하고 있다. 행성 폭발로 지구에 떨어진 '큐브'를 찾아 두 군단은 추격전을 벌인다. 큐브가 악당들의 손에 들어간다면, 사피엔스의 멸종, 지구 멸망은 명약관화(明若觀火)한 것. 드디어 '오토봇' 군단의 트랜스포머들은 큐브가 있는 곳을 알아내고, '디셉티콘' 군단의 트랜스포머들과 일전을 치르기

전이다.

'왜 인간을 위해 싸워야 하느냐'고 무기 담당 아이언하이드가 묻자, 대장인 옵티머스는 이렇게 답한다. 비록 인간이 미숙한 존재들이지만, 그래도 마음속에는 선량함이라는 것이 있다는 것, 그래서 이들의 자유를 위해 기꺼이 희생할 각오가 되어 있다고……

마이클 베이(Michael Bay) 감독이 만든 상상의 세계 속에서, 정의의 편에 선 외계인 트랜스포머 대장의 말처럼 인간의 마음에는 분명 선량한 그 무엇이 있다. 그런데 그럼에도 불구하고 과연 우리는 진정 그 먼 옛날 조상들보다 더 행복하다고 말할 수 있는가?

화이트 샌즈 사막을 빠져나와 라스크루스(Las Cruces)에서 25번 도로를 타고 북쪽으로 달린다. 25번 도로는 로키산맥 동쪽을 타고 미국 남북을 잇는다. 남쪽으로는 멕시코와 접해 있는 국경도시 엘파소에 이르고 북쪽으로는 콜로라도주 덴버를 지나 와이오밍주, 몬태나주까지 뻗어 있다.

완만한 경사 도로를 두어 시간 오르는가 싶더니, 인구 100만 명이 좀 안 되는 뉴멕시코주에서 가장 큰 도시인 앨버커키가 먹구름 지평선 속에서 다가온다.

도시로 진입하기 전, 언덕 너머 인적이 드문 어디쯤에서 미국 드라마 〈브레이킹 배드(Breaking Bad)〉에 나오는 월터 화이트(브라이언 크랜스턴)와 같은 자들이 지금도 캠핑카에서 마약을 제조하고 있는지도 모른다. 앨버커키에서 촬영된 〈브레이킹 배드〉는 6년 연속 총 64회(2008.1.20~2013.9.29. 5시즌)에 걸쳐 미국 케이블 TV 채널인 AMC에서 방영되면서 폭발적인 인기를 끌었다. 텔레비전의 아카데미상이라 할 수 있는 에미상 등 48개 상을 휩쓴 드라마이기도 하다.

그런데 도대체 고등학교 교사라는 사람이 제자를 꼬드겨서 마약을 만들어 판다는 것이 가당한 이야기인가. 그럼에도 당시 미국의 금융위기와 의료 제도 문제 등과 맞물리면서 반응은 뜨거웠다.

잠시, 우리 각자가 아래와 같은 상황에 처해 있다고 상상해보자.

이름 : 월터 화이트
나이 : 50세.
학력 : 화학공학 박사
직업 : 전지 유망한 연구소의 연구원, 현재 고등학교 화학 교사, 세차장 아르바이트
연봉 : 2500만원
가족 : 임신한 가정 주부 아내, 뇌성마비를 앓고 있는 고등학생 아들
부채 : 연구원 시절에 구입한 주택 담보 대출금
질병 : 치료할 수 없는 폐암 말기, 의료 보험이 안 되는 치료비 2억 원(20만 불) 정도.

〈브레이킹 배드〉의 주인공 월터 화이트가 처한 현실이다. 그가 받는 연봉은 미국 1인당 국민 소득 47,882달러(WB, 2017)를 기준으로 볼 때 드라마가 방영된 당시를 감안하더라도 평균치에 훨씬 못 미치는 금액이다.

만약, 우리가 이 같은 상황에서 폐암 말기 선고를 받는다면, 가족을 위해 무엇을 할 수 있을 것인가? 〈브레이킹 배드〉의 월터 화이트는 자신의 전문 지식을 활용해 마약을 제조한다. 한때 제자였던, 마약을 거래하던 제시 핑크먼(에런 폴)을 거의 강제적으로 끌어들여 동업자로 삼는다. 폐차 직전의 캠핑카를 구하고, 안전을 위해 앨버커키 근처 한적하고 황량한 산속에서 마약을 제조한다. 그는 순도 높은 '크리스털'(필로폰)을 만드는 연금술사다. 그의 '메스(크리스털)'는 인기를 더해가고, 그는 더 많은 마약을 제조하고, 더 힘 있고 큰 마약 조직과 거래한다. 그리하여 그는 더 많은 돈을 손에 쥔다.

그는 대학원 시절 세 사람이 공동 설립한 회사(그레이매터)를 그만두면서, 자신의 주식 전부를 동료들에게 팔고 그곳을 떠난다(5,000달러 주식이 수천만 달러가 된다). 그리고 교사를 하면서 세차장 아르바이트까지 해가며 주택 대출금을 갚아가는 상황에서 말기 암이라는 시한부 사형 선고를 받는다. 그에게는 부양해야 할 아내와 곧 태어날 딸, 그리고 장애가 있는 아들이 있다. 치료를 받으려면 수억 원의 돈도 필요하다.

우리는 이 불쌍한 월터 화이트가 처한 현실을 절망적인 상황이라 인정한다고 해도, 그가 마약 제조를 하면서까지 가족을 위해 돈을 마련하는 행위를 인정할 수 있을 것인가? 우리는 그로부터 외계인 트랜스포머 옵티머스가 말한 인간의 마음속에 있을 법한 선량함을 기대할 수는 없는 것인가? 아니면 그가 선택할 수 있는 길은 무엇이 있을 것인가?

앨버커키 도심을 동서로 가로지르는 '어머니의 길(The Mother Road)', '미국의 중심가(The Main Street of America)'로 불리는 '루트 66(Route 66)'을 따라간다. 1926년 11월에 생긴 '루트 66'은 시카고에서 LA 샌타모니카까지 4,000킬로미터에 이르는 미국 최초 대륙 횡단 고속도로다.

재즈 피아노 연주자이자 가수인 냇 킹 콜(Nat king Cole)은 〈루트 66〉에서 '자동차를 타고 서쪽으로 갈 계획이라면, 최고의 고속도로를 타'라고 노래한다. 그가 부른 〈루트 66〉은 역시 재즈 피아노 연주자이자 가수인 바비 트루프(Bobby Troup)가 1946년에 쓴 곡으로, 원래 제목은 〈66번 도로를 신나게 달리세요(Get Your Kicks On Route 66)〉이다. 냇 킹 콜뿐 아니라 척 베리(Chuck Berry)와 롤링 스톤즈(Rolling Stones) 멤버들이 부른 노래도 인기를 누렸다.

작곡자 바비 트루프와 가수 냇 킹 콜이 제안한 '루트 66'은 신나는 길이다. 자동차와 할리를 타고 낭만적이고 도전적인 여행을 하기에 안성맞춤이다. 그뿐 아니라 이 길은 대공황이 닥쳤을 때 수많은 사람들이 일자리를 찾기 위

올드 타운 광장에 있는 성 펠리페 데 네리 성당

해 서부로 이주해 간 길이었고, 제2차 세계 대전을 맞아 군대와 장비가 이동한 길이기도 했으며, 농산업 물자가 이동하는 길이기도 했다. 그러니 '루트 66'은 1985년 미국 고속도로망에서 공식적으로 사라지기까지, 자유와 꿈, 번영의 상징이었던 셈이다.

'루트 66' 가에 있는 뉴멕시코대학(UNM)을 지나, 올드 타운에 이른다. 이 길을 따라간 여행객들이 앨버커키에 도착했을 때 들르는 곳이다. 늘 그렇듯이 올드 타운에는 역사적이라는 말이 따라 붙는다. 올드 타운은 1706년 스페인이 이곳을 정복한 때에 생겨, 1880년 철도가 들어오기까지 광장을 중심으로 형성된 도심이다.

올드 타운 광장(Old Town Plaza)에 선다. 건물의 외관은 황토빛 어도비 양식과 그 시절 모습을 유지하고자 한 흔적이 역력하다. 마차를 타고 내렸던 곳에는 포장마차(COVERD WAGON)라는 간판이 걸려 있고, 크고 작은 마차 바퀴가 기둥에 매달려 있다. 복원된 건물들에는 보석상(SOME, MATI)과 화랑(Amapola Gallery) 등의 간판이 붙어 있다.

기념품 가게야말로 여행지를 알리고 추억을 간직할 수 있도록 하는 곳이다.

우리는 광장에서 북쪽 건너편에 있는 성 펠리페 데 네리 성당에 들어선다. 예배당 입구에 있는 안내판이 이 교회가 1706년에 시작되었다는 것을 알린다. 1719년에 완공된 원래의 교회는 1792년 여름에 내린 큰 비로 붕괴되었고, 1793년 지금의 위치에 재건되었다. 제국이 팽창하면서 종교가 늘 동반했듯이, 1704~1705년쯤에 버날릴로(Bernalillo)에서 앨버커키에 이사 온 서른 가족과 함께 프란체스코회 신부(Franciscan priest)인 수도사 마뉴엘 모레노(Fray Manuel Moreno)가 시작한 것이다.

예수보다, 성모 마리아보다 높은 곳에 있고, 천사가 양 쪽에서 시중을 들고 있으며, 또 다른 성직자들이 말씀을 전하고 있는, 가장 높은 곳에서 우리를 바라보고 있는 큰 몸체를 지닌 성인. 그는 흰 머리에 흰 수염이 있고, 왼손에는 커다란 구슬을 꿴 십자가 달린 묵주(黙珠)를 들고 있다. 그는 신앙과 행실이 거룩하기 때문에 성인으로 추앙받은 사람 가운데 하나일 것이다.

예배당에는 어느 여인이 홀로 앉아 기도를 하고 있다.

당 옆에 붙어 있는 기념품 가게에는 수많은 성인들의 초상화와 조각품들, 십자가에 못 박혀 있는 크고 작은 예수 조각품들이 조명을 받고 있다. 전 세계에, 많게는 4,000여 종의 성상이 만들어져, 성당은 물론이고 여러 곳에서도 볼 수 있다는 말이 거짓은 아닌 듯싶다.

가게의 점원들은 이방인인 우리를 밝은 미소로 맞이한다. 그들은 우리를 어쩜 적대적인 낯선 이방인이 아닌 공생할 수 있는 손님으로 환대하고 있는지도 모른다. 아니, 그것은 우리의 착각일 뿐인가. 우리는 여행객으로서 그저 물건을 사러 온 손님에 불과한 것인가. 우리는 적어도 그들의 환한 미소 속에서 그늘의 마음속에는 선량한 그 무엇이 있을 것이라 믿고 싶다.

왜냐고? 우리는 프란츠 카프카의 소설 『변신(Die Verwandlung)』에서 다루고 있듯이, 어느 날 갑자기 한 마리 흉측한 곤충으로 변해버린 그레고르를 가족들의 냉대와 폭력 속에서 고독하게 죽게 내버려 둘 수는 없기 때문이다. 그레고르는 아버지가 파산하자 가족들의 생계와 빚까지 떠안은 평범한 직물회사 외판원이었다. 또한 황석영의 단편소설 「삼포 가는 길」에서 눈이 펑펑 쏟아지는 날, 술집에서 도망치던 작부 백화가 고랑에 빠져 발이 삐었을 때, 그녀를 업어준 떠돌이 노동자 영달이의 포근한 등어리가 있기 때문이며, 장터에서 백화가 팥시루떡을 사서 자기 몫의 절반을 영달에게 내민 따스한 손을 잊을 수 없기 때문이다. 그레고르도, 백화(이점례)도, 영달이도 우리의 가족이자 이웃이다.

그것은 우리가 멸망으로 가지 않고 공생할 수 있는 불빛과도 같은 것이 될 수도 있으리라. 돈, 총, 제국 등이 아무리 한통속이 되어 호모 사피엔스의 종말을 재촉하고 있다 할지라도……

영원한 문명, 멋진 낙원의 신기루
그리고 '햇살이 춤추는 땅'

여행지

차코 캐니언(Chaco Canyon, NM) : 국립 차코 문화역사공원(Chaco Culture National Historical
Park) - 아나사지(Anasazi) - 푸에블로(Pueblo) - 샌타페이(Santa Fe, NM)

안내자
에드워드 홀(1914~2009), 로이스 로리(1937~)
『기억 전달자』(로이스 로리, 1993), 『동물농장』(조지 오웰, 1945),
『침묵의 언어』(에드워드 홀, 1959), 『숨겨진 차원』(에드워드 홀, 1966),
『문화를 넘어서』(에드워드 홀, 1971), 『생명의 춤』(에드워드 홀, 1983)
〈연애소설〉(이한, 2002)

뉴멕시코 북서부에 있는 차코 캐니언(Chaco Canyon). 1987년, 유네스코에
서 세계문화유산으로 지정한 국립 차코 문화역사공원이 자리한 곳이다.

눈이 쌓인 황량하기 그지없는 사암(砂巖) 협곡에서 차가운 바람이 불어온
다. 추위에 대비하지 못한 우리는 얇은 담요를 뒤집어쓰고 찬 기운을 견디려
안간힘을 쓴다. 아무도 찾지 않는 이런 날에, 우리는 어찌하여 눈길을 뚫고
여기에 있는가.

앨버커키 올드 타운을 떠나며, 25번 도로를 타고 북으로 향한다. 하얗게
뒤덮인 산디아산맥이 나란히 달린다. 산 정상 산디아 크레스트는 3,255미터
다. 그곳에서 본 석양의 붉은 모습이 아름다웠던지 스페인 사람들은 산디아
(수박)라 불렀고, 인디언(부족민)들은 비엔무르(Bien Mur, 큰 산)라 불렀단다. 정

36 인생이란 어디론가 떠나는 것

상에 이르는 삭도(Sandia Peak Tramway)를 타고 탁 트인 사방을 둘러보고 싶지만, 눈과 바람은 우리의 욕망을 받아들이지 않는다. 눈 덮인 육중한 산을 바라보는 것만으로도 욕망은 상쇄된다.

뉴멕시코주 북서부와 북부에 나바호 인디언 보호구역, 주니 인디언 보호구역, 지카릴라 아파치 인디언 보호구역 등 인디언들이 집단적으로 거주하게 된 지역도 곳곳에 있다. 550번 지방도로를 타고 차코 캐니언으로 가는 길에도 인디언 마을 이름들이 늘어서 있다. 산디아 푸에블로(Sandia Pueblo), 산타 아나 푸에블로(Santa Ana Pueblo), 지아 푸에블로(Zia Pueblo), 헤메즈 푸에블로(Jemez Pueblo)⋯⋯. 마을만큼이나 인디언들의 피도 뉴멕시코 사람들의 피에 흐르고 있을 것이다.

뉴멕시코는 인디언 히스패닉, 백인(Anglo) 문화가 함께 있는 곳이다. 이 지역에는 인디언들이 다른 주보다 유달리 많다. 인구로 따지면 인디언들은 열에 하나 정도 가까이 된다. 이 지역으로 이주해온 조상들은 베링 해를 넘어 알래스카 남쪽으로 남하해서 아메리카 대륙에 첫발을 내디뎠다. 그때가 2

만 년에서 1만 년 전으로 거슬러 올라간다. 1521년 멕시코를 침략한 스페인이 그곳을 점령한 후 뉴스페인이라 선포했다. 16세기 중반(1540) 코로나도(Coronado) 장군이 뉴멕시코 일대를 답사한 뒤, 그곳에 스페인의 그늘이 드리우기 시작했다. 이어 스페인 왕 필리페 2세가 본격적으로 스페인 사람들을 이주시켰고, 선교활동을 시작한 때는 16세기 후반(1598)이었다. 그러니까 이곳은 적어도 1만 년 동안은 인디언들의 생활 터전이었다. 이 땅이 미국에 넘어갔지만, 그때의 영향으로 히스패닉의 인구는 거의 반 가까이나 된다.

550번 도로를 벗어나 들어선 눈 덮인 비포장도로에 독수리 두 마리가 앉아 있다. 속도를 낼 수 없으므로, 그들의 겁 없는 한가로움에 눈길을 둘 필요가 없다. 눈 덮인 대지, 모래돌이 굳어 만들어진 협곡의 아득함, 구름 사이로 내리 꽂히는 햇빛, 그것들을 만끽하면 그만이다.

그렇게 30여 분을 가다보면, 돌을 회반죽으로 쌓아놓은 자그만 벽이 우리를 맞는다. 그곳 유적의 건축 방식을 따른 것이다. 거기에는 국립 차코 문화역사 공원을 알리는 안내문이 쓰여 있다.

방문객 안내소에 들른다. 그곳 근무자에 따르면, 차코 캐니언 곳곳에 있는, 지금은 폐허가 되어버린 건축물들은 아나사지족(Anasazi, 나바호 말로 '옛날 사람들')이 9세기 중반부터 13세기에 걸쳐 이룩한, 그 지역 최고의 문명이었다는 것이다. 그것은 놀라운 수수께끼라고 그는 강조한다. 차코 협곡에는 15킬로미터에 걸쳐 적어도 여덟 채의 거대한 집(Great House, 대단위 주택단지)이 있단다.

암벽 아래에 무너진 성(城) 같은 폐허가 보인다. 아나사지 건축물로서는 가장 크고, 가장 발달된 기술이 동원된 건축물인 푸에블로 보니토(아름다운 마을)다. 그것은 D자형의 5층 이상의 웅장한 구조물로 800개가 넘는 방과 종교의식을 위해 만든 수십 개에 달하는 키바(Kiva)로 구성되어 있다. 그곳 건물들을 만들기 위해서 아나사지인들은 수십 킬로미터 떨어진 서쪽으로 가서, 수백 킬로그램이나 되는 통나무 20만여 개를 마차나 다른 운반 수단 없이 가져와야 했다. 계급도, 계층도 없이 사냥과 농사를 짓던 아나사지 인디언 마을에 변화가 일었다. 그곳을 중심으로 인근 부락들과 수백 킬로미터에 이르는 곧게

푸에블로 보니토(아름다운 마을)

뻗은 도로를 통해 거대한 네트워크가 형성되기 시작했다. 댐과 석조운하를 포함한 관개 수로 체계도 갖추게 되었고, 많은 과수원도 만들었다. 제사장이나 지도 계층도 등장했다.

　　오랫동안 싸워왔을 그들은, 왜 싸움을 멈추고 대규모 건축을 위해 협력해야 했을까. 도대체 그들은 왜 그것을 만들어야 했을까. 그들의 문명이 갑작스럽게 비약적으로 발달하거나 특별히 그럴 만한 이유가 없다면, 외적인 강제가 개입되었다고 밖에 설명할 길이 없다. 아마도 그곳 사람들은 남쪽 멕시코 쪽에서 온 톨텍족에게 얽매여 강제 노역에 동원되었을지도 모른다.
　　어쨌든, 당시 그곳에 살던 사람들은 13세기 후반에 그곳을 떠났다. 그들이 떠난 것은 가뭄, 식량, 종교, 내분, 전쟁 등 환경적, 사회적인 이유 때문이었을까? 고고학자나 인류학자 등도 속 시원하게 그 이유를 말해주지 않는다. 그러기에 어느 연구자가 말했듯이 '그 문명을 이룩한 아나사지 사람들이 우리 인류에게 물려준 유산은 바로 이 불후의 수수께끼'일지도 모른다. 그들에게 일어난 일이 우리에게도 일어나지 말라는 법은 없지 않은가. 영원한 승자

도, 문명도, 유토피아도 있을 수 없다는 것을 역사는 말해주는 것이 아닐까.

기억 전달자(The Giver)가 있어 그들의 역사와 문화를 전해줄 수만 있다면 그 모든 수수께끼는 풀릴 것이다. 기억을 전달받은 기억 전수자(The Receiver)가 그곳을 탈출해서 리오그란데강이나 콜로라도강 등 어딘가에 정착하고, 그 후손들을 통해 기억을 전해주고 있건만, 우리가 그것을 알아차리지 못하고 있는지도 모른다. 그들의 기호를 통해 의미를 찾으려고 노력하는 사람들이 후손들인 우리 사피엔스가 아닌가.

완벽한 사회와 행복한 삶을 위하여 사랑, 우정과 같은 인간적인 감정도, 사회 질서를 어지럽히는 어떤 잘못이나 실수도, 인종이나 언어에 따른 어떠한 차별도 용납하지 않는, 그런 곳이 존재할 수 있을까. 아동문학 작가인 로이스 로리(Lois Lowry)는 미국의 저명한 아동문학상인 뉴베리 상(Newbery Medal)을 받은 『기억 전달자(The Giver)』에서 그런 마을을 보여준다. 그곳에 사는 사람들은 철저한 통제 속에서 고통, 즐거움, 사랑, 공포, 기아, 죽음, 폭력 등을 전혀 알지도 못하고 느끼지도 못하며 살아간다. 그들에겐 그와 관련된 기억은 제거되어야 할 대상이고, 그들은 세상에서 어떤 일이 일어났는지를 알 필요도 없다. 낙원 유지에 방해가 되는 사람은 '임무 해제'되어 제거된다. 오직 기억 전달자와 전수자만이 인류 전체의 역사를 기억할 수 있을 뿐이다. 그들이 필요한 이유는 그곳을 통치하는 원로들이 해결할 수 없는 문제가 발생했을 때 그의 도움이 필요하기 때문이다.

이 이야기는 허구일지라도, 차코 캐니언 지역에 살았던 아나사지인들이 꾸었던, 아니면 강요당했던 세계가 그와 같은 것은 아닐지언정, 저들은 신, 자연, 인간이 어우러진 낙원을 건설하고자 했을 것이다. 그렇지 않고서야 이 거대한 문명을 어떻게 수백 년에 걸쳐 만들어나갈 수 있었겠는가. 저들은 키바(Kiva)에서 종교의식을 치르면서 자연과 우주의 신과 소통을 시도하고, 신의 뜻에 따라 행하고, 그의 이름으로 그것을 정당화했을지도 모른다. 낙원 건설을 위해 방해가 되는 사람들은 '임무 해제'를 당해 마을에서 사라지거 나, 오히려 어떤 이는 죽음을 통해 임무에 충실했을지도 모른다.

그러나 거기에 등장하는 멋진 낙원이 실은 그렇지 않을 수 있는 것이다. 조지 오웰이 쓴 『동물농장(Animal Farm)』의 메이너 농장에는 여느 때처럼 밤 이 온다. 그날 밤, 농장에서 가장 존경 받는 동물(화이트종 수퇘지)인 메이저 영감은 동물들 앞에서 확신에 찬 지혜를 전한다. '동무들이여, 우리의 삶을 돌아보라, 자유가 무엇인지도 모른 채, 비참한 노예로 살아가야 한다는 것 을. 우리의 모든 것을 빼앗아 가는 인간이야말로 우리의 진짜 적이라는 사실 을 직시하시오. 그러므로 밤낮없이 몸과 마음을 다 바치고 합심하여 인간 세 력을 무너뜨려야 합니다. 그렇지만 인간과 투쟁하면서 절대로 그들을 흉내 내서는 안 된다는 점을 명심하시오.'

메이저 영감이 죽은 뒤 나폴레옹, 스노볼, 스퀼러 등 세 마리의 돼지들이 주동이 된 반란은 성공한다. 그리고 그들은 석 달 동안을 연구한 끝에 동물 들이 영원히 지켜야 할 불변의 율법인 '일곱 계명'을 내놓는다. 그러나 얼마 지나지 않아 권력을 쥔 자들은 두 발로 걷기 시작했고, 모든 동물이 동무가 되지도 않았으며, 평등하게 되지도 않았다. 메이저 영감이 인간을 절대로 흉 내 내지 말라고 한 경고를 지키지 못했던 것이다.

차코 캐니언을 빠져나와 눈 덮인 비포장 길을 거슬러 샌타페이로 향하는 길에 푸에블로족의 마을을 지난다. 차코 협곡에서 사라진 아나사지인들은 이곳 리오그란데강 어디쯤으로 이주했을 것이다. 푸에블로족 대부분이 뉴멕 시코주 북쪽에 살고 있으니, 이곳이 그들의 주요 삶터인 것만은 분명하다.

인류학자 에드워드 홀(Edward T. Hall)이 쓴 문화 인류학 4부작(『침묵의 언 어』, 『문화를 넘어서』, 『생명의 춤』, 『숨겨진 차원』)을 통해 알게 된 푸에블로 사람들의 문화는 매우 흥미롭다. 시계나 스케줄에 얽매여 사는 사람들과는 달리 그들은 기계적인 시간에 따라 움직이지 않는다. 그들에게 모든 일은 '사태가 무르익었을 때' 시작된다. 그들의 시간은 인간의 시간이자 경이로움의 시간이다. 시계의 시간이야말로 인간을 억압하기 시작한 시간이 아니던가. 그것은 시간의 깊이와 인간 고유의 시간을 무시하고, 나아가 각기 다른 문화의 시간적인 특성을 말살함으로써, 기계적인 인간을 양산하고 그로 인한 생산성의 극대화로 치닫게 한다.

또한 대부분의 놀이나 경주가 경쟁을 포함하고 있음에 반해, 그들에게 그것은 다른 사람을 이기는 데에 있는 것이 아니다. 그들은 경주에서조차 노인, 어린이, 젊은이가 함께 참여한다. 경쟁을 생각한다면 이들이 같은 조건에서 경주를 해서 우승자를 가린다는 것은 누가 봐도 이치에 맞지 않는다. 다만 그들은 '최선을 다하는' 데에 목적을 두기 때문에 누가 승자고 누가 패자인지는 중요치 않은 것이다.

이는 사회를 구성하는 기본 단위를 개인에서 찾고, 그들을 경쟁 관계로 보는 관점과 달리, 혈족이라는 집단과 공동체를 기본 단위로 삼는 관점을 반영한 것이다. 그러니 경쟁이라는 개념은 그들에게 불쾌하고 낯설기 때문에 경쟁을 본질로 하는 교육과 행위들은 존재 그 자체를 위협하는 것이자 고통스런 것이다.

오늘날 우리 사회의 비극은 어느 유명한 미식 축구 감독이 말했던 것처럼 '승리가 모든 것은 아니지만, 유일한 것이다'라는 말에 함축되어 있다. 학교 교육은 배우는 기쁨과 그것 자체를 사랑하도록 가르치는 것이 아니라, 경쟁을 통해 더 높은 점수, 높은 등위를 받도록 가르친다. 우리 사회는 일에서 즐거움과 보람을 찾도록 하는 것이 아니라, 경쟁 회사나 조직과의 싸움에서 이김으로써 더 나은 실적과 이윤을 남기도록 다그친다. 그것은 어떤 희생을 치르고서라도 반드시 승리해야 한다는 병적인 집착 현상을 보여줄 따름이다.

인생이란 어디론가 떠나는 것

로키산맥을 바라보며 25번 도로를 따라 북동쪽으로 달린다. 뉴멕시코 주도(州都)인 샌타페이(거룩한 믿음)다. 해발 2,135미터. 미국에서 하늘과 가장 높이 맞닿은 도시다. 이 일대는 인디언들의 말마따나 '햇살이 춤추는 땅'이다. 뭐랄까. 아늑하고, 포근하고, 상큼하다. 미국인들이 늙어서 가장 살고 싶어 하는 곳 가운에 하나라지 않은가.

샌타페이 광장 : 샌타페이 트레일의 끝을 알리는 탑이 보인다.

샌타페이는 인디언이 살던 곳에 1609년 스페인 사람들이 만든 마을이었으니, 400년이 넘는다. 그 세월 동안, 인디언, 히스패닉, 백인(Anglo)들이 만들어낸 문화가 독특하게 빚어져 있다. 특히 도시 전체가 어도비(Adobi)를 계승한 건물들로 뒤덮여 있는 것은 인상적이다. 흙으로 빚은 벽돌로 쌓아 회반죽을 바른 건축 양식인 어도비는 그곳 인디언 부족들의 건축에서 비롯되었다. 우리의 황토집이나 흙벽돌집을 연상케 한다. 여름엔 시원하고, 겨울엔 따뜻하고, 더구나 예쁘고, 친환경적이기까지 하니 좋다.

짙은 땅거미가 샌타페이에 찾아올 무렵, 우리는 도심 한복판에 위치한 샌타페이 광장에 들어선다. 빨간, 노란, 파란 색의 전구들을 휘감고 있는 나무들이 우리를 반긴다. 이제야 연말을 실감한다. 광장을 한 바퀴 돌아보니, 귀퉁이에 샌타페이 트레일이 끝나는 곳(Santa Fe Trail ending place)을 알리는 탑이 있다. 그러고 보니, 샌타페이는 이른바 '서부 개척' 시대에 오리건 트레일

(Oregon Trail), 몰몬 트레일(Mormon Trail), 캘리포니아 트레일(California Trail) 등과 함께 샌타페이 트레일을 이루는 서부 쪽 도시였다. 1821년에 개척된 샌타페이 트레일은 미주리주 프랭클린(Franklin)에서 출발하여 캔사스 주, 콜로라도(오클라호마) 주를 거쳐 뉴멕시코주 샌타페이까지 1500킬로미터에 이르렀다. 1880년 철길이 놓일 때까지 그 길은 상인들과 이주자들의 행렬로 채워졌다.

가족인 듯, 한 무리의 사람들이 기념탑 앞에서 사진을 찍고 있다. 우리는 이 밤이 지나면 이곳을 떠나 어디론가 또다시 떠날 것이다. 그러니 우리에게 이곳은 끝나는 곳이 아니라 새롭게 시작하는 곳인 셈이다.

샌타페이 탄생과 함께 세워진 여관 자리에 어도비 양식(Pueblo Revival style)으로 새로 지어진 라 폰다 호텔은 독특한 느낌을 준다. '햇살이 춤추는 땅'답게 입구에서 화장실에 이르기까지 호텔 전체가 춤을 추는 듯하다. 그러니 이곳에 머물고 있는 사람들의 영혼도 춤을 출 수밖에⋯⋯. 라 폰다 카페에서 그들과 함께 동참하고 싶었으나, 자리가 없다.

얼어붙은 길가에 서서 가로등 빛이 환한 곳을 본다. 막다른 길목에 불을 밝힌 성당이 있다. 1886년에 로마네스크 양식으로 지어진 성 프란시스 대성당이다. 정면에 보이는 큰 둥그런 유리창에는 예수의 열두 제자를 뜻하는 열두 개의 꽃잎 모양 조각을 꼬마 전구가 안개꽃처럼 에둘러 밝히고 있다.

광장, 라 폰다, 성당이 어우러져 생동하는 분위기를 마음에 담고서, 우리는 저녁을 먹기 위해 아담하고 소박한 레스토랑 아쿠아 산타(Aqua Santa)를 찾는다. 우리의 선택이 결코 잘못되지 않았다는 것을 알기까지 그리 많은 시간이 걸리지 않았다. 거기에 모인 그 밤이 더디 새기를 바라는 연인, 벗들, 가족들. 이들은 훈훈하게 분위기를 덥혀주는 장작불과 벽을 가득 채운 예술가들

아담하지만 격조있는 아쿠아 산타 레스토랑

의 초상화, 그리고 약간의 음식들과 함께 시간의 리듬을 타고 있는 듯하다. 바로 생명의 시간을……

이한이 메가폰을 잡은 영화 〈연애소설〉에 등장하는 '산타페' 레스토랑에서 아르바이트를 하는 영문과 휴학생인 지환(차태현)이 그의 카메라에 잡힌 수인(손예진)에게 첫눈에 반한 곳이 왜 그곳인지를 알 듯하다. 죽음을 눈앞에 둔 수인과 경희(이은주) 그리고 지환. 친구로서의 우정은 사랑이 되고, 사랑은 영원한 이별이 되는 아름다운 눈물의 이야기가 시작되는 곳이 '산타페'다. 그러니 그처럼 의미 있는 장소는 인간답게 사는 장소가 되는 것이다. 사랑하는 사람을 만나고, 그/녀와 영원히 함께 보내고 싶은 곳, 그곳이 '산타페'였던 게다.

우리는 이 작은 공간에서 하나가 되어 충만한 시간을 보내고 있음을, 서로, 느낌으로 전한다. 우리는 사태가 점점 무르익어가고 있는 밤의 시간을, 인간다운 시간을 샌타페이의 아쿠아 산타에서 보내고 있다.

달을 향한 사다리의 꿈,
새로운 '레인 맨'을 위하여

여행지
샌타페이(Santa Fe, NM) : 샌미겔 교회(San Miguel Church)
-조지아 오키프 미술관(Georgia O'Keeffe Museum)-캐니언 로드(Canyon Road)

안내자
루스 베네딕트(1887~1948), 빈센트 반 고흐(1853~1890), 재레드 다이아몬드(1937~),
조지아 오키프(1887~1986), 헨리 맨시니(1924~1994)
『문화의 패턴』(루스 베네딕트, 1934), 『총, 균, 쇠』(재레드 다이아몬드, 1999),
『하워드 진-살아있는 미국역사』(하워드 진·레베카 스테포프, 2009)
〈흰독말풀, 하얀꽃 No. 1〉(조지아 오키프, 1932), 〈해바라기〉(비토리오 데 시카, 1970)

샌타페이에서 맞는 새해다. 아침이다. 뉴멕시코에서 가장 오래된 샌미겔
교회(San Miguel Chapel, 1610~)를 찾는다. 눈을 감는다. 멀리 길을 나선 나그
네들의 안녕을 기원한다. 그리고 가족의 행복과 건강을, 남북한과 인류의 평
화를 소원한다. 특별히 어린 자녀들을 위해 기도한다.

이곳 푸에블로 인디언(부족민)들은 전쟁 의례를 주제하는 사제들까지도
'비록 아이들이 조금밖에 살지 않았어도, 아무런 어려움이 생기지 않도록 비
는' 것으로 기도를 마친다고 인류학자 루스 베네딕트(R. Benedict)는 『문화의
패턴(Patterns of Culture)』에서 전하고 있다. 그러니 모든 부모의 마음은 인종과
국적을 떠나 한결같은가 보다. 그녀가 보기에 그들의 기도는 항상 온건하고,
의례적이다. 그들은 기도를 통해 즐거운 생활과 폭력에서 벗어나기를 소망
한다. 푸에블로 사람들(주니족)이 가장 가치롭게 여기는 것은 절제와 남을 해

인생이란 어디론가 떠나는 것

롭게 하지 않는다는 것이다.

그런 푸에블로 사람들이 스페인을 비롯한 유럽 사람들에게 정복당했다. 스페인의 지원을 받아낸 콜럼버스 일행이 인도를 향해 황금과 향신료를 찾아 떠나 카리브해의 바하마 제도에 속한 섬을 발견한 때가 1492년 10월 12일이었다. 그곳에 도착한 콜럼버스 일행을 아라와크족(Arawaks)은 다른 인디언들처럼 환대를 베풀었다.

그러나 하워드 진과 레베카 스테포프에 따르면 콜럼버스는 항해 일지에 '그들은 좋은 노예가 될 것'이며, '50명의 병사만으로 그들을 정복하여 마음대로 부릴 수 있었다'고 적었다.

그는 스페인 왕실에는 아시아에 도착했다고 보고했으며, 아라와크족을 인도에 사는 사람이라는 뜻으로 인디언(indios, indian)이라 불렀다. 콜럼버스는 더 많은 원정대를 이끌고 황금과 노예를 얻기 위해 카리브해의 섬들을 뒤졌다. 그러나 그들이 원하는 황금은 없었으며, 황금을 구해오지 못한 인디언들은 그들의 손에 죽어갔다. 총과 칼로 무장한 그들을 아라와크족들은 대적할 수 없었던 것이다. 아라와크족은 노예로 실려 갔으며, 얼마 지나지 않아 그들은 단 한 명도 남지 않았다. 유럽인의 아메리카 첫 진출은 정복, 노예, 죽음, 이 세 단어의 역사였던 것이다.

스페인의 정복자들은 멕시코의 아즈텍 문명과 남아메리카의 잉카 문명을 정복해나갔다. 영국과 유럽의 또 다른 이주자들은 버지니아 제임스타운, 매사추세츠 플리머스 등 미국의 동부 해안에 속속 도착하면서 북아메리카를 정복해나갔다. 그들과 인디언 사이에는 평화와 공존이 들어설 자리는 사라져갔고, 정복자와 피정복자의 관계에서 벗어날 수 없었다.

콜럼버스 일행이 카리브해의 섬에 도착한 지 30년이 채 안 되는 1521년에 멕시코는 스페인의 손아귀에 들어갔다. 1540년 이후 뉴멕시코 지역으로 진출하기 시작한 스페인은 1610년 샌타페이를 뉴멕시코의 수도로 정하고 본격적인 통치를 시작했다.

식민지 통치 과정에서 인디언(부족민)들에 대한 탄압은 그들의 저항을 불렀다. 그리하여 1680년에 인디언(부족민)들은 반란을 일으켜 성공했으나, 그것은 잠시뿐이었다. 1692년에 뉴멕시코는 또다시 스페인의 손에 들어갔던 것이다. 300여 년간 스페인 통치하에 있던 멕시코는 1821년에 독립하였지만, 불과 25년 뒤인 1846년에 미국과 전쟁을 치러야 했다. 그리고 2년 뒤인 1848년에 뉴멕시코를 비롯한 미국의 남서부 지역은 미국 땅이 되었다. 미국에 참패한 대가다. 이제 인디언(부족민)들은 미국의 지배를 받아야 했고, 그들은 새로운 지배자와 숱한 전투를 치러야 했다. 그리고 참혹한 패배의 결과는 강제 이주와 보호구역에 갇히는 것이었다. 1912년 마침내 그곳은 미국의 47번째 주로 편입되었다.

도대체 인류의 역사를 어떻게 봐야 할 것인가? 퓰리처상을 받은 『총, 균, 쇠(Guns, Germs, and Steel☒The Fates of Human Societies)』의 저자인 재레드 다이아몬드(Jared Diamond)는 정복, 유행병, 종족 학살 등을 통해 현대 세계가 형성되어 왔다고 진단한다. 그것은 오늘날까지도 이어지는 인류의 불평등과 비극을 낳았다는 것이다.

그에 따르면 유럽이 식민지를 확장해가기 시작하던 1500년 전후 각 대륙은 과학 기술과 정치 제도에서 큰 차이를 갖고 있었다. 수렵 생활을 하던 인류는 기원전 11,000년 이후 일만 2,500여 년을 거치면서 기술적 정치적인 격차가 발생한 것이다. 이제 철제 무기를 가진 제국들은 돌과 나무 무기를 가진 부족들을 굴복시켜나갔다.

그가 제기하고자 한 문제는 왜 인류 발전이 각 대륙에서 다른 속도로 진행되었는가다. 그가 내놓은 대답은 '민족마다 역사가 다르게 진행된 것은 각

뉴멕시코에서 가장 오래된 샌미겔 교회

민족의 생물학적 차이 때문이 아니라 환경적 차이 때문'이라는 것이다.

사람들은 당연히 지리적으로 생태적으로 다른 환경 속에서 살아간다. 사람들은 그런 환경에서 보다 나은 행복과 공존을 위해 살아가면 되는 것이다. 그런데 왜 사람들은 다른 나라, 인종, 민족을 침략해서 정복하는가? 우리는 그것을 멈추거나 멈추게 할 수는 없는 것인가? 그렇게 할 수가 없다면, 혹은 있다면 우리는 어찌 해야 하는 것인가?

눈을 뜬다. 제단에 있는 성인들의 형상과 벽면에 있는 예수의 십자가상을 본다. 아이들은 예수가 못 박힌 십자가 앞에서 손을 모으고 머리를 숙인다. 아이들이 바라는 것은 무엇일까.

샌미겔 교회는 로레토 교회(Loretto Chapel, 1873~)나 성 프랜시스 대성당 (St. Francis Cathedral, 1886~)과는 달리 우리를 위압하지 않는다. 이들은 고딕이나 로마네스크 건축 양식으로 지어진 유럽 스타일의 교회들이지만, 샌미겔 교회는 이 지역 건축 양식을 반영한 어도비로 지어진 매우 아담한 교회다. 왕에게는 왕궁이 있고, 귀족에게는 성이 있으며, 성직자에게는 성 베드로 대성당(Basilica of St. Peter, 1593~), 샤르트르 대성당(Chartres Cathedral, 1260~)과 같은 큰 규모의 건물과 성당이 있다. 이것들은 왕권과 신권의 산물들이었으며, 인간이 욕망하는 권력으로부터 멀리 있지 않았다.

샌미겔 교회에는 하늘에 닿을 듯한 뾰족탑이나 갈비 형태로 만든 둥근 천장(rib-vault, 늑재 궁륭), 앉을 자리를 차별하는 네이브(nave, 중앙 공간)와 아일(aisle, 중앙 양측 공간)의 경계, 빛을 흠뻑 받아 신묘한 세계를 유지하려는 스테인드글라스, 천장과 벽을 웅장하게 장식한 〈천지창조〉와 〈최후의 심판〉과 같은 그림은 없다. 그렇지만 첨탑 대신에 하얗게 칠해진 결코 화려하지 않은 십자가, 창문에서 들어오는 적당한 빛과 어둠, 통나무 위에 나무를 깐 높지 않은 천장, 200여 명을 수용할 만한 공간, 그리고 벽을 둘러싼 십자가와 조각들이 있다. 하느님은, 예수님은 어느 쪽으로 눈을 돌리실 것인가. 예루살렘은 한곳이고, 하나님은 같은 분이실 터인데 유대교, 이슬람교, 기독교 등으로 나뉘어 반목하는 것은 인간으로 말미암은 것이 아닌가.

우리는 샌미겔 교회 밖으로 나온다. 약간의 간식이 필요했으므로, 근처에 있는 어퍼 크러스트 피자집(UPPER CRUST PIZZA)이 눈에 들어온다. 여섯 돌계단을 오르고, 지붕을 나무로 얼기설기 얽어놓은 테라스를 지난다. 피자를 주문한다. 어도비로 지어진 집 내부는 우리의 흙집처럼 포근하다. 주방장이 피자를 직접 가져다주면서 깍듯이 인사를 한다. 이방인이자 여행자들인 우리는 주방장의 호의가 그저 고마울 따름이다. 주방장의 친절한 마음씀만큼 피자가 맛있다고 이구동성이다.

에너지를 충전했으므로, 샌타페이에서 꼭 들러야 할 조지아 오키프 미술관으로 발길을 돌린다. 그런데 미술관은 쪽문만 열어둔 채 휴관이다. 새해 첫날은 열지 않는다는 말을 알지 못했다. 개관 여부를 확인하지 않고 방문하는 일이 조금은 불안하기도 했지만, 어쩔 수 없다. 그때가 언제일지는 몰라도, 샌타페이를 다시 오게

20세기 미국을 대표하는 조지아 오키프 미술관

되면 이곳을 꼭 찾을 것이다.

20세기 미국을 대표하는 독창적인 예술 세계를 개척한 여성화가 조지아 오키프(Georgia O'Keeffe). 2014년, 그녀의 작품 〈흰독말풀, 하얀꽃 No. 1(Jimson Weed, White Flower No. 1)〉이 소더비 미술품 경매에서 약 4,440만 달러(약 500억 원)에 팔렸다. 예술작품의 가치를 돈으로 따지는 것이 바람직한 것인가를 떠나, 여성 화가의 한 작품을 그렇게까지 치열하게 갈망하게 만든 것은 무엇이었을까. 그녀의 그림을 보고 있노라면, 심연을 알 수 없는 꽃의 세계로 빨려 들어가는 듯하다. 그것도 독과 환각이 있는 그림 속으로……

이 지역을 둘러보니, 그녀가 왜 남편 사후 인생 후반을 뉴멕시코주 샌타페이 근처에 눌러 살게 되었는지를 조금은 이해할 수 있을 것 같다. 그녀는 이곳에서 어도비 양식의 건물과 교회를 그렸다. 그것은 그녀가 주로 그린 꽃과 뉴욕 도심의 마천루의 풍경과는 다른 세계다. 그것은 우리에게 잘 알려진 〈접시꽃과 숫양의 머리(Ram's Head with Hollyhock)〉(1935, 48세)에 이미 내포되어 있었는지도 모른다. 뉴멕시코의 황량한 산, 그 위에 그려진 산양 머리의

해골, 그리고 하얀 접시꽃에서 피어오르는 생명을 읽을 수 있기 때문이다.

1924년(37세), 그녀는 그녀의 재능을 알아차리고 후원한 뉴욕 갤러리 '291'을 운영하던 사진작가 앨프리드 스티글리츠(Alfred Stieglitz, 1864~1946)와 결혼한다. 그녀가 활동한 무대는 주로 뉴욕이었지만, 그녀는 1929년(42세)부터 여행 중에 매혹된 뉴멕시코를 거의 매년 찾았다. 1946년(59세)에 남편이 사망하자, 1949년(62세)에는 아예 거처를 샌타페이 북쪽 한 시간 거리에 있는 시골마을 아비키우(Abiquiu)와 거기서 20분 거리에 있는 고스트랜치(Ghost Ranch, 유령 농장) 작업실로 옮긴다. 그녀는 붉은 절벽으로 둘러싸인 '유령 농장'에서 흰독말풀과 같은 초록 식물들로부터 생명력을 느꼈으며, 그것에 매혹되었을 것이다.

그녀는 〈달을 향한 사다리(Ladder to the Moon)〉(1958, 71세)도 그렸다. 작업실에서 바라본 어스름한 페더널산(Pedernal), 하늘에 떠 있는 반달, 그 둘 사이의 허공에 떠 있는 사다리. 그녀는 황량하고, 그러기에 푸른 싹들이 더욱 매혹적인 뉴멕시코 땅 너머를 꿈꾸었을 법하다. 그녀는 이제 〈구름 위의 하늘(Above the Clouds)〉(1962~1963, 75~6세) 시리즈도 화폭에 담는다. 뉴멕시코의 산, 고스트랜치, 그리고 그녀가 살아왔던 삶을 넘어선 또 다른 세계를 꿈꾸었으리라.

1986년 3월 6일, 그녀의 나이 99세. 그녀는 2,000여 점의 작품과 막대한 유산을 그와 13년간 동거했던 50세 연하의 주앙 해밀턴에게 남겨두고 샌타페이에서 숨을 거두었다. 1984년 아비키우에서 샌타페이로 옮긴 지 2년 만이었다.

조지아 오키프 미술관 외에도 샌타페이 곳곳에는 갤러리(화랑)와 수공예품 가게가 있다. 샌타페이가 미국 3대 미술 시장이라는 말이 실감난다. 그중에서 캐니언 로드(Canyon Road)가 단연 두드러진다. 우리는 갤러리가 밀집해 있는 그곳으로 간다.

캐니언 로드 입구에 서부터 좌우에 늘어서 있는 수십 개의 갤러리들. 헌터-커클랜드 현대 갤러리(Hunter-Kirkland Contemporary), 리플렉션 갤러리(REFLECTION GALLERY), 그린버그 미술 갤러리(Greenburg Fine

캐니언 로드에 있는 갤러리

Art), 어도비 갤러리(adobe gallery), 메이어 갤러리(Meyer Gallery) ⋯⋯.

갤러리들은 각자의 개성이 뚜렷하다. 아직 녹지 않은 하얀 눈이 갤러리들의 모습을 더욱 밝게 해준다. 새해 첫날이라 그런가, 문을 연 갤러리들이 많지 않다. 우리는 그린버그 미술 갤러리(Greenburg Fine Art)에 들어선다. 들판에 노랗게 핀 해바라기가 가득한 풍경화가 나를 붙잡는다. 그곳 앞에서 자꾸만 서성인다. 무엇 때문일까. 빈센트 반 고흐가 그린 노란 꽃병에 담긴 〈해바라기〉(1888) 때문일 수도 있고, 조지아 오키프가 그린 활짝 핀 노란 〈해바라기〉(1937) 때문일 수도 있다. 그러나 그것은 한 송이이거나 몇 송이의 해바라기지 않은가.

그렇다. 그것은 이탈리아 영화 감독 비토리오 데 시카(Vittorio De Sica, 1901~1974)가 만든 〈해바라기(I GIRASOLI (Sunflower))〉의 첫 장면에서, 지오바나(소피아 로렌)가 전쟁터에 끌려가 실종된 남편 안토니오(마르첼로 마스트로얀니)를 찾아 헤매던 우크라이나에서, 그리고 영화의 마지막 장면에서, 끝없이 펼쳐진 해바라기였던 것이다.

제2차 세계 대전, 독일 히틀러는 소련을 침공하고, 독일의 동맹국인 이탈리아의 무솔리니가 전쟁에 가담한다. 전장으로 잡혀간 안토니오는 혹독한 겨울 전선에서 낙오되지만, 러시아 여인 마샤(루드밀라 사벨리에바)의 도움으로 간신히 살아남아 그녀와 가정을 꾸리고 딸을 키우며 산다. 전쟁은 끝나고, 지오바나가 이탈리아에서 러시아까지 물어물어 찾아가 천신만고 끝에 남편 안토니오를 만난다. 하지만 이미 다른 여자의 남편이 되어버린 그를 보는 순간 그녀는 열차에 뛰어올라 절규한다. 아, 지오바나여! 밀라노로 귀국한 그녀는 얼마 지나지 않아 공장 일꾼과 결혼한다.

세월이 흐른 어느 날, 그녀를 잊지 못한 안토니오는 이탈리아에 있는 그녀를 찾아간다. 그의 손에는 그가 전장으로 떠나면서 지오바나에게 약속한 목도리가 들려 있었다. 그런데 그가 만난 그녀 또한 아내이자 아들을 둔 엄마였다. 촛불 속에서 서로 확인한 것은 얼굴에 팬 주름이었고, 흰 머리카락이었다. 둘은 사랑을 확인하지만, 결국 떠나보내지 않을 수 없다는 것을 깨닫게 된다. 비통한 표정의 안토니오가 탄 기차가 플랫폼에서 벗어나자, 지오바나는 하염없이 눈물을 쏟아낸다.

우크라이나의 들판을 가득 채운 해바라기와 함께 60년대 영화 음악가로 유명한 헨리 맨시니(Henry Mancini)가 작곡한 주제곡 〈사랑의 상실(Loss Of Love)〉이 애련하게 들려온다. 해바라기는 전쟁터에서 죽어간 수많은 병사와 포로들 그리고 농민, 노인, 여자, 아이들의 죽음 위에 피어난 것이다.

누구에게 잘못을 물어야 하는가. 무엇이 잘못되었단 말인가. 지오바나의 눈물을, 안토니오의 고통을, 그리고 숱한 영혼의 원한을 누가 치유해줄 것이며, 어떻게 멈추게 할 것인가.

이곳을 떠나기 전에 들른, 선물 가게 엘 니초(EL NICHO)의 할머니가 눈에 밟힌다. 아마도 인디언의 피가 흐르고 있는 듯한 그녀는, 그곳을 가득 채운 인디언의 전통 장신구로부터 날개 달린 천사에 이르기까지 뉴멕시코 예

만남의 의미를 깨닫게 해준 엘 니초 가게의 그녀와 함께

술가들이 만든 온갖 수공예품과 함께 살고 있었다. 그녀의 가게는 그 자체로 예술품이었으며, 그녀는 그것을 코디하고 지휘하는 예술가였다. 또한 그녀는 우리에게 초행자의 걱정을 씻어주는 친절한 미덕도 지니고 있었다. 그녀의 주름진 얼굴과 환한 웃음 속에서 그곳의 세월과 삶의 흔적을 느낄 수 있었다. 사진을 함께 찍으며, 그녀와 추억을 함께할 수 있었던 것은 행운이랄까. 엘 니초 선물 가게의 매들린 던(Madeline Dunn) 할머니! 여행에서 사람 만나는 의미를 깨닫게 해준 그녀.

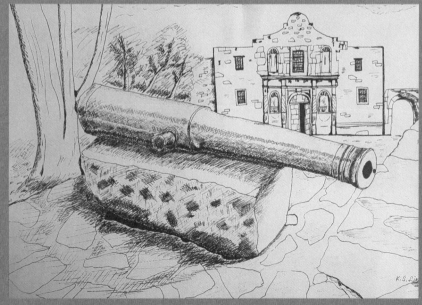

저자, 〈총, 알라모, 쇠〉, 종이에 펜 _ 텍사스주 샌안토니오 알라모

2부

죽음의 고통을 넘어
인간에 대한 희망을 보다

알라모 전투에서 살아남은 사람들은 죽기 전에 가족들에게 무슨 말을 남겼을까. 산타안나를 비롯해 전투에 참가한 멕시코 병사들은 또 어떤 말을 남겼을까. 트래비스는 이름 모를 병사에게 '가족을 위해 살아남으라'는 말을 건넸을까. 아니면 '목숨 바쳐 끝까지 싸우라'고 했을까. 이것만은 분명하리라. 전투에 참가한 병사들의 가족, 애인, 친구들은 그들이 무사히 돌아오기를 간절히 기도했을 것이라는 진실.

전장을 기억하기
: 영웅들의 명멸, 그 시공간을 넘어서

여행지
샌안토니오(San antonio, TX) : 알라모(Alamo) - 리버워크(River Walk)

안내자
산타안나(1794~1876), 샘 휴스턴(793~1863), 아이라 헤이즈(1923~1955),
조니 캐시(1932~2003), 조 로젠탈(1911~2006)
〈아이라 헤이즈 발라드〉(조니 캐시, 1964), 〈알라모〉(존 리 핸콕, 2004),
〈앙코르〉(제임스 맨골드, 2005), 유황도 전투(1945)

'산타안나 군대는 단 18분 만에 패배했다(Santa Anna's army was defeated in eighteen minutes).'

샌저신토(San Jacinto). 휴스턴 북쪽에 있는 지역이다. 1836년 4월, 그곳에서 산타안나(Santa Anna)가 이끄는 텍사스 반란자들을 진압하던 수천 명의 멕시코군은 샘 휴스턴(Sam Houston)이 이끄는 텍사스군에게 무너졌다. 텍사스군의 사망자는 단 아홉 명. 멕시코군 사망자와 포로는 각각 수백 명. 포로에는 산타안나도 있었다.

수적으로 우세했던 멕시코군은 왜 그렇게 맥없이 무너졌을까. 멕시코군의 방심, 과신 때문이었을까. 텍사스군의 용맹함, 분노 때문이었을까. 그들은 왜 그렇게 생사를 걸고 싸웠던 것일까.

존 리 핸콕이 감독한 〈알라모(The Alamo)〉에서 샘 휴스턴(데니스 퀘이드)은 멕시코군과 일전을 치르기에 앞서 텍사스 군인들에게 일장 연설을 한다. "우리는 이 전쟁을 기억하게 될 것이다! …… 이것은 우리의 내일을 위한 전쟁이다! 오늘을 위해, 알라모의 일을 잊지 말자!"

큰 전투를 앞두고, 지휘관들은 병사들 앞에서 확신에 찬 목소리를 쏟아내곤 한다. 역사와 신의 이름으로 전투의 정당성과 승리에 믿음을 심어주고, 전투욕을 불사르고, 마침내 적을 물리칠 수 있도록…….

내일을 위한다는 것, 전장을 기억한다는 것은 어떤 의미가 있는가. 이들은 도대체 왜 전장의 군인이 되었을까. 아마도 국민이 된다는 것, 국가 만들기의 일원이 된다는 것, 그것과 관련되어 있을지도 모른다. 그들의 노력으로 멕시코 땅은 미국의 땅이 되었노라고. 신이 내려주신 '명백한 운명'에 충실한 열매를 딸 수 있었노라고. 그리하여 그것은 집단 기억 속에 전달되는 것이라고.

텍사스 사람들은 샘 휴스턴을 새로운 공화국의 대통령으로 선출했으며, 마침내 그들의 소원대로 텍사스 공화국은 미연방의 일원으로 자리 잡았다.

우리는 그곳이 궁금하다. '알라모를 잊지 말자'고 한 그곳. 휴스턴에서 10번 도로를 타고, 서쪽으로 달린다. 알라모 전투에서 살아남은 사람은 세 사람. 병사(兵士)의 아내인 수잔나 디킨슨과 그녀의 15개월 된 아기, 그리고 지휘관 트래비스의 노예 조(Joe). 그러니까 그들은 아기와 그의 엄마, 그리고 흑인 노예였다. 그들은 알라모에서 산타안나에 의해 풀려난 뒤, 텍사스 군사령관 샘 휴스턴이 있는 곳으로 걸어갔다. 우리는 그들이 걸어온 길을 거슬러 알라모로 향한다.

우리는 이방인으로서, 샌안토니오 한복판에 있는 알라모 앞에 섰다. 많은 이들이 삼삼오오 입구에 있다. 18세기 초 스페인 선교소로 건설되었고, 19세기 초에는 스페인 기병대가 주둔했으며, 멕시코에서 독립을 주장한 텍사스 이주민들이 점령했던 곳이다.

왜 텍사스군은 샌저신토 전투에서 멕시코군을 맞아 알라모를 기억하고, 원한을 갚자고 했는가. 누구의 목소리인가에 따라 말의 의미는 달라지는 법이다. 1835년에 멕시코 대통령 미겔 바라간(Miguel Barragan)이 멕시코군 지휘관들과 총독들에게 보낸 글인 "텍사스 식민지인들에 관한 신속한 조치"(1835.10.31)에는 텍사스 이주민들을 관대하게 맞아들이고, 특혜를 베풀었지만, 이제 그들은 그곳을 빼앗으려 하기에, 그들을 응징하기를 바란다는 내용이 담겨 있다.

1821년, 스페인으로부터 300여 년 동안 지배를 받아왔던 멕시코가 마침내 독립했다. 그리하여 미국의 서남부 일대의 광대한 지역도 멕시코 땅이 되었다. 멕시코 땅에 미국인 이주자들이 텍사스 땅으로 들어오기 시작했다. 멕시코는 황량한 그 지역을 개발할 필요가 있었으며, 세수 확보도 필요했다. 10여 년이 지나자 이주민들이 텍사스에 사는 멕시코인보다 많아졌다. 그들은 힘이 세졌으며, 자신들의 권리를 보장받고 싶었다. 멕시코가 하자는 대로 고분고분 따를 리가 없었다. 더구나 이주민 가운데는 노예제를 반대하는 멕시코가 탐탁지 않았다고 보는 이도 있었다. 그 참에 텍사스는 멕시코로부터 독립하기를 원했다. 앵글로색슨계 텍사스 이주민들은 샌안토니오와 알라모를 점령하고, 반란을 일으켰다(1835.10~1836.4).

1833년. 권력을 장악한 산타안나는 외국인들을 멕시코 땅에서 추방하기로 했다. 반란군을 진압하러 간 산타안나의 사촌 마르틴 페르펙토 데 코스(Martin Perfecto de Cos)가 그들에게 패배했다. 그러자 산타안나는 즉시 보복에 나섰다. 1836년, 산타안나는 샌안토니오를 탈환하고 알라모를 공격했다. 187명의 민병대들은 알라모에서 3천여 명의 멕시코군을 상대했다. 열사흘(2.23~3.6)을 버티다 세 사람을 제외하고 전원 사망했다. 이들 중에는 노예상인 제임스 보위(James Bowie)와 인디언 크리크족과의 전쟁에 참가한 변경 개

알라모 요새 : 매년 300만 명 이상이 찾는 역사적인 성지가 되었다.

척자이자 의원이기도 했던 데이비드 크로켓(David Crockett)도 있었다. 멕시코 군인들도 절반이나 죽거나 다쳤다.

알라모 요새에 들어서자, 담벼락을 따라 알라모의 연대기 그림이 펼쳐져 있다. 선교기(1716~1793), 스페인 통치 몰락기(1794~1821), 독립을 위한 투쟁기(1822~1835), 텍사스 공화국의 탄생기(1836), 공화국에서 초기 주 성립기(1837~1885), 창고(Warehouse)에서 성지(Shrine)에 이르는 시기(1886~1997).

1837년 2월 25일, 주안 세갱(Juan Seguín) 대령이 산 페르난도 교회에 알라모 방어자들을 기리는 기념비를 세운 후, 알라모 광장은 전쟁 기념 퍼레이드의 중심이 되었다. 1932년에는 정부와 클라라 드리스콜(Clara Driscoll)이 기금을 마련하여 알라모 성지의 남쪽과 북쪽 땅을 샀다. 그랬다. 분명히 알라모 성지(Alamo shrine)라 씌어 있었다. 연대기(年代記)를 넘어 사관(史觀)이 꿈틀거리고 있었다.

인생이란 어디론가 떠나는 것

박물관과 기념관이 속속 완성되면서, 알라모는 패배와 원한을 넘어, 자유를 향한 투쟁의 상징, 영웅들의 신화가 되었다. 매년 300만 명 이상이 찾는 역사적인 알라모 성지(聖地)가 된 것이다.

구원군의 행렬이 동판에 그려진 기념비 앞에 선다. 알라모를 지휘한 트래비스 대령의 다급한 호소에 따라 알라모에 목숨을 바치러 곤잘레스에서 온 서른 두 명의 영웅들을 기린 것이다. 그들은 무엇을 위해 멕시코군을 뚫고 승산도 없는 이곳에 들어오게 되었는가.

문득, 가미카제(Kamikaze, 신풍(神風))가 떠오른다. 제2차 세계대전 때 비행기를 몰고 자살 공격을 감행한 일본군 특공대. 모든 조종사들이 그들의 자살 공격을 과연 천황을 위한 명예로운 일이라 생각했을까. 가미카제 출신 조종사들의 증언에 따르면 그것은 사람을 죽인 살인행위였다. 그들은 칼을 찬 공군 장교복을 입은 비행사로서 여성들에게 인기를 독차지하는 자신의 모습을 상상했으며, 조종사가 되어 강제로 가미카제에 동원되었다. 출격을 앞두고 유서를 남기거나, 고향의 부모 형제, 아내와 아이들에게 편지를 썼다. 그것마저 할 수 없어 울부짖거나, 막사를 서성거리거나, 독한 술로 공포를 감추려는 사람들도 있었다. 출격해서는 두려움에 굴복하여 불시착하거나 돌아오는 길을 택한 사람들이었다.

뜰 한쪽 돌 위에는 오래된 포신이 놓여 있다. 알라모를 사수하고자 한 그들은 저 포신으로 포탄을 날렸으리라. 포탄이 빗발치고, 점점 포위망이 좁혀질 때, 그들은 자신들의 신념을 유지할 수 있었을까. 그럴 수도 있고, 그렇지 않을 수도 있다.

알라모 선교원 뜰에 담벽 그림자가 짙게 드리운다. 알라모를 떠나 근처에 있는 리버워크를 걷는다. 홍수 관제를 위해 잘 정돈된 물길이 관광 명소가

생명탑 빌딩의 성조기

되었다. 관광선을 타려고 승선표를 산다. 이야기가 있는 왕복 여행(Narrated Tour Round Trip). 약 35분. 8.25달러.

수로(水路) 양쪽 나무에는 화려한 전기 불꽃들이 뒤덮여 있다. 배는 아치 다리를 건너고, 색색의 파라솔이 펼쳐진 노천 카페를 지나고, 온갖 장식이 달린 커다란 트리가 있는 반환점을 돈다.

어느 성직자의 석조 입상 너머로, 높이 솟은 생명탑 빌딩(Tower Life Building)이 우리의 눈을 가로 막는다. 꼭대기에는 조명을 한껏 받고 있는 성조기가 펄럭이고 있다. 그것은 제2차 세계대전 최대 격전지의 하나인 유황도(이오지마, 硫黃島)에 성조기를 세우는 미군 병사들을 닮았다. 1945년 2월 23일, 이오지마 섬의 가장 높은 스리바치산(161미터)에 여섯 명의 미군 병사가 성조기를 세우는 사진 말이다. 도쿄와 사이판 사이에 있는 전략적 요충지 이오지마. 치열한 전투 속에 조선인 200여 명이 동원됐으며, 137명이 희생된 곳. 일본군 2만여 명과 미군 7천여 명의 사상자가 있었던 곳. 그곳을 그들은 탈환한 것이다. 물론 그것은 좀 더 커다란 국기로 교체하기 위해 연출된 장면을 AP 통신 기자 조 로젠탈이 찍은 사진이다.

깃발을 세우던 여섯 명의 군인 가운데, 살아남은 세 명은 전쟁 영웅이 되었으며, 그것은 '아버지의 깃발'의 신화가 되었다. 사진 속 장면은 알링턴 국립묘지 근처에 동상으로 만들어져 역사의 한 자리를 차지하고 있다. 그러나 살아남은 자들은 전우들을 잃고 극심한 트라우마에 시달려야 했다. 그 중 인디언 아이라 헤이즈(Ira Hayes)는 정상 근처에 있다가 성조기 게양을 거들었다는 이유로 인디언 출신 영웅으로 더 큰 추앙을 받았다. 그는 영웅이라는 말을 들을 때마다 진저리를 쳤고, 급기야 알코올중독 폐인이 되어 인디언 보호구역 자신의 집 근처 도랑에서 얼어 죽었다. 그의 나이 서른셋이었다.

컨트리 음악 명예의 전당(Country Music Hall Of Fame, 1980), 로큰롤 명예의 전당(Rock And Roll Hall Of Fame, 1992), 가스펠 음악 명예의 전당(Gospel Music Hall Of Fame, 2010)에 이름을 새긴 조니 캐시(Johnny Cash). 우리가 미국 중부 대평원 어느 시골집에서 〈앙코르(Walk the line)〉라는 영화 속 인물로 만난 조니 캐시. 그는 〈아이라 헤이즈 발라드(The ballad of Ira Hayes)〉에서 아이라는 전쟁이 터졌을 때 자원 입대해서 영웅으로 돌아왔지만, 그는 단지 피마 인디언에 불과했다고 노래하고 있다.

이 밤이 가면 샌안토니오의 조명은 꺼질 것이다. 그러나 생명탑 빌딩의 성조기도, 유황도(硫黃島)의 성조기도, 알라모의 성조기도 어김없이 휘날릴 것이다. 그리고 지구촌 어느 곳에서든 국가를 위한, 국가에 의한 영웅들도 명멸(明滅)을 거듭할 것이다.

죽음의 고통을 넘어서는 길
: 타인의 감정을 이해하고 공감하기

여행지
샌안토니오(San antonio, TX) : 리버워크(River Walk)-라 빌리타(La Villita)
-텍사스 힐 컨트리(Texas Hill Country)-오스틴(Austin) : 오 헨리 박물관(O. Henry Museum)

안내자
박지원(1737~1805), 아이라 헤이즈(1923~1955), 오 헨리(1862~1910)
「끝없는 강물이 흐르네」(김영랑, 1930), 「마지막 한 잎」(오 헨리, 1952), 〈아버지의 깃발〉
(클린트 이스트우드, 2006), 〈이오지마에서 온 편지〉(클린트 이스트우드, 2006)

밤새 달려온 햇살은 아이라 헤이즈가 애리조나에서 텍사스까지 걸어온 발걸음보다도 묵직하게 새벽을 뚫고 창문을 두드린다. 눈을 뜬다. 창가에 서니, 어젯밤 성조기가 휘날리던 빌딩(Tower Life Building)이 코앞이다.

인디언 아이라 헤이즈(Ira Hayes). 유황도에 성조기를 세운 '영웅' 가운데 한 사람. 그는 애리조나에서 2,000킬로미터를 걷거나 차를 얻어 타면서 이곳 텍사스에 찾아왔다. 왜 그랬을까.

그는 할론 블록의 아버지를 만나기 위해서 머나먼 길을 걸었다. 할론 블록은 연출된 사진 속에 등장한 성조기를 세운 병사들 가운데 한 명이었다. 영화 〈아버지의 깃발(Flags of Our Fathers)〉에서 해설자는 '함께 깃발을 세우던 사진 속에 있던 사람은 다름 아닌 할론이라고……. 누가 깃발을 세웠느냐가 아이라에게는 별게 아니었을지는 몰라도 다른 사람들에게는 중요한 일이란 것을 알았기 때문'이라고 말한다.

어떤 영문인지는 몰라도 늘상 한 집 건너 걸려 있는 성조기. 내 아들, 내 딸들은 육군에, 해군에, 공군에 복무 중이라는 글자를 자동차에 붙이고 달리는 운전자들. 아무리 부정하고 싶어도 그것이 그들에게는 중요하다는 것을 인정할 수밖에 없는 아이라 헤이즈와 같은 사람들.

그러나 유황도에 깃발을 세운 '영웅'인 해군 위생병 출신 브래들리가 병상에서 생을 마감하기 직전, 아들과 나눈 대화에서 우리가 말하고 싶은 것을 찾을 수 있을지도 모른다. 그는 아들에게 더 좋은 아빠가 되지 못해 미안하다는 것, 더 많은 이야기를 해주지 못해 미안하다는 말을 남긴다.

사람은 죽기 전에야 마음에 묻어두었던 말을 하는 존재인가 보다. 그래서 임종 때가 되면 가족들은 촌각을 다투어 달려가는가 보다. 미안하다고, 잘 부탁한다고, 행복했노라고, 염려 마시라고, 잘 가시라고……. 못다 한 말은 비문에 새기겠노라고.

아무리 전쟁 영웅이라 한들 죽음을 넘어설 수는 없는 법. '더 좋은 아빠가 되지 못해서 미안하다'고. 일본군에게 포로로 잡혀, 온갖 고문을 당하고 숨진 전우(戰友) 이기. 그 기억에서 한순간도 벗어날 수 없었지만, '가장 재미있는 순간이 있었노라'고. 아버지는 전쟁의 참혹함과 그 희생자인 이기를 기억하는 방식, 아니 그것을 넘어서는 것은 전쟁과는 너무도 거리가 먼 것이라는 것을 전해준다. 영화를 보면서 눈물과 숙연함이 거대한 파도로 밀려왔던 시간을 내 몸은 생생히 기억한다.

영화는 브래들리 아들의 입을 통해 어쩜 이 영화가 하고 싶은 말을 한다. 그는 영웅들 같은 그런 것은 없다는 것, 영웅이란 우리가 필요해서 만들어낸 그 무엇이라고 말한다.

영웅을 만들어낸 '우리', 도대체 그 '우리'란 누구인가. 클린트 이스트우드가 〈아버지의 깃발〉에 이어 감독한 〈이오지마에서 온 편지(Letters from IWO

JIMA)〉에서, 일본군 사령관 쿠리바야시 타다미치(와타나베 켄) 장군은 최후를 앞두고 사이고라는 일개 병사에게 '죽지 말고, 가족을 위해서 살아남으라' 한다.

제과점을 운영하다, 임신한 아내를 두고 이오지마(유황도)에 끌려온 사이고(니노미야 카즈나리)는 아내에게 보내는 편지에 '우리가 죽을 구덩이를 하루 종일 파고 있다'고 썼다. 예상과는 달리 그는 사령관의 말대로 살아남는다. 그를 아무도 모르는 곳에 묻고서……

미군 포로 샘(루카스 엘리엇)이 품에 간직하고 있던 편지에는 아들이 무사히 돌아오기만을 기도하는 엄마가 있었다. 니시 바론(이하라 츠요시) 중령은 연합군에게 죽음을 눈앞에 둔 극도의 공포 속에서 이 편지를 부하들에게 읽어 준다. 그는 1932년 로스앤젤레스 올림픽에서 금메달을 딴 승마 선수다. 올림픽, 금메달리스트, 전쟁, 국가, 그리고 죽음.

무사귀환을 원하는 사랑하는 엄마, 아내, 가족들의 간절한 기도에도 불구하고, 미군 포로 샘도 죽고, 니시 바론도, 그의 부하들도, 그가 아끼던 말도 죽는다.

알라모 전투에서 살아남은 사람들은 죽기 전에 가족들에게 무슨 말을 남겼을까. 산타안나를 비롯해 전투에 참가한 멕시코 병사들은 또 어떤 말을 남겼을까. 트래비스는 이름 모를 병사에게 '가족을 위해 살아남으라'는 말을 건넸을까. 아니면 '목숨 바쳐 끝까지 싸우라'고 했을까. 이것만은 분명하리라. 전투에 참가한 병사들의 가족, 애인, 친구들은 그들이 무사히 돌아오기를 간절히 기도했을 것이라는 진실.

오늘은 진한 커피를 마시고 싶다. 식당에 들러 커피를 들고 숙소 근처 강가로 간다. 샌안토니오강의 리버워크(River Walk)에도 어둠이 걷히고 있다. 형

인생이란 어디론가 떠나는 것

형색색의 파라솔이 펼쳐진 길을 따라 걷는다. 강변은 푸르고 싱싱한 잎사귀와 나무들로 가득하다. 강물과 새소리에 이끌려 거닐다 보면, 어느새 내 마음은 강물에 빼앗기고 만다. 김영랑 시인은 「끝없는 강물이 흐르네」에서 내 마음의 어딘 듯 한 편에 끝없는 강물이 흐른다고 했다. 내 몸 구석구석 어딘가에도 강물이 흐른다. 나직하고도 정답게 숨어 있는 그 어떤 곳에서…… 끊임없이……. 강가에서 한가로이 아침을 즐기고 있는 평화롭고, 아름다운 청둥오리들처럼. 그러나 청나라 황제 건륭의 생일을 축하하기 위해 북경에 갔다가, 피서산장에 있는 황제를 찾아 황급히 떠나야 했던 연암(燕巖) 박지원인들 그런 강을 마음에 담아두고 싶지 않았겠는가. 그의 일행은 북경에서 230킬로미터 떨어진 열하까지 밤낮으로 닷새를 달려야 했다. 힘없는 나라의 백성이었기에, 목숨을 부지해야 했기에……. 우리는 북경에 갔을 때, 그 길을 버스로 두 시간 만에 갈 수 있었다.

리버워크 길을 따라가다가 '라 빌리타(La Villita)'와 마주친다. 스페인어로 작은 마을이라는 뜻을 지닌 '라 빌리타'. 이곳은 18세기 스페인 통치 기간에 그 사람들이 모여 살았고, 19세기에는 독일, 프랑스, 스위스 등에서 온 이민 자들이 합류하면서 이룬 마을이다. 당시의 건물들 가운데 남아 있는 여러 공방들과 거기서 만들어진 다채로운 수공예품들이 우리의 눈길을 사로잡는다. 그래서 이정표에는 '역사적인 예술 마을(Historic Arts Village)'이라 쓰여 있다.

시간, 공간, 그리고 자연의 흔적이 도드라진 곳에는 언제나 '역사적', '아름다운'이라는 수식어가 붙는다. 우리는 트리플에이(AAA) 여행사가 만든 관광 안내 책자가 유혹하는 길을 달린다. 샌안토니오를 떠나 오스틴으로 향하는 길에 '힐 컨트리'를 보기 위해 10번 도로를 타고 북서쪽으로 가다 46번 도로에 들어선다. 밴더라(Bandera)에서 프레더릭스버그(Fredericksburg) 마을을 지나는 길에는 '미국의 아름다움 - 텍사스 언덕 지역(American Beauty - Texas Hill Country)'이라는 말이 붙어 있다. 루켄바흐(Luckenbach)는 미국에서 열 손가락 안에 드는 작은 마을이란다. 야생화가 핀 언덕을 따라 카우보이들이 달렸을 목장에는 겨울 길목을 지나는 스산한 남부의 풍경이 이어진다.

우리는 텍사스 주도(州都)인 오스틴에 간다. 오 헨리(O. Henry) 때문이다. 그가 살았던 작은 흔적이라도 보지 않고는 이곳을 떠날 수 없다.

오 헨리 박물관 앞에 선다. 안내문은 이곳이 그와 아내, 딸이 살던 1890년 대 중반의 집이며, 1934년에 박물관으로 개관했다고 알려 준다. 그리고 포터는 감옥에 있던 3년 동안 오 헨리라는 이름으로 글쓰기를 시작했으며, 뉴욕에 있던 1902년에서 1910년 사이에 381편의 단편을 발표하면서 국제적인 명성을 얻었다고 한다.

윌리엄 시드니 포터(William Sidney Porter)가 본명인 오 헨리는 1862년에 노스캐롤라이나주의 그린즈버러에서 태어났다. 폐결핵을 앓던 중 1882년에

텍사스주로 이주해 와서, 1884년부터 오스틴에 10여 년을 머물렀다. 여기서 그는 글쓰는 일뿐 아니라, 약제사, 제도사, 은행원으로 일했다. 그 사이 식료 품상의 양녀와 결혼을 했고, 딸이 태어났으며, 아내마저 폐결핵에 걸렸다. 첫아들, 아버지, 아내, 숙모가 사망한 곳도 오스틴이다. 오스틴은 그가 가정 을 꾸리고 애환을 겪으며 20대를 보낸 곳이기에 어쩌면 그에게 가장 의미 있 는 시간을 이곳에서 보냈는지도 모른다.

그가 살던 집은 정갈하게 정돈되어 있지만, 중고등학교 교과서에 실린 오 헨리의 「마지막(최후의) 한 잎(잎새)」이라는 시나리오가 너무도 강렬하게 기 억에 남아 있어 우리를 압도해버린다. 우리가 교과서에서 본 「마지막 한 잎」 은 오 헨리 단편소설 가운데, 「경찰관과 찬송가」, 「나팔소리」, 「마지막 한 잎」, 「붉은 추장의 몸값」, 「크리스마스 선물」 등 다섯 편을 각기 다른 감독 이 맡아 옴니버스 형식으로 만든 영화 〈오 헨리의 풀하우스(O. Henry's Full House)〉(1952)에 실린 시나리오(이진섭 각색)다.

20세기에 막 접어들 무렵, 눈보라치는 뉴욕의 예술인 마을. 가난해도 예술 을 사랑하면서 연인에 대한 순수한 사랑마저 꿈꾸었던 여류 화가 존시. 그녀는 실연을 당하고 급성 폐렴에 걸려 사경을 헤맨다. 그녀가 살아날 수 있는 길은 오직 그녀가 살고자 하는 의지뿐. 그녀의 나이 스물한 살. 스물한 개 남은 담쟁이 잎이 떨어질 때마다 그녀는 죽음의 길로 들어선다. 마지막 남은 담쟁이 잎과 그녀의 생명이 다하는 날 밤, 자신의 그림은 아무런 뜻을 전하지 못하는 3달러짜리 화가에 불과하다고 자책하는 쉰 살의 베어먼은 혼신을 다해 담쟁이 잎을 그려 넣는다. 그리고 마침내 그녀는 살아나고, 그는 죽는다.

우리는 죽어가는 존시에 연민을 느낄 수도 있었고, 그녀의 미련한 생각에 안타까움을 가질 수도 있다. 그리고 무능력한 베어먼의 행동을 비난을 할 수도 있다. 그러나 내가 주목한 것은 장사꾼인 화상(畵商)도, 젊은 화가인 존시도, 그 누구도 인정해주지 않는 늙어버린 화가 베어먼이 한 인간을 위해 자신의 전부를 바쳤다는 데에 있다. 그가 그런 행동을 한 것은 어떤 대가를 받고자 한 것도 아니고, 강제로 그런 것도 아니며, 더구나 '영웅'이 되고자 한 것도 아니다.

다른 사람이 무엇을 느끼고 있는지를 즉각적으로 아는 것은 인간의 본능이다. 그럴지라도 왜 그/그녀가 그런 감정을 느끼고 겪는지를 모른다면 그 사람의 기쁨과 슬픔에 공감하고 그것을 함께 나누고, 행동으로 옮기는 것은 어려울 것이다. 전쟁터에서 죽어간 수많은 장병들의 죽음, 존시의 아픔과 베어먼의 죽음, 일상 속에서 만나는 숱한 죽음과 고통 그리고 기쁨들. 그들이 겪은 감정을 이해하고 공감하고자 노력하는 여정이 삶이자 여행이 아닐까?

행복하신가요? 외롭고 허무하신가요?
: 시간의 비밀을 찾아서

여행지
오스틴(Austin, TX) – 치와와 사막(Chihuahuan Desert)
– 빅벤드 국립공원(Big Bend National Park)

안내자
장 보드리야르(1929~2007)
『모모』(미하엘 엔데, 1973), 『자기 앞의 생』(에밀 아자르, 1975)
〈모모〉(김만준, 1978), 〈타인의 계절〉(한경애, 1981), 〈히어로〉(Family of the Year, 2012),
〈리오그란데〉(존 포드, 1950), 〈보이후드〉(리처드 링클레이터, 2014),
〈장고〉(세르지오 코르부치, 1966), 〈황야의 무법자들〉(세르지오 레오네, 1964)

고등학생 때던가. 우리는 〈모모〉라는 노래를 흥얼거렸다. 우리는 철부지였고, 무지개를 쫓는 청년이었고, 생을 쫓아가는 무거운 시곗바늘이었을 때였으니까.

모모는 방랑자고, 모모는 외로운 그림자며, 모모는 환상가이기도 하다. 그런데 왜 모모 앞에 있는 인생은 행복하다고 하는가. 그것은 인간은 사랑 없이 살 수 없다는 것을 모모는 잘 알고 있기 때문이라는 것이다. 그때, 우리는 모모와 같은 그런 존재들이라는 것을 막연히 믿고 있었던 것이다.

1978년 전남 광주 지역 전일방송이라는 라디오 방송에서 주최한 제1회 대학가요제 대상을 차지한 김만준(박홍철 작사·곡)이 부른 모모는 그렇게 다가왔다. 나중에 이 노래는 본명이 모하메드인 모모라는 아랍인 아이가 유대인, 흑인, 아랍인들과 부대끼면서 인생과 사랑의 의미를 알아가는 이야기를 다룬 에밀 아자르(Emile Ajar)의 『자기 앞의 생(*La vie devant soi*)』이란 소설에서 영감을 받았다는 것을 알았다.

이야기는 유대인 창녀였으며, 아우슈비츠에서 살아남은 마담 로자의 손에 자란, 역시 창녀의 아들 모모가 예닐곱 살쯤에 하밀 할아버지에게 '사람은 사랑 없이도 살 수 있나요?'라고 물으면서 시작한다. 세월이 흘러 모모를 돌보던 마담 로자도 혼수상태로 죽어가고, 홀로 살아가던 하밀 할아버지는 장님이 되어 기억이 희미해져간다. 모모가 다시 할아버지에게 '누군가 사랑할 사람이 없어도 살아갈 수 있나요? 제가 어렸을 때 할아버지는 사랑 없이는 살 수 없다고 하셨어요.'라고 했을 때 할아버지는 '그래, 그게 사실이다. 나도 젊었을 때는 누군가를 사랑했었지. 그래, 네 말이 옳다.'라고 대답하면서 끝난다.

이야기 속의 모모는 그토록 험난한 인생길을 살아왔건만, 어쨌든 우리 '청소년의 뜰'은 그렇게 환상 속의 모모와 함께 흘러갔다.

더구나 불혹(不惑)을 지나 하늘의 뜻을 안다는 지천명(知天命)을 지나도록 알 듯하면서도 모르겠는 것이 인생인 걸 어쩌겠는가. 여전히 방랑하면서 무지개를 쫓고, 가끔은 외로움에 사무치고, 사랑에 목말라 한다는 것을. 한경애가 〈타인의 계절〉에서 부른 '사랑이 깊어가면 갈수록 외로워지고, 사랑이 떠날까 두려워 눈물 흘리게 된다는 것'은 여전히 진실이다. 우리는 에밀 아자르가 확인해두고 싶은 '사람은 사랑 없이는 살 수 없다'는 말을 증명하는 존재인가 보다.

그러나 내 인생은 그 말이 증명하는 예시로 삼기에는 궁색하기 그지없다. 미하엘 엔데(Michael Ende)가 쓴 『모모(*Momo*)』에 등장하는 시간 저축 은행 영업사원 XYQ384b호의 계산법에 의하면, 내가 살아온 시간은 1,608,336,000초. 여기에 잠, 일, 식사, 취미, 만남 등을 합한 시간은 1,608,336,000초. 남은 시간은 0,000,000,000초. 이것이 내가 살아온 인생의 결산표다. 참담하

치와와 사막을 가르는 90번 도로. 제한 속도 80마일(128.7킬로미터)로 질주한다.

다. 회색 신사 영업사원이 '내 인생은 실패작이고 고작 보잘것없는 이발사일 뿐'이라 통탄하는 이발사 푸지 씨에게 했던 바로 그 계산법에 따르면 말이 다. 그의 통탄이 어디 그만의 것이겠는가.

그 영업 사원은 이발사 푸지 씨에게 '이런 식으로 시간을 운영할 수 없다 고 생각하지 않으십니까?'라고 부드러운 목소리로 내게 말하는 듯하다.

내게 남은 인생은 30년. 946,080,000초. 잠, 일, 식사……. 30년 뒤 나의 인생 결산표는 또다시 000,000,000초가 될 것인가. 아니면 영업 사원에게 시간을 저축해야만 하는가. 시간을 빼앗아가는 회색 신사의 교묘한 속임수 에 넘어가지 않고 살아갈 수 있는 길은 없는 것인가? '시간을 훔치는 도둑과, 그 도둑이 훔쳐간 시간을 찾아주는 모모'에 의지해야 하는가?

샌안토니오에서 델리오(Del Rio)를 거쳐 빅벤드 국립공원으로 가는 90번 도로. 길은 끝도 없이 뻗어 있는 치와와 사막을 가르고 있다. 황량한 텍사스 남부 사막 길을 에워싸고 있는 선인장과 이름 모를 풀들을 벗 삼아 달린다. 리로그란데 강을 사이에 두고 총잡이 장고와 갱단(《장고(DJANGO)》), 무법자들(《황야의 무법자들(A Fistful Of Dollars)》), 기병대와 인디언들(《리오그란데(RIO GRANDE)》)은 없어도, 휴대 전화기도 사용할 수 없고, 허름한 주유소도 찾기 힘들다. 내 오래된 자동차를 생각하면 식은땀이 흐른다. 지름길을 마다하고 멕시코와 국경을 맞대고 있는 리오그란데강을 만나기 위해 자초한 길이다. 제한 속도 80마일(128.7킬로미터)을 오르내리는 자동차는 거칠 것이 없다.

장 보드리야르(Jean Baudrillard)에 따르면 미학과 의미, 문화, 풍미와 유혹의 광신자들인 우리에게, 깊이 도덕적인 것만을 아름다운 것으로 보며 자연과 문화의 영웅적인 구별에만 열광하는 우리에게, 비판적 감각과 초월성의 위세들에 영원히 묶여 있는 우리에게, 무의미의 매혹을, 사막과 도시에서 동등하게 군림하고 있는 현기증 나는 탈연결의 매혹을 발견하는 것은 정신적 충격이자 놀랍고 독특한 해방이다. 그는 미국 여행기 『아메리카』에서 사막을 횡단하면서 무의미의 매혹, 절대적인 매혹을 발견하고, 정신적인 충격과 독특한 해방을 느꼈다고 이야기한다. 그의 말대로 사막이 그토록 매혹적인 것은 균질화 속에서 모든 깊이가 해소되어 있기 때문일지도 모른다. 우리는 두려움 속에서 사막의 절대적인 매혹에 깊숙이 빠져들어간다.

메이슨 주니어(엘라 콜트레인)와 그의 친구들이 달렸던 길도, 사막을 가르는 길이었다. 〈보이후드(Boyhood)〉라는 영화에서 그는 여섯 살 나이로 등장해서, 가족과 함께 12년을 산다. 영화에서는 매년 15분씩 그의 삶을 보여준다. 그가 고등학교를 졸업하고 마침내 엄마(패트리샤 T. 아퀘트) 품을 떠나 텍

사스 주립대학으로 떠나던 날, 그의 엄마는 짐을 꾸리던 아들을 보면서 결국 자신 인생은 그렇게 끝나는 것이며, 결국 자신의 장례식만 남았다고 하면서 흐느낀다. 이제 성인이 된 열여덟 살 메이슨은 "난 그냥……. 뭔가 더 있을 줄 알았다."는 엄마의 탄식을 들으면서 그녀에게 "40년이나 앞당겨서 왜 미리 걱정"하느냐는 말을 뒤로 한 채 집을 떠난다. 그러나 그녀의 탄식이 그녀만의 것이 아니기에 가슴속 깊이 슬픈 샘이 솟는다. 아이를 기르고, 가르치고……, 아이들은 우리 품을 떠나고……. 이제 남은 것은 정녕 장례식뿐일까. 『모모』의 영업 사원의 결산표에 따르면 살아온 시간도 살아갈 시간도 남는 게 없다. 인생은 결코 남는 장사가 아니라는 것이다. 그렇다면 시간을 아껴야 하지 않은가.

메이슨이 대학을 찾아 가는 낡은 트럭에서는 인디 록 밴드인 '패밀리 오브 더 이어(Family of the Year)'가 부르는 〈히어로(Hero)〉가 흐른다. 〈히어로〉는 자립해 살아갈 자유가 있다는 당찬 마음을 잔잔하면서도 신나게 들려준다. 우리와 달리 고등학교를 졸업하면 대부분 독립하는 미국 청년들을 볼 때 가슴에 와 닿는 말이다. 이 노래 제목이 '영웅'인 이유다.

길을 나선 지 다섯 시간, 텍사스주 서남쪽 마라톤(Marathon)이라는 곳에서 좌회전, 385번을 타고 남으로 달린다. 누렇게 말라버린 야생풀 사이로 아슴푸레 다가오는 잔잔한 산봉우리들. 이윽고 거대하게 솟은 모래 바위산이 우리를 맞는다. 굽이굽이 돌아 도착한 치소스산맥 산장(Chisos Mountains Lodge).
산책로에 있는 사자(퓨마) 출현 경고문이 우리가 깊숙한 곳에 있다는 것을 실감케 한다. 전망대에서 지는 해를 마주한다. 계곡 사이로 광활하게 펼쳐진 사막은 시시각각 형체를 달리하면서 찬란하고 장엄하게 자연의 아름다움을 보여준다. 누구든지, 만약 그렇게 할 수만 있다면, 영원히 이 순간을 붙잡고 싶을 것이다.

〈보이후드(Boyhood)〉에서 사진을 좋아하는 메이슨은 대학 첫날, 친구들과 빅벤드 공원으로 떠난다. 이곳에서 그의 동학 니콜은 '이 순간을 붙잡으라고 할 것이 아니라 이 순간이 우리를 붙잡는 거'라고 말한다.
순간은 결코 멈추지 않는다. 아무리 아름다운 모습이라 해도 우리는 영원히 그것을 잡을 수 없다. 순간을 잡으려 할수록 시간은 덧없이 흘러가버리고, 아쉬움만 남는다. 그러기에 니콜 여학생의 말처럼 이 순간이 우리를 붙잡도록 해야 한다. 호라 박사가 모모에게 가르쳐준 시간의 비밀, 그것은 '모든 사람들의 시간은 여기 '언제나 없는 거리'에 있는 '아무 데도 없는 집'에서 나오는 것이며, 가슴으로 느끼지 않은 시간은 모두 없어져버리'고 만다는 것이다.

그 평범한 비밀을 알아차리는 길이 「자기 앞의 생」의 모모가 외로움 속에서 행복을 지키는 것이고, 메이슨의 엄마가 허무함에서 벗어나는 것이 아닐까. 적어도 우리가 이곳 빅벤드 공원에서 얻은 충만함은 우릴 영원토록 붙잡은 순간이라 믿고 싶다. '이 세상에는 쿵쿵 뛰고 있는데도 아무것도 느끼지 못하는, 눈 멀고 귀 먹은 가슴들이 수두룩하다'는 호라 박사의 말을 빅벤드 공원의 타는 노을 속에 묻어두고 싶다.

국경을 넘어선다는 것
: 인간 존재에 대한 가능성과 희망

여행지

리오그란데강(Rio Grande) - 리오그란데 마을(Rio Grande Village)
- 보키라스 캐니언(Boquillas Canyon) - 터링구아(Terlingua)

안내자

샤를 보들레르(1821~1867), 에드거 앨런 포(1809~1849)
「국경의 밤」(김동환, 1925), 「검은 고양이」(에드거 앨런 포, 1843),
「리오그란데강을 건너는 멕시코 인」(스탠 그로스펠드, 1985)
〈가시나무〉(시인과 촌장, 1988), 〈천국을 향하여〉(하니 아부 아사드, 2005),
〈은하철도 999〉(린타로, 만화 1977~79, 애니 1978~81)

"나는 정신 나간 미국인이오(Yo soy Americano loco)!"
『보스턴 글로브(The Boston Globe)』의 스탠 그로스펠드(Stan Grossfeld) 기자는
리오그란데강을 건너는 멕시코 사람들을 향해 서툰 스페인 말로 그렇게 외
쳤다. 그리고 강물에 뛰어들어 카메라 셔터를 눌렀다. 정신 나가지 않고서
야 그렇게까지 했을까. 권위 있는 상은 아무나 받을 수 있는 게 아닌가 보다.
1985년 퓰리처상을 받은 '리오그란데강을 건너는 멕시코인'이라는 제목이
붙은 사진에는 입까지 차오른 리오그란데강을 건너는 멕시코 사람들이 담겨
있다. 매년 50만에서 150만 명의 멕시코인들이 강물, 방울뱀, 철망을 피해
국경을 넘는다. 무엇이 그토록 그들로 하여금 목숨을 걸고 국경을 넘도록 하
는 것일까?

리오그란데강을 사이에 둔 미국-멕시코 국경

에모리봉(Emory Peak)을 넘어선 아침 햇살이 치소스산 숙소(Chisos Mountains Lodge)를 일깨운다. 공원 동쪽 끝 멕시코와 국경을 맞대고 있는 리오그란데 마을로 길(Park Route 12)을 잡는다. 리오그란데 강가에 있는 마을이다.

빅벤드 국립공원의 안개는 걷혔고, 도로는 매끄럽고, 자동차도 없다. 길은 거침없이 이어져 있으므로 가는 대로 몸을 맡기면 된다. 그렇게 한동안 무념 무상으로 달린다. 마을 끝자락 리오그란데강에서는 온천물이 솟는다. 어린 아이 몇이 온천물에 몸을 담그고 있고, 스페인계로 보이는 아주머니는 강아 지와 함께 있다.

무성한 갈대 사이로 난 길을 따라 리오그란데강으로 내려간다. 언제 따라 왔는지, 청바지에 권총을 찬 국경 수비대원이 서 있다. 강은 엄연히 우리가 넘을 수 없는 국경이다.

파인(巴人) 김동환(1901~?)이 쓴 한국 최초의 근대 서사시로 불리는「국경 의 밤」의 첫머리는 이렇게 시작한다. "아하, 무사히 건넜을까,/이 한밤에 남 편은/두만강을 탈 없이 건넜을까?//저리 국경 강안(江岸)을 경비하는/외투(外

套) 쓴 검은 순사가/왔다 - 갔다 - /오르명 내리명 분주히 하는데/발각도 안 되고 무사히 건넜을까?'

이 시에는 어느 겨울날 두만강 국경 마을의 저녁, 남편이 모는 소금 밀수출 마차를 두만강 국경 너머로 보내놓고 밤새 속 태우는 아낙네의 마음이 담겨 있다. 남편과 아들을 리오그란데강 너머로 보낸 멕시코 여인의 마음인들 이 아낙네와 견줄 수 있을런가.

국경이 없다면 밀입국도 불법 체류도 생기지 않았을 것이며, 목숨 걸 일도 일어나지 않았을 것이다. 아낙네 순이의 남편 병남이도 마적의 총에 맞아 시체로 돌아오지는 않았을 것이다.

1821년 멕시코는 스페인으로부터 독립한 뒤, 미국과의 2년간의 전쟁에서 패배하자 1848년에 과달루페 이달고 조약을 체결한다. 이때 멕시코는 캘리포니아, 뉴멕시코, 에리조나, 네바다, 콜로라도 주 등 한반도의 여섯 배나 되는 광활한 토지를 미국에 넘겨주게 된다. 1500만 달러라는 헐값을 받고 말이다. 엘파소를 거쳐 빅벤드 공원을 에둘러 멕시코만으로 흘러가는 리오그란데강은 그렇게 국경이 되었다.

우리에게 휴전선이 그렇듯이, 멕시코 사람들에게 큰 강(리오그란데강)은 '분단의 상처'라 불린다. 그들의 옛 땅인 강 건너에 자신의 피붙이들이 살고 있기도 하지만, 그들은 먹고살기 위해, 더 나은 생활을 위해 필사적으로 분단된 아픈 곳을 건넌다. 우리야 그들보다 형편이 좋다고 말할 수 없지 않은가.

하니 아부 아사드가 감독한 〈천국을 향하여(Paradise Now)〉에서 두 팔레스타인 청년 자이드(카이스 나시프)와 할레드(알리 슐리만)는 순교자의 소명을 받아들이고, 몸에 폭탄을 장착한 채 이스라엘로 넘어가려 한다. 그러나 국경 수비대에 발각되어 계획이 수포로 돌아가면서 그들의 마음은 흔들리기 시작

인생이란 어디론가 떠나는 것

한다.

자이드를 찾아가는 차 안에서 할레드는 '왜 이런 일을 하느냐'는 수하(루브나 아자발)의 물음에 '인생은 공평하지 않으며, 오직 공평한 건 죽음뿐'이라 말한다. 수하는 '서로 죽이고 죽는 게 공평하지 않으며, 공평함의 다른 길을 찾을 수도 있지 않느냐'고 되묻지만 돌아온 말은 '죽음만이 우리를 공평케' 하며, '지옥에 사느니 차라리 천국을 선택한다는 것'이다. 두 사람의 대화는 끝없이 평행선을 달린다. 팔레스타인 청년의 절망, '우린 이 인생에서 이미 죽었다'는 것. 그래서 자기는 죽음을 선택했다는, 아니 그것 밖에 선택의 여지가 없었다는 그의 말 속에서 목숨을 건 월경의 지속성을 예감한다.

이들이 시리아나 르완다 등의 난민들에 비하면 그래도 형편이 나은 편이라 말할 수 있을까. 최악의 내전과 질병, 굶주림으로 죽어가는 그들이기에 자신들이 살 수 있는 유일한 길은 국경을 넘는 것일지도 모른다.

서쪽으로 거슬러 가는 길에서, 민둥산 아래에 사막의 풀들과 함께 쓸쓸하게 놓여 있는 폐가를 본다. 큰 물이 흐르는 보키라스 캐니언(Boquillas Canyon)보다 버려진 농가가 있는 이곳이 더욱 을씨년스럽다. 큰 물(리오그란데강)에서 물수제비를 뜨던 보키라스 캐니언의 체험은 차라리 사치에 가깝다. 사막의 꽃들도 때가 되면 피어나듯이 이곳 계곡에도 그 때가 되면 제법 생기가 넘치는 한때가 있으리라. 그렇지만 지금은 황량하기 그지없는 이곳에 선인장과 고목들 그리고 야생풀들의 가시들이 메마른 땅을 견디고 있다. 바람이 조금만 불어도 흙바람이 흩날리고, 가시들은 더욱 날카로워지는 듯하다. 시인과 촌장이 불렀고, 조성모도 불렀던 〈가시나무〉. 종소리, 바람소리⋯⋯.

내 속엔 또 다른 나와, 헛된 바람도 너무나 많아 외롭고, 괴로워, 슬픈 노래 부르는 게 우리네 인생살이가 아닌가. 남을 돌볼 틈도 없어, 그래서 그 누구도 나의 등에 기대어 쉴 수 없는 게다. 외롭고 괴로움의 극단이야 자기

빅벤드 국립공원의 생명들은 메마른 땅을 견뎌내고 있다.

를 학대하거나, 남을 학대하는 것일 터. 자살, 알코올중독, 자폐, 살인, 폭력
…….

　에드거 앨런 포(Edgar Allan Poe)는 일찍이 샤를 보들레르(Charles Baudelaire)
가 그의 천재성을 알아차렸으며, 궁핍, 음주, 광기, 마약으로 불운한 삶을 보
낸 19세기 천재 시인이자 소설가로 알려졌다. 그는 「검은 고양이」에서 주인
공인 '나'의 집에서 일어난 일들로 공포에 질리고, 고통을 받으며, 결국 파멸
에 이르는 이야기를 다룬다. 어릴 적부터 온순하고 인정 많던 그, 동물들을
특별히 좋아했던 그. 그와 성품이 크게 다르지 않은 아내. 그러나 '폭음의 악
령'은 그가 좋아하는 고양이의 한쪽 눈을 도려내게 하고, 급기야 고양이를
매달아 죽이게 한다. 우연히 새로 데려온 고양이가 그를 좋아할수록 화가 나
고 증오와 공포로 바뀐다. 마침내 그가 고양이를 도끼로 죽이려는 순간, 그
는 말리던 아내에게 분노하여 그녀의 머리를 내리친다.

　그는 정녕 자신을 파괴하고, 악을 위해 악을 행하는 헤아릴 수 없는 영혼
일 수밖에 없었을까. '내 속엔 내가 어쩔 수 없는 어둠', '내 속엔 내가 이길
수 없는 슬픔'은 진정 극복할 수 없는 것인가. '폭음의 악령'은 내 안에 있는

가시이자, 우리 안의 선한 천사와 공감을 앗아가는 것이며, 나와 타인을 파괴하는 상징이다.

빅벤드 국립공원 서쪽 118번 도로에서 알파인(Alpine)으로 북진하는 길과 동쪽 라지타스(Lajitas)와 프레시디오(Presidio)로 이어지는 170번 도로의 갈림길에 선다. 좌회전, 170번 도로를 탄다. 이곳은 아름다운 드라이브 길로 알려져 있기도 하지만, 리오그란데강을 가까이 품고 달릴 수 있는 길이기 때문이다.

해 질 무렵의 리오그란데 강변길은 그렇게 할 수만 있다면, 머물다 가기에 좋은 길이다. 강은 우리의 핏줄이고, 강물은 피고, 땅은 우리의 육신이므로 우리와 한몸이 된다. 그러나 저 강물을 목숨 걸고 건너는 사람들이 있는 한, 이 길은 영영 그리 평온한 길은 못 될 것이다.

아주 먼 훗날, 사람과 사람스런 기계 인간의 세상이 온다면 인간적인 모든 속박에서 벗어나 기계 인간이 되어 〈은하철도 999(THE GALAXY EXPRESS 999)〉에 나오는 기계 백작의 수하가 되거나, 기계 백작이 그렇게도 즐기는 인간 사냥감이 될지도 모른다. 그럼에도 불구하고 많은 기계 인간들이 '감정이 없는 기계인간으로 영원히 사는 것보다는 슬픔과 기쁨을 느끼며 살아가는 사람으로 남기'를 원하는 이유는 무엇일까.

여기에 인간 존재의 이유와 희망이 있지 않을까. 국경을 넘어서는 그 무엇이.

아류 사무라이, 총잡이를 벗어나기
: 사라진 엄마와 아버지의 선물

여행지
터링구아(Terlingua, TX) - 칼즈배드 동굴(Carlsbad Caverns National Park, NM)

안내자
막심 고리키(1868~1936), 앤설 애덤스(1902~1984)
「부모」(김소월, 1952), 「엄마 걱정」(기형도, 1991)
『엄마를 부탁해』(신경숙, 2008), 『어머니』(막심 고리키, 1906)
〈매그니피센트 7〉(안톤 후쿠마, 2016), 〈인생은 아름다워〉(로베르토 베니니, 1997),
〈7인의 사무라이〉(구로사와 아키라, 1954), 〈파리, 텍사스〉(빔 벤더스, 1984),
〈황야의 7인〉(존 스터지스, 1960)

빅벤드 국립공원에서 170번 도로를 타고 유령 마을(Ghost Town)로 알려진 터링구아를 지난다. 여기에도 생과 사를 가르는 병원(TERLINGUA MD. CLINIC PH371 - 2222)이 있다.

영화 〈파리, 텍사스(Paris, Texas)〉에서 멕시코 국경을 넘다가 탈진으로 쓰러진 트래비스를 치료하던 병원 간판이 바람에 흔들린다. 영화가 시작되면, 낡은 양복에 붉은 모자를 쓴 한 중년 남자가 세상이 온통 붉은 흙모래로 뒤덮인 계곡을 걷고 있다. 그는 끝을 알 수 없는 황량하기 그지없는 계곡을 보면서 물통에 남은 마지막 한 방울을 입에 털어 넣는다. 그 순간 그를 따라온 독수리가 노려본다.

그는 걸어야만 한다. 걷지 않으면 오직 죽음뿐이다. 그는 어찌하여 그토록 무모한 길을 나섰던가?

86
인생이란 어디론가 떠나는 것

국경인 리오그란데강을 따라 나란히 달리는 170번 도로는 붉은 흙먼지를 삼키고 국경수비대 차량을 곳곳에 떨구어놓는다. 칼즈배드 동굴로 향하는 67번 도로에 검문소가 보인다. 정차하지 않고 지나는 앞 차를 따라가다가, 경찰관의 정지 신호를 받는다. 그들이 보기에 우리는 멕시코에서 넘어온 불법 이주자이거나, 그들을 돕는 운반자들일 가능성이 있을 것이다.

미국-멕시코 국경 지역에서는 이제 〈황야의 7인(The Magnificent Seven)〉에 나오는 도적 떼와 이들을 물리치는 7인의 총잡이들을 볼 수 없다. 그렇지만 국경을 넘는 이주자들, 국경을 지키는 이들이 여전히 존재한다.

일본 구로사와 아키라 감독이 만든 명작 〈7인의 사무라이(七人の侍)〉는 〈황야의 7인〉의 아버지 격이다. 사무라이들은 농민들이 제안한 밥을 배불리 먹게 해주겠다는 조건만으로 신분과 자존심을 벗어던지고 그들을 위해 산적과 싸운다. 그리고 네 명이 목숨을 잃는다.

카우보이 총잡이들은 일본 사무라이 전통 속에 존재하는 영웅들과는 판이하게 다른 이들이다. 그들은 사무라이의 미국판 아류로서 호명되었다. 우리가 여행 중에 만났던 셰인, 버팔로 빌, 레이건 그리고 미식 축구팀 댈러스 카우보이스에 이르기까지 카우보이의 신화는 지속되고 있다. 구로사와는 〈7인의 사무라이〉에서 영웅으로서의 사무라이와 그들의 몰락도 이야기하고 있지만, 무사도(武士道)는 니토베 이나조의 말처럼 '여전히 오늘날 그들의 마음속에 존재하며 힘과 아름다움을 겸비한 살아 있는 대상'인 것이다! 아, 그러고 보니 이병헌이 동양인으로서 황야의 총잡이 7인 가운데 한 사람으로 출연하는 〈매그니피센트 7(The Magnificent Seven)〉을 통해서도 재생산된다.

텍사스주를 넘어 뉴멕시코주에 들어선다. 뉴멕시코주 남동쪽에는 유네스코 세계자연유산으로 등재된, 세계 최대의 석회석 동굴로 알려진 칼즈배드 동굴이 있다. 이 지역에서 일하던 어느 카우보이가 발견한 이 동굴은 300여

칼즈배드 동굴 : 엄마를, 엄마를 부탁해!

개의 동굴이 얽혀 있다.

풍경 사진작가로 유명한 앤셀 애덤스(Ansel Adams)가 찍은 동굴 사진들이 우리를 맞는다. 그런데 분명 방금 전까지 함께 있던 아내가, 엄마가 사라졌다. 주위를 둘러봐도 없다. 아들과 딸, 두 아이는 원형극장을 지나, 상어 아가리같은 동굴 입구까지 지그재그로 난 길을 단숨에 달린다. 원형극장은 박쥐떼가 저녁에 먹이를 구하러 굴 밖으로 쏟아져 나오는 장관을 볼 수 있도록 만든 것이다. 입구에서도 엄마를 찾지 못한 아이들은 동굴 속으로 깊숙이 빨려 들어간다. 아이들이 달리기를 그렇게 잘하는 줄은 몰랐다.

신경숙의 장편소설 『엄마를 부탁해』는 '엄마를 잃어버린 지 일주일째다'로 시작해서 성 베드로 성당 〈피에타〉의 성모 마리아에게 '엄마를, 엄마를 부탁해-'라고 간절히 기도하면서 끝난다. 그 소설에서는 엄마를 잃어버리고서야 그녀의 존재를 깨닫게 되는 가족들의 이야기가 펼쳐진다. 늘 가족을 위해 사랑을 주고 희생하는 엄마, 그것을 당연한 것으로 받아들이는 가족들. 그런 엄마가 얼마나 고독하고, 힘들고, 괴로운 존재일 수 있는지를 헤아리지 못한 가족들의 이야기다. 그녀가 바로 피에타의 성모 마리아였던 것이다.

인생이란 어디론가 떠나는 것

사람은 나이가 들수록 엄마가 보고 싶어진다고 한다. 내게도 엄마가 있다. 기형도 시인은 「엄마 걱정」이라는 시에서 유년의 기억 속에 존재하는 엄마를 아직도 '눈시울 뜨겁게 하는' 시간 속으로 불러들인다.

기억 속에 남아 있거나 그리워하는 엄마는 사람마다 다를 수 있다. 우리에게 어머니는 비록 막심 고리키의 『어머니』에 등장하는 '어머니'처럼 공장에 다니는 아들과 그의 동료들의 영향을 받으며, 마침내 법정에 선 아들의 연설을 담은 전단지를 뿌리며 체포되는 그런 투사는 아니지만, 가족의 먹고 사는 일에 헌신한 존재였다. 이 시대에 사는 어머니는 무거운 짐을 지고 있다.

이제는 고인이 되신 어머니. 빈방에 혼자 훌쩍거리며 기다릴 수 있는 엄마가, 아니 가끔이라도 얼굴을 보고 손이라도 만질 수 있는 어머니가, 계시기라도 하면 얼마나 좋을까.

우리 아이들이 엄마를 어떻게 기억하고 있는지는 알 수 없지만, 지금 당장 머나먼 낯선 땅에서 그녀를 잃을 수도 있다는 불안감이 아이들을 엄습했을 것이다. 아이들은 엄마를 부르며 지하 수백 미터 동굴 속을 달린다.

어느 날인가, 식탁에 앉아 저녁을 먹으면서 고등학생 딸아이가 결혼하게 되면 아이를 낳지 않는 게 어떠냐고 물은 적이 있다. 그때 아이의 엄마는 '너를 낳고 보니, 온 세상을 가진 것 같더라'는 말로 응수했던 것 같다. 어릴 때부터 적당한 때에 결혼도 하고, 아이도 여럿 낳겠다고 하던 딸아이는 그렇게 변해가고 있었다. 아이는 사회 현실에 발 빠르게 적응해 가는데, 어쩌면 우리는 '이기적 유전자'의 임무를 충실히 수행하고 있는지도 모른다.

『엄마를 부탁해』 속에 등장하는 '엄마' 박소녀는, 한겨울에 파란 슬리퍼를 신고, 시골에서 서울로 밤새 달려온다. 큰아들의 졸업증명서를 쥐고서, 난생 처음 기차를 타고, 서울역에 첫발을 디딘다. 그날 밤 그녀는 동사무소 숙

직실에서 큰아들에게 너는 나에게 새 세상이었다고, 너를 낳고서 살날을 생각하면 기쁨보다는 슬픔이 앞섰다고, 하지만 너를 볼 때면 힘이 나곤 했다는 감회를 말한다.

엄마들에게 아이는 분명 '새 세상'일 뿐 아니라, 자기 생명의 원천이기도 하다. 그러나 모든 엄마들은 새 생명이 주는 기쁨과 현실감 사이에서 헤아릴 수 없는 감정이 교차하리라. 당신들이 살며, 사랑하며, 느낀 생애를 어이 다 이야기할 수 있을까. 우리가 그 이야기를 들은들 어찌 다 헤아릴 수 있을까. 우리에게 「진달래꽃」으로 잘 알려진 김소월은 「부모」라는 시에서 "낙엽이 우수수 떨어질 때,/겨울의 기나긴 밤,/어머님하고 둘이 앉아/옛이야기 들어라.//나는 어쩌면 생겨 나와/이 이야기 듣는가?/묻지도 말아라, 내일 날에/내가 부모 되어서 알아보랴?"라고 노래하고 있다.

서영은이 작곡하고 포크 가수 양희은이 부른 노래에서는 마지막 행이 '내가 부모 되어서 알아보리라'로 바뀐다. 화자의 강한 의지를 나타내고, 그리하여 어쩌면 부모의 이야기도 알게 될지도 모른다는 희망이 담겨 있다. 그렇지만 소월이 '내가 부모 되어서 알아보랴?'고 반문했듯이 내가 부모가 된다 한들 어찌 부모를 다 이해할 수 있으며, 또 아이들에게 어이 다 이야기할 수 있을까?

동굴 막다른 곳에 있는 빅룸(Big room) 입구에 신기하게도 아내가, 엄마가 서 있다. 아이들 이마에 땀이 송골송골하다. 찾아온 평온에 미소로 답한다. 동굴에 왕비의 침실(Queen's Chamber), 신비의 방(Mystery Room)이 있다 한들 아내, 엄마, 아이들의 얼굴에 비할 수 있을까.

'전 세계를 울린 위대한 사랑'이라는 표제가 붙은 〈인생은 아름다워(La Vita

E Bella》에서 유대인 시골 총각 귀도(로베르토 베니니)는 일자리를 찾아 호텔 수석 웨이터인 숙부를 찾아간다. 여행 중에 운명처럼 도라(니콜레타 브라스키)를 만나 아들 조수아를 두고, 작은 책방을 운영하며 단란하게 살아간다. 외할머니를 처음으로 만나기로 한 날, 귀도와 다섯 살 된 아들은 유대인 수용소로 가는 기차에 끌려간다. 그리고 아내이자 엄마인 도라는 유대인이 아니면서도 그들과 함께 기차에 오른다. 전쟁 막바지에 아내를 찾아 나선 귀도는 결국 독일군에게 처형되고 만다. 아빠의 현명한 제안대로 게임에서 승리한 아들 조수아는 귀향길에서 마침내 엄마 도라를 만나게 된다. 마지막 장면에서 어른이 된 조수아인 내레이터는 '이것은 나의 이야기다. 아버지가 희생한 이야기. 그것이 아버지가 주신 귀한 선물이었다'고 말한다.

지하 227미터 동굴에서 엘리베이터를 타고 지상으로 올라가는 동안 우린 서로의 눈을 시나브로 마주친다. 우리는 아버지로서, 엄마로서, 자녀로서 서로를 위해 귀한 선물을 기꺼이 줄 수 있을 것인가. 적어도 우리는, 아류 사무라이나 총잡이가 아니라는 것을 다행이라 생각해야 하는가? 아름다운 인생을 쓸 수 있을 것인가?

저자, 〈기억 속의 집〉, 캔버스 보드에 아크릴 _ 미주리주 컬럼비아

3부

의미 있는 장소로 가득한
세상에 살기 위하여

내일이면 또다시 이 거리는 재즈 공연자들과 청중들이 모여들
것이다. 그들은 숨막히는 전율과 흥분을 주고받기 위해 영혼을
잠시나마 내놓을 것이다. 그리고 사육제에서는 거침없이 거추장스런
옷을 벗어 던지고 상반신을 드러낼 것이다.

재즈, 스토리빌, 사육제……. 프렌치 쿼터에서 우리는 사람 냄새를
맡는다. 저 깊숙한 곳에 있는 들판에서의 절규, 도시의 야성, 우리
안에 있는 자유의 꿈틀거림을 본다.

재즈의 탄생
: 들판의 절규, 도시의 야성, 자유의 꿈틀거림

여행지

뉴올리언스(New Orleans, LA) : 코즈웨이 다리(Causeway Bridge)
─ 프렌치 쿼터(French Quarter) ─ 프리저베이션 홀(Preservation Hall) ─ 스토리빌(Storyville)

안내자

루이 암스트롱(1901~1971), 찰리 파커(1922~1955),
「해변 아리랑」(이청준, 1985), 『너희가 재즈를 믿느냐』(장정일, 1994)
〈나우스 더 타임〉(찰리 파커, 1952), 〈얼마나 아름다운 세상인가?〉(루이 암스트롱, 1967),
〈위플래쉬〉(데이미언 셔젤, 2014), 〈버드〉(클린트 이스트우드, 1988)

90년대 중반 잘 팔리는 소설 가운데 『너희가 재즈를 믿느냐』가 있었다. 처제를 사랑하는 일이 흔치 않을 수도 있지만, 처제에 대한 한 남자의 집요한 욕망과 사랑법이 독자들의 흥미를 끌었다. 이 소설은 '로큰롤에게 존속 살해 당한 재즈'(에릭 홉스봄)가 1990년대 한국에서 폭발적인 인기를 누리던 그 무렵에 나온 이야기다. '너희가 재즈를 믿느냐'고? 루이 암스트롱이 부른 〈얼마나 아름다운 세상인가?(What a Wonderful World)〉를 들어보시라.

그래미 명예의 전당(Grammy Hall of Fame, 1999)에 오른 이 노래는 우리에게 친숙하다. 세상이 어떻게 돌아가는지 몰랐을 때, 이 세상은 얼마나 아름다운가! 그러나 우리가 세상을 조금씩 알아가기 시작했을 때, 이 세상은 얼마나 불편한 곳인가! 암스트롱이 이 노래를 불렀던 미국의 1960년대는 인종차별, 전쟁 등이 극심한 때였다. 지금도 이 노래가 사랑받는 건 아픔과 아름다움이 어느 시대나 존재하기 때문일 것이다. 삶이 지루하고, 고단하고, 살맛이 없을 때, 그저 그의 노래만이라도 들어보자.

루이 암스트롱, 찰리 파커, 데이브 브루벡, 소니 롤린스, 빌리 홀리데이, 엘라 피츠제럴드…….'팝'이라는 별명처럼 대중의 사랑을 흠뻑 받는 재즈의 아버지 루이 암스트롱(Louis Armstrong). 색소폰 연주의 진정한 모델이 된 찰리 파커(Charlie Parker). 온몸이 건반 위에서 뛰놀고 싶게 만드는 데이브 브루벡(Dave Brubeck). 나비와 같이 날다 벌처럼 쏘는 듯한 현란한 색소폰 솜씨를 지닌 소니 롤린스(Sonny Rollins). 군더더기 없이 독특한 애환을 들려주는 빌리 홀리데이(Billie Holiday). 청순하며 원숙한 목소리를 지닌 누님 같은 목소리를 지닌 엘라 피츠제럴드(Ella Fitzgerald) …….

재즈는 가곡, 발라드, 로큰롤, 통기타 음악과는 다른 세계를 보여주는 매력이 있다. 재즈에는 무언가 꿈틀대는 감미로움이 있고, 즉흥적인 리듬 속에 생동감이 있으며, 애처로운 희망이 담겨 있다.

미시시피강 남쪽 끝에 있는 재즈의 성지, 루이지애나주 뉴올리언스로 가기 위해 12번 도로에 들어선다. 코즈웨이 다리를 건넌다. 중국 칭다오에 있는 '자오저우완대교(胶州湾大桥)'가 개통(2011)되기까지 세계에서 가장 길었던 다리다. 광활한 폰차트레인호(Lake Pontchartrain)는 황혼의 잔영으로 눈부시고, '어둠이 밤을 축복'하려는 듯 성큼성큼 다가서고 있다. 100리(38.44킬로미터) 길을 물살을 가르며 달린다.

다리를 건너면, 뉴올리언스의 심장인 프렌치 쿼터(French Quarter)가 지척이다. 우리는 그곳 버번 스트리트 근처에 둥지를 튼다. 재즈의 탄생지이자, 세계 3대 사육제(謝肉祭) 중 하나인 마르디 그라(Mardi Gras) 축제가 열리는 바로 그 거리다. 축제 때 모인 수많은 사람들은 온데간데없지만, 한 무리의 사람들이 거리의 악사를 둘러싸고 있다. 악사들의 색다른 음악을 들으며 세인트

프렌치 쿼터의 검보 식당 : 부드럽고 감미로운 수프가 유혹하는 곳

피터 스트리트에 있는 검보 식당(Gumbo Shop)에 간다. 30분이나 줄을 선 후에 먹는 검보는 기다린 보람이 있다. 부드럽고 감미로운 수프가 더욱 끌린다.

검보 맛이야 그렇지만, 마음은 다른 데 있다. 프리저베이션 홀이 그곳이다. 재즈를 사랑하는 사람들이 꼭 들러야 할 성지와도 같은 곳이다. 세인트 피터 길을 따라 걷는다. 어느 낡은 대문 앞에서 중년 남자가 기타를 연주한다. 기타 케이스에는 "소리를 좋아한다면, 잠시 머물다가, 마음에 들면, 한 푼 적선하쇼"라 쓰여 있다. 지폐도 꽤 쌓여 있다. 세상에 부러울 게 없는 사람 같다.

프리저베이션 홀은 버번 스트리트와 피터 스트리트가 만나는 모퉁이에 있다. 그런데 사람들이 보이지 않는다. 이상하다. 들어가는 입구를 보니, 아뿔싸, 오늘부터 연말까지 휴관이란다. 단원들이 가족들과 크리스마스를 보내기 위해 문을 닫았단다. 이곳 사람들은 여행객들보다 가족과 함께 보내는 게 최우선이다. 돈, 명예, 권력의 허망함을 일찍이 알아버린 것일까. 가족이

재즈의 성지 프리저베이션 홀

야말로 유일하게 변함없는 사랑의 원천이라는 것을 깨달은 것이리라. 이민자들의 나라에서, 그만큼 외로운 것일 게다. 그러고 보니, 오늘은 크리스마스 전날 밤이다. 우리는 이날을 재즈와 함께 보내고자 했다. 그래서 크리스마스 이브 날짜에 맞추어 뉴올리언스에 도착했던 것이다.

나무로 만든 수백 년 된 건물을 1960년대 초에 새롭게 개장한 프리저베이션 홀에 루이 암스트롱 등 많은 재즈 음악가들이 다녀갔다. 그곳은 지금도 초기 재즈만을 고집하면서, 그때 그 모습을 고스란히 유지하고 있다. 재즈 애호가들은 마루 바닥이나, 나무로 만든 의자에 앉아 재즈를 맛본다.

발걸음이 떨어지지 않는다. 아쉬움을 떨치지 못해, 한동안 서 있는다. 가족들이 안타깝게 바라본다. 다음을 기약하자는 눈빛으로……. 돌아설 수밖에 없다. 거리를 걷는다. 좀비 부두교 목사 가게(REV. ZOMBIE'S VOODOO SHOP), 역사 여행사(HAUNTED-TOURS-HISTORY), 두 자매 뜰(COURT OF TWO SISTERS), 크리스마스 장식들 그리고 골목을 순찰하는 기마경찰 순찰대. 우리는 여러 나라에서 모인 여행객들에 섞여 스페인풍의 3층 건물이 늘어선 거리를 활보한다. 왜 재즈일 수밖에 없는지, 왜 재즈가 사람들로부터 사랑받는지, 조금은 느낄 수 있을 것 같다.

여기는 재즈가 태어난 인종과 문화의 용광로다. 거리와 사람들, 그리고 건물들도 녹아버린 듯하다. 인디언(부족민)들의 땅인 이곳은, 1682년 프랑스가 미시시피강 유역을 탐험한 뒤 프랑스령으로 삼았고, 1762년에는 스페인의 땅이 되었다가, 1803년에는 미국 땅이 됨으로써, 프랑스, 스페인, 영국, 이탈리아, 독일 등 유럽의 온갖 이민자들이 섞여 산다.

백인들만 사는 게 아니다. 남부의 대농장을 유지하려면 노예가 필요했기에, 아프리카에서 흑인들을 잡아왔다. 그들은 서아프리카에서 해안까지 수천 킬로미터를 쇠사슬에 묶였고, 그들 중 5분의 2가 죽었다. 노예 운반선에서는 사슬에 묶인 채 관보다 조금 큰 어두운 곳에 갇혔고, 산소 부족 등 비참한 환경 속에서 3분의 1이 또 죽었다.

그들은 농장에서 말도 마음껏 하지 못했으며, 글을 배워서도 안 되었다. 일에 지쳐 힘이 들 때, 노래가 고단함을 견딜 수 있게 해주었다. 그것은 고통 속에서 솟아오른 들판의 절규였다. 서아프리카의 특별한 리듬은 그들의 몸속에서 유전자로 살아 있었던 것이다.

우리네 어머니들에게도 우리 가락의 유전자가 흐른다. 이청준의 소설 「해변 아리랑」에서 금산댁(金山宅)은 필생의 업보처럼 '우우 우우 노랫가락도 같고 울음소리도 같은 암울스런 음조를 바람기에 흩날리며' 돌을 추리고 김을 메었다. 남편은 세 아이를 남겨놓고 해방 이듬해에 돌림병으로 세상을 떠났다. 큰아이는 초등학교를 지나자마자 집을 나가, 뱃사람이 되어 바다에서 죽었다. 열여덟에 며느리로 팔려 간 누이는 서방놈 매질에 허리가 부러져 죽었다. 막내 아이는 돈 벌어 꼭 돌아오겠노라고 집을 나갔다. 그럴수록 "원망과 체념과 자탄기가 한데 실린 금산댁의 바람소리 같은 입속 읊조림"은 심해졌다. 나이 오십 고개를 넘어 반백의 머리를 한 아들이 드디어 고향을 찾았다. 그는 가수였다. 가장 오랜 기억이 그 바닷가 밭머리 시절이었던 그에게 음악이란 무엇이었을까. 그는 어떤 노래를 불렀을까. 그가 죽고 바닷가에 세워진

비목에는 그저 '노래장이 이해조'라 새겨져 있을 뿐이다.

남북전쟁 이후 노예는 해방되었다. 그러나 그들의 생활은 여전히 비참했다. 여자 노예와 백인 사이에 태어난 혼혈인 크레올(Creole)은 그래도 형편이 나은 편이었다. 아버지는 주로 프랑스 백인들이었다. 그들은 크레올에게 기초적인 교육은 받게 했다. 농사일보다 서비스업에 종사하는 크레올들은 음악도 할 수 있었다.

버번 스트리트를 따라 프렌치 쿼터 서쪽으로 걷는다. 부두로 뻗어 있는 큰길에 이르기 전, 폐쇄된 스토리빌(Storyville)이 있다. 스토리빌은 1897년에 지정되어, 1917년 세계대전에 참전하면서 해군에 의해 폐쇄되기까지 허가받은 매춘지역이다.

미시시피강으로 이어진 큰길을 따라가면 부두가 나온다. 미국-스페인 전쟁(1898)이 끝나자, 전쟁 물자를 보급하며 병참기지 역할을 한 뉴올리언스 항구에 군(軍)에서 쓰던 관악기들이 쏟아졌다. 음악 하는 이들은 그것을 손에 쥐었다. 그리고 그들은 항구에 내린 사람들을 모아, 스토리빌로 인도하였다. 술 먹는데 흥을 돋우고, 매춘부들과 일이 성사될 수 있도록 분위기를 띄웠다. 목화밭이나 철도 건설 때 부르는 노동요, 교회에서 부르는 영가, 피아노곡인 래그타임 등이 녹아들어간 재즈 음악이 흘렀다.

바 유리 너머로 연주자들이 보인다. 찰리 파커의 〈나우스 더 타임(Now's The Time)〉이 제격이다. 〈찰리 파커 앳 스토리빌(Charlie Parker at Storyville)〉(1953)이라는 노래를 부른 바로 그 '버드(Bird, 찰리 파커 별명)'다. 〈찰리 파커 앳 스토리빌〉에는 스토리빌, 곧 재즈 발상지에서 연주하는 찰리 파커라는 의미가 담겨 있다. 우리 식으로 하면 '미아리 텍사스', '청량리 588'이나 '인천 옐로하우스'에 있는 아무개 가수라 할 수 있다. 하지만 여기에는 음악 장르의 태생적 의미가 빠져 있다.

엉덩이가 절로 움직인다. 재즈의 정석곡이다. 루이 암스트롱이 전통 재즈의 지존이라면, 찰리 파커는 모던 재즈의 지존이다. 그를 에즈라 파운드, 피카소와 함께 모더니즘의 대사제(大司祭) 가운데 한 사람으로 보는 이도 있다. 그는 서른네 살에 죽었다. 그를 죽게 한 것은 술, 마약, 여자인가 아니면 그의 천재적 재능을 시기, 질투, 저주한 것인가.

어느 날, 우리는 〈위플래쉬(Whiplash)〉 상영관에 있었다. 최고의 드러머로 키우기 위해 앤드루를 몰아붙이던 플레처 교수가 그에게 묻는다. 찰리 파커를 색소폰 연주의 전설로 만든 게 무엇인지 아느냐고. 플레처 교수는 이윽고 그것은 찰리가 무명 시절 캔사스의 어느 클럽 오디션에서 받았던 바로 그 치욕이었노라고 답한다. 찰리의 일대기를 다룬 〈버드(Bird)〉라는 영화가 있다. 찰리가 오디션에서 색소폰을 불었을 때, 그 자리에는 찰리를 비웃던 밴드 리더인 부스터와 청중들도 있었다. 8년 후, 부스터는 뉴욕에서 찰리의 연주를 듣고, 색소폰을 강물에 던져버리는 치욕으로 되받게 된다. 찰리의 천재성은 색소폰으로 유감없이 발휘되고 있었던 것이다. 승복할 줄 아는 진정한 지존들의 승부랄까.

숙소로 돌아가는 길에는 사람들이 뜸해졌다. 내일이면 또다시 이 거리는 재즈 공연자들과 청중들이 모여들 것이다. 그들은 숨 막히는 전율과 흥분을 주고받기 위해 영혼을 잠시나마 내놓을 것이다. 그리고 얼마 후에 찾아 갈 마르디 그라 사육제에서는 거침없이 거추장스런 옷을 벗어 던지고 상반신을 드러낼 것이다.

재즈, 스토리빌, 사육제……. 프렌치 쿼터에서 우리는 사람 냄새를 맡는다. 저 깊숙한 곳에 있는 들판에서의 절규, 도시의 야성, 우리 안에 있는 자유의 꿈틀거림을 본다. 그것이 재즈의 혼이다.

루이 암스트롱이 노래하고 있듯이, 우리가 사는 곳은 정녕 "무지갯빛이 하늘에서 아름답게 빛"나고, "사람들은 진정으로 '사랑한다'는 말을 하고", "정말로 아름다운 세상"이라 할 수 있을까. 재즈가 사라질 수 없는 이유다.

뉴올리언스, 프렌치 쿼터에서 맞는 크리스마스 이브도 깊어간다. 욕망이라는 이름의 전차가 뉴올리언스 한복판을 달린다.

물질과 욕망을 넘어
생명의 비약을 꿈꾸며

여행지
뉴올리언스(New Orleans, LA) : 프렌치 쿼터(French Quarter) – 세인트루이스 대성당
(St. Louis Cathedral) – 카페 뒤 몽드(Cafe Du Monde) – 프렌치 마켓(French Market)

안내자
앙리 베르그송(1859~1941), 테네시 윌리엄스(1911~1983)
『욕망이라는 이름의 전차』(테네시 윌리엄스, 1947)
〈욕망이라는 이름의 전차〉(엘리아 카잔, 1957)

프렌치 쿼터 한복판에서 맞는 12월 24일 밤이다. 우리는 재즈 음악과 관광객들로 번잡한 버번 스트리트를 따라 거슬러 간다. 우리에게 지금 이 순간은 어떤 시간으로 기억될까. 내 어릴 때 느꼈던 '생명의 비약'을 우리 아이들은 느끼고 있는 것일까. 그것이 꼭 종교와 관련된 것은 아닐지라도, 그 체험을 느낄 수 있기를 바라는 것은 부모의 지나친 욕망에 지나지 않는 것인가. 우리는 아이들이 물질의 무게에 짓눌려 생명의 생기를 잃고, 끝없이 추락해 가는 불쌍한 영혼이 되지 않기를 간절히 바랄 뿐이다.

잠자리에 들면서, 지난날 우리를 기쁘게 해주었던 성탄 전야의 '사탕, 펜, 노트, 장갑……'을 생각한다. 가난하지만 구겨진 지폐를 손에 쥐여주셨던 어머니를 '생각하고', 선물을 주고받았던 친구들을 '생각한다.'

누구나 그렇듯이 내게도 유년 시절은 있다. 내 기억이 닿는 어디쯤에서,

세인트 루이스 대성당

나는 어머니의 손에 이끌려 교회에 갔다. 아마도 일요일이었을 것이다. 친구들이 있어 좋았고, 예배가 끝나면 과자를 먹을 수 있어 더욱 좋았다. 나이를 먹으면서 교회에서 보내는 시간이 점점 늘었다. 기도실에서 잠이 들었을 때는, 새벽 찬송가 소리에 눈을 뜨곤했다. 무척이나 외롭고 힘들었던 그 시절, 교회는 학교보다 좋았으며, 집이기도 하였다. 거기에는 어머니의 굳건한 신앙이 녹아 있었으며, 신앙 공동체 구성원들의 사랑이 있었다.

중학교 때부턴가, 나는 찬양과 연극 연습에 참여하기 시작했다. 크리스마스 이브에 열린 찬미의 밤이 끝나면, 새로운 축제에 들어갔다. 노래와 게임으로 밤이 익어 갈 무렵, 우리는 준비한 선물을 내놓았다. 사탕, 펜, 노트, 장갑……. 그리고 성탄의 기쁨을 전하고, 서로를 격려하는 편지. 우리는 선물과 편지를 나누면서 기쁨을 함께 했다. 그날은 한 해 가운데 가장 기다리는 시간이었다. 이날을 위해, 용돈이 귀한 그 시절, 어머니는 허리춤에서 지폐를 꺼내 손에 쥐여주셨다.

자정 넘어 새벽을 재촉할 때가 되면, 예수 탄생을 알리는 의식을 치를 때가 되었다. 동방 박사가 걸었음직한 찬바람 스치는 시골 새벽길을 밟았다. 고요한 세상에는 반짝이는 별들이 가득하던 때도 있었고, 하얀 눈송이가 날리던 때도 있었다. 그럴 때 우리는 새벽 밤하늘에 폭발하는 불꽃이 되었으며, 새롭고, 자유로우며, 충만한 생명의 무한한 팽창을 맛보았다. 앙리 베르그송(Henri Bergson)은 이를 두고 '생명의 비약(l'elan vital)'이라 했던가. 그러한 경험은 '우주의 대폭발', '밤하늘에 폭발하는 불꽃'과 같은 비유를 통해서만 이해할 수 있는 그 무엇이리라.

우리는 두 내외가 사는 어르신 집 앞에서 예수 탄생의 기쁜 소식을 전하기 시작했다. '기쁘다 구주 오셨네 만백성 맞으라 온 교회여 다 일어나 다 찬양하여라……' 그렇게 '불꽃'의 한 자락을 목소리에 담아 새벽을 깨웠다. 첫 구절이 끝나기도 전에 마당에는 불이 켜지고, 할머니는 노구를 이끌고 나오셨다. 손에는 커다란 사탕 봉지가 들려 있었다.

"메리 크리스마스."
"메리 크리스마스."

12월 25일. 우리를 깨우는 새벽 캐럴은 없다. 숙소인 성 마리아 호텔의 창에는 간간히 빗물이 흐른다. 잭슨 광장을 마주한 세인트루이스 대성당에 발길이 닿는다. 1718년에 세워지고, 1794년에 화재로 재건된, 이 성당은 그 세월만큼이나 두텁게 다가오지 않는다. 금색 칠한 기둥과 벽면들, 커다란 촛불 샹들리에, 높다란 둥근 천장에 그려진 목자 예수의 성화(聖畵), 꼬마전구로 장식된 크리스마스 나무, 예수 탄생을 알리는 모형들. 이 모든 것이 너무도 깔끔하고 화려하다.

예수여! 가장 누추한 곳에서 태어나신 주여! 지금 이곳 사람들이 할 수 있는 모든 예를 갖추어 가장 좋은 장식으로 당신을 경배하고 있나이다! 우리는 여행자이자 신자로서 기도한다. 우리의 죄를 용서해주시고, 우리에게 행복과 평안을 주소서.

성당 앞 잭슨 광장을 지나, 강변 쪽에 있는 워싱턴 포병 공원에 오른다. 미육군 제141 포병연대를 기념하는 대포가 미시시피강을 향해 있다. 기념하는 것의 모든 것. 독립전쟁, 남북전쟁, 베트남전쟁……. 전쟁에 참가하고, 공을 세운 것도 기억하게 한다. 왜 그래야 하는지 물을 틈도 없이.

강둑에 올라 갈색 미시시피강을 본다. 비가 내리지만, 강물은 비에 젖지 않는다. 수천 킬로미터를 달려온 물살은 힘이 세다. 우리도 이 강을 따라 문명의 길을 달려왔다. 이 강만큼 우리의 정신도 강해진 것일까. 자연과 비교한다는 건 부질없는 짓이리라.

공원과 강둑 사이에 난 전찻길을 따라가다 보면, 저 멀리 비앙빌 스트리트역이 보인다. 영화 〈욕망이라는 이름의 전차(A Streetcar Named Desire)〉 첫 장면에서 블랑쉬가 증기 기관차에서 내린 바로 그 역이다. 기차가 역에 도착하자, 택시들은 손님을 맞기 위해 부산을 떨고, 웨딩 드레스를 입은 남녀 승객들은 요란하게 역을 빠져나온다. 블랑쉬는 메모지를 보며 두리번거린다.

우리에게 너무나 익숙한 『욕망이라는 이름의 전차』. 아서 밀러와 함께 미국을 대표하는 극작가 테네시 윌리엄스(Tennessee Williams)가 쓴 희곡이다. 그는 미시시피주의 컬럼버스에서 태어나, 미주리대학을 중퇴하고, 아이오와대학에서 연극을 전공한 후, 퓰리처상을 두 번이나 수상한 바 있다.

이 희곡의 무대가 바로 이곳 뉴올리언스다. 이 철길을 따라가다 보면, 실제로 '욕망(Desire)'이라는 이름을 달고 달리던 전차를 만날지도 모른다. 『욕망이라는 이름의 전차』에서 밝히고 있는 이곳, 이상향(Elysian Fields)이라는 곳은 가난하지만 다른 지역에 비해 통속적인 매력이 있다. 그곳은 블루스 음악이 함께하는 곳이다.

인생이란 어디론가 떠나는 것

욕망이라는 이름의 '전차'의 후손이 달린다.

부모가 물려준 대농장도 탕진하고, 남자 관계도 복잡하게 얽혀 있던 블랑쉬는 미시시피주를 떠나 뉴올리언스에 도착한다. 여동생 스텔라가 사는 이상향으로 가려면, '욕망'과 '묘지'라는 이름의 전차를 타야 한다. '이상향(낙원)'을 꿈꾸는 것은 '묘지(죽음)'라는 강을 피할 수 없으며, 설사 그 강을 건넌다 해도, 그것은 가난 속의 통속적인 삶에 불과하다. 블랑쉬가 오락, 술, 섹스 등 세속적인 삶에 찌든 동생의 남편 스탠리에게 겁탈을 당하고, 결국 정신병자가 되듯이, 그 속에서의 삶은 정신분열이나 죽음에 이를 수밖에 없을 듯하다.

'욕망'이라는 이름의 전차에 타는 순간 우리는 이 악순환을 끊을 수 없는 운명에 놓인다. 인생에서 우리가 선택할 수 있는 길은 그리 많아 보이지 않는다. 욕망을 절제하면서, 세속적인 삶의 즐거움을 누릴 것인가? '욕망'이라는 끈을 놓거나, 붙들 것인가? 삶을 포기할 것인가? 그것도 아니라면 또 다른 무엇이거나.

빗물에 젖은 낙엽 쌓인 골목마다 크리스마스가 찾아왔다. 걷다 보니, 배고
프다. 생리적 욕구를 채워야 한다. 그것은 내 생명의 약동을 끊임없이 끌어
당긴다. 이 순간, 자존감이라는 것, 아름다움이라는 것, 나를 찾는다는 것은
껍데기에 불과한 것일지도 모른다. 먹고 사는데 바쁘고, 안전하지 못하며,
사랑받지 못하고, 소속감을 지니지 못할 때, 우리는 그것을 채우는 데 급급
할 수밖에 없다. 아니다, 인간만이 유일하게 가치라는 무기로 이 모든 것을
덮어버릴 수 있다고 하지 않는가. 아니다, '생명의 도약'들만이 그것을 진정
으로 넘어설 수 있지 않겠는가. 희망과 절망은 거기에 있다.

해산물을 파는 바다 음식점(Red Fish Grill)도, 재즈와 함께하는 두 자매 뜰
식당(The Court of Two Sisters)도, 맥주와 도넛을 파는 카페(Cafe Beignet)도 오늘
은 고요하다.

카페 뒤 몽드의 프랑스식 도넛 '베니에'. 그것은 한국의 군밤, 돌솥비빔
밥과 함께 죽기 전에 먹어야 할 25가지 음식 가운데 하나다(『허핑턴포스트』,
2014. 1.10). 그러나 '카페 뒤 몽드' 입구에는 다음과 같은 안내가 붙어 있다.
"24일부터 26일까지 문을 닫을 것이며, 우리 종업원들은 가족들과 크리스마
스를 즐길 것입니다." 우리는 언젠가 꼭 이곳 도넛을 맛볼 것이다.

미시시피 강둑과 나란히 있는 데카투르 스트리트를 따라 프렌치 마켓
으로 간다. 국립 뉴올리언스 재즈 역사공원 맞은편에서 중앙식품점(Central
Grocery)을 발견한다. 입구에 "3대에 걸친 유명한 집, 유사품은 많지만 결코
모방할 수 없는, 이탈리안 머플레타"라 쓰여 있다. 한국에서 가끔 볼 수 있
는 무슨 원조 음식점이라는 것이다. 믿어본다. 양이 많기 때문에 머플레타
(muffuletta) 반쪽을 산다. 납작하게 구운 포카치아 빵보다 바삭하고, 고소하

기념품 가게에서 파는 가면들

고, 쫄깃하고, 감칠맛 나는 도톰한 빵에 치즈, 햄, 올리브 등이 들어 있다. 한 입에 혀가 춤을 춘단다. 어떻게 이런 맛이 내 혀와 몸을 즐겁게 할 수 있을까. 어제는 검보 수프를, 오늘은 머플레타를 탐닉한다.

빈센트 미술(Vincent ART). 기념품 가게에 있는 온갖 소품들이 눈에 잘 들어온다. 입이 즐거우면 눈은 저절로 트이나 보다. 사육제 때 쓰는 현란한 가면들이다. 자세히 보니 얼굴 표정이 각양각색이다. 매혹적인 커다란 눈은 우리를 삼킬 것만 같고, 빨간 립스틱을 칠한 입술은 욕망의 불을 뿜는 듯하다. 가면을 쓴 남녀가 최소 부위만 남긴 채 살을 드러내고, 금방이라도 채찍을 휘두를 것 같다. 군악대 복장을 하고 호른, 트롬본, 코넷, 튜바 등을 연주하는 뉴올리언스 브라스 밴드의 모형은 생동감이 넘친다. 부두교의 의식에 쓰이는 온갖 해골들은 서아프리카에서 끌려온 흑인들의 신앙을 생생하게 보여 주는 듯하다.

물질과 욕망을 넘어 생명의 비약을 꿈꾸며

뉴올리언스 프렌치 쿼터를 빠져나가다가, 커널 스트리트에서 빨간색의 전차를 만난다. '욕망'이라는 이름을 가진 전차는 사라졌지만, 이름을 바꾼 전차는 여전히 철길을 달린다. 배가 고팠던 것인지, 맛에 매혹된 것인지. 다시, 프렌치 시장의 머플레타를 찾아서 차를 돌린다.

인생이란 어디론가 떠나는 것

내일은, 내일의 태양이 뜨고 지리라!

여행지
뉴올리언스(New Orleans, LA) : 세인트찰스 노선(The St. Charles Line)
－타라 하우스(Tara House)－휴스턴(Houton, TX)

안내자
우디 거스리(1912~1967)
『바람과 함께 사라지다』(마거릿 미첼, 1936), 『채털리 부인의 사랑』(D. H. 로렌스, 1928),
『춘희』(뒤마 필스, 1848)
〈이 땅은 너의 땅〉(우디 거스리, 1940), 〈바람과 함께 사라지다〉(빅터 플레밍, 1939)

재즈, 크리스마스, 곰보, 머플레타……. 우리는 뉴올리언스의 프렌치 쿼터를 떠난다. 온종일 누비던 '버번 스트리트'와 '로열 스트리트'를 오가던 '욕망'이라는 이름의 전차도 역사의 뒤안길에 남겨둔 채 발걸음을 옮긴다.

미시시피강을 따라 나란히 달리는 세인트찰스 노선(The St. Charles Line)을 따라간다. 이 노선에는 아직도 그 '욕망'이라는 이름의 전차와, 같은 모델의 차량이 달리고 있다. 1835년에 개통된 이 철길을 증기기관, 말, 노새가 끄는 차량이 오갔다. 1893년에 전기가 그 일을 대신하게 되었다. 그래서 세상에서 가장 오래 유지된 도심 철길이란다.

녹색을 띤 전차는 세인트찰스 거리의 한복판을 달린다. 커다란 참나무들이 길 양쪽으로 늘어서 있다. 그 너머로 19세기 초부터 대농장의 주인들이 지었다는 커다란 집들이 미시시피 강둑까지 빼곡하다.

제퍼슨 거리와 만나는 사거리를 지나면, 타라 하우스(Tara House, 1950,

5705 St. Charles Ave.)가 보인다. 그것은 마거렛 미첼이 소설로 쓰고(1936), 빅터 플레밍 감독이 영화로 만든 〈바람과 함께 사라지다(Gone with the Wind)〉에 나오는 스칼렛 오하라(비비안 리)의 고향집을 지어놓은 것이다. 비록 소설과 영화 속의 가상적 공간을 복제한 것이긴 하지만, 저곳에서 〈욕망이란 이름의 전차〉에 나온 중년의 '블랑쉬'와 〈바람과 함께 사라지다〉에 나온 젊은 '스칼렛 오하라'를 맡았던 '비비안 리'가 살았다.

대개 그렇듯이, 학창 시절 한손에는 『채털리 부인의 사랑』, 『춘희』 등 감미롭고 애틋한 사랑 이야기가 들려 있었고, 다른 손에는 『바람과 함께 사라지다』가 있었다. 『바람과 함께 사라지다』의 첫 문장은 스칼렛 오하라를 두고, "그녀의 매력에 사로잡힌 남자들은 그 사실을 제대로 깨닫지 못했다."고 시작한다. 화류계에 종사하는 '춘희'와 귀족 집안 출신의 '채털리 부인'의 관능에는 미치지 못하지만, 어찌 손을 놓을 수가 있었겠는가.

"목련처럼 새하얀 피부", "16세 치고는 원숙할 대로 원숙한 가슴의 풍만함", "조심스럽게 펼친 스커트도…… 그녀의 본성을 가려주지는 못하였다."는 대목에서, 이성에 대한 흥미가 겹치면서, 이야기 속에 빠져들었다. 남북전쟁이 터지면서 그녀가 예기치 않게 겪어야 했던 어려운 일들이 벌어졌을 때는 그녀에게 측은한 마음이 들었으며, 그녀가 그 모든 일들을 헤쳐나갈 때는 마음속으로 응원하기도 했다.

고등학교 때였던가. 어느 날 우리는 하나밖에 없는 시골 극장에서 〈바람과 함께 사라지다〉를 보고 있었다. 전교생 단체 관람이었다. 1년에 한두 번 있는 그날은, 수업을 폐하고 학교 밖에서 보낼 수 있다는 사실만으로 기분이 좋았다.

영화관은 어두워지고, 잔잔한 음악이 해넘이 들녘에 흐르면서 우리들 청춘의 요란한 소리도 잦아들었다. 지금도 기억이 생생한 주제곡과 함께 타라

인생이란 어디론가 떠나는 것

하우스를 배경으로 자막이 오르고, 남부를 상징하는 깃발이 휘날렸으며, 붉디붉은 황혼이 화면을 가득 채웠다. 그리고 부드러운 음악에 맞추어 감미로운 목소리가 코러스로 깔리면서 "그곳은 신사도와 목화밭으로 상징되는 땅…… 문명은 바람과 함께 사라지는 것일까."라는 자막이 올랐다.

노예 해방을 주장하고, 남북전쟁을 승리로 이끈 링컨은 우리 청소년들의 우상이었다. 존경하는 사람이 누구냐고 물었을 때 우리는 이순신, 세종대왕, 부모님과 함께 링컨이라고 대답했다. 우리는 그를 초등학교 교과서에서 배웠으며, 그의 전기를 읽으면서 자랐다. 그래서 그가 노예 해방에 반대하는 남쪽과 전쟁을 치러 이겼다는 것쯤은 우리들도 잘 알고 있었다. 그러나 노예를 부리며 사는 남부 사람들의 생활은 어떠했는지, 남북전쟁은 이들의 삶에 어떤 영향을 주었는지 늘 궁금하기도 했다. 〈바람과 함께 사라지다〉는 우리가 알고 싶어 하는 것들을 흥미로운 화면으로 보여주고 있었다.

스칼렛 오하라의 고향집 타라 하우스 모형

전쟁은 스칼렛 오하라의 집안뿐 아니라 남쪽 지역을 초토화시켰다. 우리는 마지막 남은 보석과 휴지 조각에 불과한 증권을 만지작거리는 스칼렛의 아버지를 통해서 과거의 영화(榮華)를 그리워하는 몰락한 지주의 모습을 보았다. 북군의 포격에 불바다가 된 도시와 부상병, 그리고 북군의 진격으로 황무지로 변해버린 들녘에서 전쟁, 죽음, 폐허를 목도하였다.

스칼렛이 처참하게 파괴된 고향 타라 하우스에 돌아와, 주먹을 불끈 쥐고 "다시는 굶주리지 않을 거"라고 외칠 때, 청춘의 우리들은 그녀에게 박수를 보냈다. 그녀가 말했듯이 "하느님이 증인"이고, 두 눈으로 그녀와 그들의 삶을 본 우리들도 증인이 되었다.

그러나 영화를 보고 난 후, 가슴이 개운하지 않았다. 그녀가 "거짓말, 도둑질, 사기, 살인을 해서라도 굶주리지 않을 거"라고 말한 것이 정당화될 수 있을 것인가. 인간을 노예로 한 귀족적인 생활들이 사라지고, 그녀가 말한 "내일은 내일의 태양이 뜬다(Tomorrow is another day)"는 것이 진정으로 가능하기라도 한 것일까.

우리는 운디드니에서 인디언(부족민)들의 무덤을 보았고, 멤피스에서 마틴 루터 킹 2세의 죽음을 보았다. 미시시피 자유 여름에서는 수많은 희생자들을 만났다. 또한 엘비스 프레슬리와 루이 암스트롱의 노래도 들었고, 아미쉬 여인들의 해맑은 미소와 거리 악사들의 안빈낙도의 모습도 보았다. 그리고 지금 우리는 스칼렛이 살았던 '타라 하우스'를 보고 있다. 전쟁으로 파괴된 집이 아니라, 전쟁 전의 모습과 유사하게 복제된 집 말이다.

이곳에서는 2005년 뉴올리언스를 휩쓸고 간 강력한 허리케인 카트리나의 흔적을 더 이상 찾아볼 수 없다. 카트리나보다 더 센 허리케인이 온다 한들 지금처럼 아무 일 없었다는 듯 태연할 것이다.

10번 도로를 타고 서쪽으로 향한다. 미시시피강의 끝, 멕시코 만이 끝없이 펼쳐지는 미국의 남쪽 끝을 지나며, 밥 딜런(Bob Dylan), 존 바에즈(Joan Baez), 피트 시거(Pete Seeger) 등과 함께 20세기 포크 가수 중 한 명인 우디 거스리(Woody Guthrie)가 '이 땅은 너와 나를 위해 만들어진 것이라고' 부른 〈이 땅은 너의 땅(This Land is Your land)〉을 생각한다.

두 시간을 달려, 주 경계선을 넘어 텍사스로 진입한다. 한국의 3배가 넘는 땅. 인디언(부족민)이 살던 곳에 스페인들이 정착하기 시작하면서, 1691년 스페인령이 된 곳. 1821년 멕시코가 독립하면서 멕시코령이 되었다가, 1835년 미국인 이주민들이 반란을 일으키고, 마침내 멕시코로부터 독립하여 텍사스 공화국을 이룩한 곳. 1845년 미국에 28번째 주로 합병된 땅. 미국 내 석유 총생산량의 3분의 1 이상이 생산되는 대규모 유전이 있는 곳. 백만 이라크 군대를 '사막의 폭풍' 작전으로 굴복시킨 조지 부시 대통령을 아버지로 두고, 두 번 연거푸 대통령을 지냈으며, 2001년 9월 11일 세계무역센터가 화염에 휩싸인 후, '테러와의 전쟁'을 선포한 조지 W. 부시 대통령이 두 번 연달아 주지사를 했던 곳이다.

휴스턴으로 가는 고속도로에도 붉은 황혼이 찾아온다. 오늘은 오늘의 태양이 뜨고 지듯이, 내일은 또 내일의 태양이 뜨고, 질 것이다.

부평초 같은 여행자인 우리들, 집이란 무엇인가?

여행지
휴스턴(Houston, TX)

안내자
가스통 바슐라르(1884~1962), 게오르그 루카치(1885~1971), 닐 암스트롱(1930~2012)
『공간의 시학』(가스통 바슐라르, 1957), 『장소와 장소상실』(에드워드 렐프, 1984)
〈집으로〉(이정향, 2002), 〈아폴로 13〉(론 하워드, 1995), 〈파리, 텍사스〉(빔 벤더스, 1984)

휴스턴이다. 뉴올리언스에서 텍사스주로 진입한 지 두 시간 만이다. 가로등 빛이 도심에 가득하다. 미국 우주 비행사들이 지구와 연락할 때면 호출하던 바로 그 '휴스턴'이다.

휴스턴에 들른 것은 그러한 낯익음이 주는 까닭 모를 호기심도 이유가 될 법하다. 그렇지만 그것만으로 우리에게 매력을 주진 못한다. 이미 플로리다주 케네디 우주 센터에서 우리는 우주인 체험을 호되게 한 적이 있다. 그것보다는 미항공우주국(NASA)이 있는 휴스턴은 내 어릴 적 꿈과 관련 되어 있기 때문이다.

칸 영화제에서 황금종려상을 받은 〈파리, 텍사스(Paris, Texas)〉라는 영화가 있다. 사람에 따라 호불호가 갈리겠지만, 인상적이었다. 너무나 사랑했기에 헤어진 트래비스(해리 딘 스탠턴)와 제인(나스타샤 킨스키), 그리고 그들의 아들 헌터(헌터 카슨)와 엄마 제인이 다시 만나는 곳이 휴스턴이다.

트래비스는 어찌하여 텍사스의 파리를 찾아가고, 헤어진 아내 제인을 찾고, 그녀와 아들 헌터를 만나게 하고, 홀로 떠나는가? 〈파리, 텍사스〉를 보면서 집이라는 것, 가족이라는 것을 생각했던 것이다.

나에게 고향집은 이런 곳이다. 새벽녘, 어머니가 덮혀주신 온돌방에서, 두툼한 요에 어쩌다 지도를 그릴 수 있는 특권을 누리는 그런 곳이다. 집이었고, 가족이었으므로……. 그때는 호롱불 켜는 시골집에 장작과 솔잎으로 아궁이를 지피던 시절이었다(아마 초등학교 3학년이 끝나갈 무렵에야 전기가 들어왔을 것이다). 새벽 굼불에 달궈진 구들의 달콤함 속에서 내 아랫도리의 따스함에 놀라 눈을 떴을 때는 이미 일을 치르고 난 뒤였다. 그럴 때면 걱정과 허탈한 기분에 꼼짝없이 한동안 버틸 수밖에 없었다. 그럴 때마다 어머니는 손에 키를 쥐어주시고 옆집에 소금을 얻어오라 하셨다.
그런 날이면 나는 거대한 대포에서 발사된 포탄을 타고 달나라로 날아가는 꿈을 꾸곤했다. 엄청난 속도를 견디기 위해 나는 이불을 꼭 쥐었으며, 달에 가까이 가면서 속도가 점점 줄어들면서 집에 돌아갈 수 없다는 공포에 사로잡혔다. 나는 가족이 있는 집에 반드시 돌아오고 싶었다. 달에 도착하기도 전에 우주의 미아가 될 찰나, 꿈에서 깨곤 했다.
그 무렵, 보름이 되면 달은 손에 잡힐 듯 그렇게 가깝게 있었다. 토끼를 만나고 싶었던 것이 아니라, 달이 거기에 그렇게 있었기 때문에 그저 꿈속에서나마 가보고 싶었던 게다.
초등학교에 들어가고 난 후에, 닐 암스트롱(Neil Alden Armstrong)이라는 미국 사람이 아폴로 11호를 타고 인류 최초로 달에 착륙했다는 사실을 알게 되었다. 그리고 그가 무사히 지구로 귀환했다는 말을 듣고, 그 뒤로는 더 이상 지도를 그리지 않게 되었다. 이제 달나라에 포탄을 타고 날아가 미아(迷兒)가 될 필요 없이, 우주선을 타고 갔다 돌아올 수 있게 되었기 때문이다.

그러나 우주선의 출발과 귀환은 늘 순탄치만은 않았다. 발사 73초 만에 폭발한 우주왕복선 '챌린저'(1986)호와 비행 중 사고가 난 '아폴로 13'호(1970) 등이 있었다. 영화 〈아폴로 13(APOLLO 13)〉은 '아폴로 13'호에 얽힌 이야기다. 영화는 1970년 4월 11일에 발사된 '아폴로 13호'가 비행 중 사고를 만나 위기에 처하고, 휴스턴 센터 요원들의 필사적인 노력으로 무사히 귀환하는 이야기를 다루고 있다.

아폴로 13호는 플로리다 주 케네디 우주센터(Kennedy Space Center)에서 발사되었다. 그 후 아폴로 13호와 교신하던 휴스턴 미항공우주국(NASA)의 우주비행관제센터를 통해 문제가 발생했다는 다급한 목소리가 흘러나온다. 주 동력이 손실됐고, 진동도 심할 뿐 아니라, 모든 계기에 경보등이 켜졌다는 것이다.

'아폴로 13'호는 지구로부터 30만 킬로미터 이상 떨어진 곳을 항해하다 산소통 폭발 사고를 만난다. 그 순간 승무원들이 느꼈을 공포, 두려움, 외로움은 상상할 수 없을 것이다. 그들이 의지할 것이라고는 휴스턴 센터와 동료, 그리고 자신뿐이다.

1969년 7월 20일, 닐 암스트롱이 아폴로 11호를 타고 인류 최초로 달에 착륙한 이후, 아폴로 13호 승무원들은 닐 암스트롱에 이어 인류의 도약을 위해서 또 다른 발걸음을 시도하는 사람들이었다. 그러나 산소와 연료가 바닥 나고, 우주선이 폭발하거나 우주 미아가 될지도 모르는 상황에서, 그들이 바라는 것은 오직 무사히 귀환하는 일이었을 것이다. 사랑하는 가족이 있는 집이 있기 때문에……

중학교 국어 교과서를 만들면서 영화 〈집으로〉를 제재로 삼은 적이 있다. 갈등의 진행과 해결 과정을 이해하기 위해서 황순원의 소설 〈학〉과 함께 마련한 작품이었다. 스페인 산세바스티안 국제영화제 신인 감독 부문에서 심

사위원 특별상을 수상한 바 있는 이 영화는 도시에 사는 일곱 살짜리 손자 상우와 시골 외할머니와의 갈등과 극복 과정을 보여준 작품으로 소개된다. 그러나 삼라만상이 다 갖고 있는 갈등이야말로 너무나 진부한 것일 수 있다. 이 작품의 참 모습은 '집'이 아니겠는가. 우리의 존재는 삶이고, 삶은 곧 집 그 자체인 그 무엇일 수도 있다. 철학자 가스통 바슐라르(Gaston Bachelard)는 『공간의 시학(La poétique de l'espace)』에서 집은 곧 육체이자 영혼이며, 인간 존재의 최초의 세계이며, 행복한 몽상의 장소라고 강조하고 있다.

형편이 어렵게 되자, 상우 엄마(동효희)는 철부지 아들을, 말도 못 하고 글도 읽지 못하고, 허리도 꼬부라져버린, 그리하여 손주도 감당하기 어려운 어머니에게 맡기러 간다. 그 길에서 그녀가 갖게 된 미안함과 괴로움을 어찌 감히 헤아릴 수 있겠는가. 그럼에도 상우 엄마에게는 자신이 자라온 집이 있었던 것이고, 그곳에 가면 그녀를 반기는, 아직도 살아 계시는 홀어머니가 계셨던 것이다. 그곳은 그녀와 가족들만이 간직한 비밀스런 이야기들이 깡촌 시골에서 펼쳐졌던 곳이자, 어린 상우 또한 잠시나마 인간다운 이야기를 간직할 수 있었던 곳이다.

집이란 인간 실존의 근원적 중심이다. 집은 우리가 아무리 멀리 떨어져 있어도 우리의 삶을 부여잡고, 길잡이가 되는 그 어떤 것이 아닐까. 집은 언제 어디에나 있는 대체할 만한 것이 아닌, 의미로 충만한 곳이다. 우주 비행사들이 그 먼 곳에서 티끌만큼도 안 되는 휴스턴을 매개로 결코 그들의 삶을 포기하지 않은 것도 그들이 돌아갈 집이 있기 때문이 아니었을까. 상우 엄마가 마지막 지푸라기를 잡는 심정으로 삶을 부여잡을 수 있었던 것도, 그녀가 자랐던 어머니가 계시는 집이 있었기 때문이었을 것이다.

부평초 같은 우리들이, 도시를 떠다니듯 배회하지만 말고, 의미가 충만한 이야기가 있는 곳을 찾을 수만 있다면, 집 잃은 상실감을 치유할 수 있는 위안을 받을 수도 있을 것이다. 그것이야말로 지금, 여기에서 우리들이 동경할 만한 가치 있는 곳을 찾는 이유가 될 것이다. 그러나 철학자이자 미학자인 게오르그 루카치(Georg Lukacs)는 우리가 아무리 의미와 가치를 찾으려 해도, 그것을 결코 찾을 수 없노라고 했다. 여행이 시작되자 여행은 끝나버렸다고.

휴스턴 중심에 자리한 메그놀리아 호텔. '여행 조언자(TripAdvisor)'를 보고 택한 이곳은 하룻밤 여행자의 마음을 위로해주기에 충분하다. 입구 로비에 있는 크리스마스 장식은 지친 우리를 즐겁게 해주고, 금색으로 칠해진 장식들은 마음을 화사하게 해준다. 머나먼 낯선 땅을 다니면서 지친 몸을 쉴 수 있게 되었다는 것만으로도 훗날 '여기서 이런 일이 있었노라'고 이야기할 수 있을 것이라 기대하는 것은 지나친 욕심일까.

우리 숙소 근처 어딘가에 '메리디안 호텔 1250호'가 있을 것이다. 〈파리, 텍사스〉에서 아내를 찾은 남편이 유리벽 너머로 아내에게 거듭 알려준 곳이다.

그는 아내를 너무나 사랑한 나머지 결국 아내를 의처증으로 속박하였고, 아내는 아이를 낳은 후 그로부터 탈출을 꿈꾸었다. 결국 그들은 헤어지게 되고, 그는 무작정 어딘가로 사라진다. 그리고 4년 만에 그는 부모가 사랑을 나누었던, 텍사스의 파리를 찾아 나섰다가 황량한 멕시코 접경 마을에서 쓰러진다. 로스엔젤레스에 살고 있는 동생 월트를 만나게 되고, 동생 부부가 키우고 있는 자신의 아들을 만나, 그는 아들과 함께 휴스턴에 있는 아내를 찾아 나선다

그들은 의기투합해서 로스엔젤레스에서 휴스턴까지 2,500킬로미터를 달린다. 그들은 아들에게 정기적으로 양육비를 송금하는 은행에서 엄마를 발견하고 뒤쫓은 끝에 핍쇼(Peep Show : 구멍으로 엿보는 장치가 되어 있는 쇼) 클럽에서 그녀를 찾게 된다.

유리벽을 사이에 두고, 남편 트래비스와 아내 제인은 살아온 날들을 이야기한다. 트래비스는 뒤늦게나마 아내 제인의 처지를 이해함으로써 자기의 잘못을 뉘우치게 된다. 그리하여 마침내 둘은 유리 칸막이의 장벽을 넘어 서로를 알아보게 된다.

제인은 트래비스도 만나고, 아들 헌터도 만나고 싶어 한다. 트래비스는 아내 제인과 아들 헌터의 만남을 위해 아들이 있는 호텔을 말해준다. 그리고 제인은 도심에 자리한 메리디안 호텔 1250호에 들어선다. 그녀는 아들 헌터에게 다가간다. 그들은 포용한다. 헌터는 엄마를 껴안으며 '머리가 젖었네요'라고 말한다.

휴스턴 메리디안 호텔 1250호. 그들에게 그곳은 집을 위해 새롭게 출발하는 의미가 충만한 장소일 것이다. 그러나 그들의 상봉을 지켜 본 트래비스는 아버지의 자리에 복귀하지 않고 떠난다. 우리가 휴스턴에 입성하면서 봤던 도심 빌딩의 불빛들을 뒤로한 채……. 아마도 그는 그의 부모가 사랑을 나누었던, 그리하여 자신을 낳았던, 텍사스의 파리를 찾아 나섰는지도 모른다. 지금은 황무지이지만, 언젠가 집을 짓고 살려고 하는 그곳을 찾아서…….

그들이 그곳에 집을 짓고 살 수 있을지는 알 수 없다. 트래비스가 그곳에 그가 원하는 집을 지을 수 없을지도 모르기 때문에 불안하기도 하다.

『장소와 장소상실(*Place and Placelessness*)』을 쓴 에드워드 렐프(Edward Relph)는 인간답다는 것은 의미 있는 장소로 가득한 세상에서 산다는 것을 뜻한다고 했다. 집은 그런 곳이고, 그럴 수 있어야 한다. 그러려면 집이 제대로 실현되기 위해서는 서로 아끼고 배려하는 마음이 필수적이라는 것을 깨달아야 한다.

휴스턴에 있는 'H마트'에 들러 라면, 김치, 마늘장아찌, 김 등을 산다. 우리가 먹을 양식이다.

저자, 〈희망을 꿈꾸는 별〉, 캔버스 보드에 아크릴 _ 빈센트 반 고흐, 〈별이 빛나는 밤〉 모작

4부

모든 인간은 별이다,
희망을 꿈꾸는

우리는 지금 저격범이 킹에게 총을 쏜 자리에 있다. 로레인
모텔 306호 베란다가 내려다보이는, 모텔 건너편, 지금은
국립민권박물관으로 쓰이고 있는 건물 2층 화장실이다.
감히 왕이 되는 꿈을 꾸는 자 요셉이 죽게 된 상황에서 노예로
팔리고, 감옥에 갇힐지라도 견뎌냈듯이, 고난 속에서도 소망을
가지고 나아가야 하는 것일까? 신은 우리가 당하는 고난을 통해서
더 큰 구원의 역사를 이루고자 하는 것인가? 그래서 우리는 고통
속에서도 다시 꿈을 꾸어야 하는 것인가?

당신의 가슴은 아직도 뛰고 있는지요?
: 모험의 근원을 찾아서

여행지
마크 트웨인 주립공원(Mark Twain State Park) : 마크 트웨인 기념관(Mark Twain Memorial
Shrine, MO) - 마크 트웨인 생가(Birthplace of Mark Twain) - 해니벌(Hannibal)

안내자
마크 트웨인(1835~1910), 미하일 M. 바흐친(1895~1975)
『마크 트웨인 자서전』(마크 트웨인), 『톰 소여의 모험』(마크 트웨인, 1876),
『허클베리 핀의 모험』(마크 트웨인, 1884)

만화, 애니메이션, 문학 등을 통해 『톰 소여의 모험』이나 『허클베리 핀의 모험』을 체험하지 않고 자란 사람은 아마도 드물 것이다. 작가가 누구인지는 몰라도 우리는 그 세계에 빠져들었다. 미국 미시시피강 유역에서 펼쳐지는 모험 이야기는 우리의 동심을 자극하기에 충분했던 것이다.

내가 그것을 쓴 사람이 마크 트웨인(Mark Twain)이라는 사실과 그가 미국 현대 문학의 아버지라는 점을 알게 된 것은 동심의 끝자락이었다. 그것은 아마도 영어 공부를 하면서 읽었던 '영한대역문고'를 통해서이거나, 어느 영문학 수업 시간이었을 것이다.

우리는 '톰 소여와 허클베리 핀의 모험' 이야기가 동심을 자극했던, 그리하여 꼭 가보고 싶었던, 그 이야기의 무대이자 이야기꾼이 태어나고 자란 곳을 찾아간다.

우리가 미주리주 컬럼비아(columbia)에 있는 미주리대학에 있을 때였다. 그 대학은 그곳을 방문하는 사람들에게 영어 공부도 하고 미국 문화를 배울 수 있도록 튜터를 맺어준다. 그곳에 함께 있었던 지인(知人)은 그렇게 해서 마크 트웨인의 후손을 튜터로 두게 되었다. 문학을 전공한 지인은 그를 만나게 된 것을 무척 영광스럽게 생각하며, 그로부터 마크 트웨인에 대한 이런저런 이야기를 들을 수 있어 좋았다고 하였다. 마크 트웨인이 미주리주에 살았기에 가능한 일이었을 것이다. 마크 트웨인은 의외로 그렇게 가깝게 다가오고 있었다.

마크 트웨인이 태어난 미주리주 북동쪽에 있는 플로리다로 향한다. 24번 도로를 따라가다가 시골길로 들어서 호수를 잇는 다리를 건너면, 마크 트웨인 주립공원과 그가 태어난 곳(Mark Twain Birthplace SHS)을 알리는 안내판이 나온다. 플로리다 마을은 호수로 둘러싸여 있다. 호수 이름도 마크 트웨인호(Mark Twain Lake)이고, 공원 이름도 마크 트웨인 주립공원이다.

한적한 호수 옆에 자리한 마크 트웨인 기념관이 우리를 반긴다. 파란 하늘로 날아갈 듯, 양 날개를 편 지붕이 하늘로 치솟아 있다. 기념관에는 마크 트웨인의 가족 사항(여섯 남매 중 다섯째로 태어남)과 그가 걸어 온 발자취(식자공, 광부, 기자, 수로 안내인, 작가, 강연자, 여행가, 사업가 등)가 정리되어 있다. 기념관 안쪽에는 그가 태어난 집이 모형으로 복원되어 있다.

1863년 마크 트웨인이라는 필명 사용. 본명 새뮤얼 랭혼 클레멘스(Samuel Langhorme Clemens). 그는 1835년 미국 미주리주 플로리다에서 태어나, 1910년 뉴욕에서 75세의 나이로 세상을 떠나기까지 '미국의 아들'로서, '평생 '미국이란 무엇인가'라는 문제를 천착하고 탐색했던 가장 미국적인 작가'이며, 지금까지도 생명력을 잃지 않고 있는 문필가로 평가된다.

그가 쓴 자서전 『마크 트웨인 자서전』에 의하면 해적, 노예 상인을 조상으

미주리주 플로리다의 마크 트웨인 기념관과 초상화

로 둔 아버지 존 마셜 클레멘스(John Marshall Clemens)는 버지니아주 출신이었고, 귀족 집안 출신의 어머니 제인 램프턴(Jane Lampton)은 켄터키주 출신이었다. 아버지와 어머니는 각각 24세와 20세에 렉싱턴에서 결혼식을 올렸고, 재산은 넉넉하지 못했으며, 테네시 동부 외딴 산지에 자리한 제임스타운 벽지 마을에 살았다. 마크 트웨인이 태어나기 1년 전, 재산을 날린 아버지는 당시 '극서부 지방'으로 알려진 곳을 향해 외롭고 지루한 여행 끝에, 미주리주 플로리다에 정착한다. 그곳에서 아버지는 상점을 운영했지만 시원치는 않았다 한다.

'성공'한 대부분의 사람들이 그렇듯이 마크 트웨인도 그가 태어난 마을을 위해 공헌한 일에 자부심을 갖고 있다. 그의 말대로 어느 누구 못지않게 그 일을 훌륭하게 해냈다고 볼 수 있을까?

기념관을 나와 그 근처에 있는 생가(生家)를 찾는다. 넓은 마당 한쪽에는 〈플로리다 마을 : 마크 트웨인 생가〉를 알리는 안내판이 있다. 오래되고 허름한 집과 잘 가꾸어놓은 잔디가 깔린 널따란 정원은 그가 살아온 세월만큼이나 묘한 효과를 준다. 오래되고 허름한 집이야 세월이 갈수록 더욱 빛을 발할 것이고, 널따란 정원도 세상 사람들의 넉넉한 상상력으로 채워질 것이다.

마크 트웨인 생가에서 36번 도로를 따라 동쪽으로 30분 정도를 달리다 보면 미시시피 강가에 있는 아담한 도시 해니벌과 만난다. 네 살 때인 1839년에 그의 가족은 미주리주 해니벌로 이사를 한다. 그리고 이곳에서 그의 아버지가 돌아가실 때까지 소년 시절을 보낸다. 그가 회상하는 해니벌의 마을은 '모두가 편안했고 자신의 상황을 있는 그대로 받아들'이는 곳이었다.

마크 트웨인은 해니벌의 시절을 신분제 사회가 존속하는 가난 속에서도 편안한 생활을 했던 때로 기억한다. 아직 노예제도가 폐지되지는 않은 시절이었다. 그의 기억에 의하면 당시에 닭고기는 한 점에 10센트, 담배(시가)는 100개비에 30센트였고, 버터는 1파운드에 6센트, 위스키는 1갤런에 10센트였다. 15세 흑인 노예 소녀를 빌리는 데는 1년에 12달러였고 작업복과 싸구려 신발 한 켤레를 주었다. 요리사나 빨래꾼으로 쓸 수 있는 40세 여성 노예는 1년에 40달러와 두 벌의 옷을 주었다. 남자 노예는 1년에 75~100달러와 두 벌의 청바지, 싸구려 신발 두 켤레를 주었다.

해니벌 언덕길은 중심가 네거리를 지나 미시시피강으로 이어진다. 중심가 네거리를 지나기 전에 마크 트웨인이 어린 시절에 살았던 집(Boyhood Home)이 있고, 그 뒤쪽으로 허클베리 핀의 집(Huckleberry Finn House)이 있다. 길 건너편에는 아버지 존 마셜 클레멘스의 법률 사무실이 있으며, 그 옆에 베키 데처의 집(Becky Thatcher House)과 약국이 있다.

마크 트웨인이 살던 어린 시절의 집에 들어서면, 입구에 다음과 같은 글이 우리를 맞는다.

인생이란 어디론가 떠나는 것

마크 트웨인 어린 시절 집 입구와 박물관

소설에 있는 모든 것들이 다 어린 시절의 기억에 토대를 둔 것은 아니다. 톰소여와 허클베리 핀은 세인트피터스버그(St. Petersburg, 해니벌을 모델로 한 상상의 마을) 동굴에 묻힌 보물을 찾았다. 샘 클레멘스는 해니벌의 동굴을 팠지만 그는 어떤 보물도 찾을 수 없었다. 그러나 많은 시간이 지난 뒤, 마크 트웨인으로서 그는 해니벌의 어린 시절의 기억 속에 묻혔던 보물을 발견했다. 그는 그보물을 세상에 내놓았고, 영원토록 즐길 보물을 주었다.

거기에는 그의 주옥같은 말들이 가구나 소품과 함께 이야기로 엮어져 있다. 이야기 장면에는 늘 이야기꾼 마크 트웨인이 함께 한다. 과일이 풍성하게 놓여 있는 식탁이 있는 곳에서, 그는 "인간 삶의 경험이라는 것은 한 권의책이지요. 흥미롭지 않은 삶이란 결코 없는 것입니다. 그 속에는 드라마도, 희극도, 비극도 있는 겁니다."라고 말하고 있다. 그의 말은 식탁의 풍성함과함께 가슴에 속속 박힌다. 그렇다면 인생 이야기를 어떻게 쓰느냐에 따라 삶이 달라지고, 독자들의 감상도 다채롭지 않겠는가!

그의 이야기에는 유달리 홀어미와 홀아비, 그리고 소외된 사람들이 많이 등장한다. 톰과 헉이 그들의 자녀들이다. 마크 트웨인 자신도 어렸을 적에 아버지를 잃었던 것이다. 그러기에 아버지의 자리까지 어머니가 대신해야 했던 것이다.

그에게 강한 영향을 준 어머니에 대하여 그는 어떻게 기억하고 있을까? 그는 어머니의 마음은 누구 못지않게 넉넉하고, 비열함이나 부정에는 참지 않았을 뿐 아니라, 세계에 대해, 모든 사람과 사물들에 대해 강한 흥미를 가졌다고 회상한다.

자식의 죽음을 두고 한없는 슬픔으로 절규하는 것도 부모의 몫이다. 그는 '가장 가까운 친구인 어머니에 대해서 가장 분명하고 강렬하고 뚜렷한 사진'을 기억해낸다. 그것은 두 살 위의 형이 죽었을 때 어머니가 흘리던 비통한 눈물이다.

그의 나이 여덟 살, 어머니는 마흔살 때 일이다. 우리는 그의 형이 숨진, 어머니와 어린 샘을 울린 침실을 찾는다. 그곳에서 작가 마크 트웨인은 흔들의자에 앉아 두 손을 마주 잡은 채 무언가 골똘히 생각하고 있다. 아마도 그의 어린 시절을 회상하고 있는지도 모른다.

우리에게 어머니와 관련하여 가장 강력하게 떠오르는 기억은 무엇인가? 내게 있어 그것은 중학교 2학년 때 불치의 병에 걸리신 아버지를 살리기 위해 헌신적으로 기도하셨던 어머니의 모습이다. 나는 어머니의 기도 소리를 무서워했다. 너무도 강렬했기 때문이다. 그래서 어머니께 음성을 낮추어주실 것을 요구하기도 했다. 지금 생각하면 가당치 않은 철부지의 행동일 뿐이다. 나의 이런 행동에 비하면 샘의 행동은 얼마나 착한 것인가.

길 건너편에는 그의 아버지가 일했던 존 마셜 클레멘스의 법률 사무실이

인생이란 어디론가 떠나는 것

있다. 플로리다에서 해니벌로 이사 온 아버지가 어느 정도 기반을 다질 수 있었던 것은 대리법정의 서기로 일하면서부터다. 그러나 보증을 선 것이 잘 못되는 바람에 그 후 가난에서 벗어나질 못한다. 가난을 남겨놓고 아버지가 저세상으로 떠났을 때, 그의 나이 마흔여덟이었고, 마크 트웨인은 열두 살이 었다.

그의 아버지가 일한 법률 사무실 옆에는 베키 데처의 집이 있다. 집 앞에 는 "이곳은 『톰 소여의 모험』에 등장하는 톰 소여의 첫 연인인 베키 데처의 집이었다"라고 쓰여 있다. 그러고 보니 『톰 소여의 모험』에서 톰과 베키가 교 실에서 사랑을 고백하는 장면이 떠오른다.

아이들이 교실에서 사랑을 고백하고 즉석 결혼을 한다. 아이들이 한 일이 라 보기에는 너무 엉뚱하고 황당하지만, 한편으론 짓궂게 순수하기도 하다 는 점에서 많은 이들의 마음을 뒤흔들었다. 우리는 톰과 베키가 동굴 속에서 출구를 찾지 못할 때 그들이 그것을 찾을 수 있기를 기원하였고, 죽기 직전 에 마침내 가까스로 탈출에 성공했을 때 박수를 보냈다.

마크 트웨인의 집 뒤에는 허클베리 핀의 집이 있다. 나무로 만든 원룸 형 태의 초라한 단층집과 세간살이는 어렵게 살았던 헉(허클베리의 애칭)의 어린 시절을 말해준다. 집 안 벽에는 '이 집은 적어도 1885년 이후부터, 어린 시절 그의 친구들의 생생한 기억에 의거해서 허클베리 핀의 집이라는 것이 공식 화되었다'고 쓰여 있다. 『톰 소여의 모험』에서 헉은 주정뱅이의 아들로 게으 름뱅이에다 예의도 없고 지저분했으며, 부랑아로서 마을의 아주머니들이 아 주 싫어했다. 그런데도 동네 아이들은 그를 부러워하고 모두들 헉처럼 되고 싶어 하는 인물로 등장한다.

더글러스 과부댁이 그를 양자로 삼고 '교양 있는' 사람으로 만들려고 하지 만, 헉에게 그것은 참을 수 없는 것이었으며, 지옥의 고통과도 같았기에 마 침내 그는 가출을 감행한다. 그러나 톰 소여는 그를 다시 집으로 돌아가게 한다. 갱단에 끼워주는 조건으로.

이른바 문명과는 거리가 있는 헉이 과연 더글라스 부인의 혹독한 교양 수업을 참아낼 수 있을까?『허클베리 핀의 모험』에서 헉은 독자들의 예상을 저버리지 않고 가출을 감행하고, 톰과 탈출한 흑인 노예인 짐과 함께 미시시피강을 오르내리며 '모험'을 즐긴다.

미국 여행길에 나섰을 때 가방에는 뉴욕의 랜덤하우스 출판사 간행『허클베리 핀의 모험 : 유일한 종합판』을 번역한 민음사판『허클베리 핀의 모험』이 들어 있었다. 어릴 적 아동문학으로 익혔던 이야기와는 다른 원판 이야기를 읽고 싶었던 것이다. 미국 미주리주 컬럼비아 공공도서관에서는 가끔 정리할 책을 저렴하게 판매하곤 했는데, 어느 날 표지 글자와 책 옆구리에 금색이 칠해진『마크 트웨인의 세계 명작(Treasury of World Masterpieces Mark Twain)』이 나왔기에 냉큼 산 적이 있다.

이야기를 펼치고, 덮었을 때 든 생각은 헉 핀의 모험 이야기도 이야기지만, 마크 트웨인이 밝히고 있듯이, 그가 공들여 쓰고 있는 여러 지역 사람들의 사투리가 살아 있는 인물들의 이야기에 주목하게 된다. 미하일 M. 바흐친(M. M. Bakhtin)이 말한 다성성에 기반한 다성악의 울림을 그는 19세기 후반에 불완전하게나마 구현하고 있었다. 번역판에서 인물들의 다성악을 생생하게 들려주지는 못하지만, 목숨을 건 자유를 향한 갈망을 보여준 흑인 노예 짐의 목소리가 귀에 선하다.

죽은 줄로만 알았던 헉이 탈출한 왓츤 아주머니네 노예인 짐 앞에 나타났을 때, 짐이 그에게 "귀신한테도 해를 끼쳐본 일이 없"다고 애원하는 말은 흑인 노예의 존재와 처지를 말해주는 게 아닐까.

해니벌 도심에서 몇 킬로미터 떨어진 마크 트웨인 동굴에서 그와 그의 이

마크 트웨인 동굴 : 톰, 헉, 베키와 그의 친구들의 흔적을 볼 수 있다.

야기 속 인물들—톰, 헉, 베키 그리고 그의 친구들이 써놓았던 낙서들을 본다. 지금은 불이 훤히 밝혀져 있어 관광객들이 드나들 수 있지만, 그들이 어렸을 때는 촛불에 의지한 채 삶과 죽음의 길이 갈리는 모험의 동굴이었을 것이다. 물론 인전 조가 갇혀 죽고, 헉과 톰이 금화를 얻기도 한 곳이기도 하지만 말이다.

동굴을 벗어나니, 미시시피강이다. 미시시피강은 미국 미네소타주 이타스카호(Lake Itasca)에서 발원하여 멕시코만으로 흐른다. 길이는 3,770킬로미터(상류 미주리강 포함 6,219킬로미터). 중앙 평원을 남북으로 가로지르는 미국에서 두 번째이고 세계에서 네 번째로 긴 강이다. 미국 50개 주 중 31개 주가 포함되어 있으며, 3,000척 이상의 크고 작은 배가 드나들었던 강이자, 무엇보다 유럽 이주민들이 서부로 진출하는 경계이자 출발지였던 강이다.

강둑에는 철길이 나란히 놓여 있다. 마크 트웨인이 67세 때(1902) 미주리대학에서 주는 명예 법학박사 학위를 받기 위해 해니벌을 다시 찾은 적이 있다. 그가 해니벌의 기차역을 떠나려 할 때, 그를 보려고 나온 수많은 사람 가운데서 백발이 성성한 어렸을 적 친구 톰 내시가 다가와 그에게 "저들은 다 똑같이 바보 녀석들이야."라고 말했다 한다.

시간이란 추억이란 그런 것이기도 한가 보다. 마크 트웨인이 떠난 철길을 따라 미시시피강둑을 달린다.

인생이란 어디론가 떠나는 것

천국에 이르는 문은 어디에?
: 록의 뿌리를 찾아서

여행지
세인트루이스(St. Louis, MO) : 게이트웨이 아치(Gateway Arch)

안내자
이상무(1946~2016), 엘비스 프레슬리(1935~1977), 존 레논(1940~1980), 척 베리(1926~2017)
〈걱정 말아요 그대〉(전인권, 2004), 〈그것만이 내 세상〉(들국화, 1985), 〈눈눈눈눈(nunnun-
nunnun)〉(전인권밴드 편곡, 2015), 〈행진〉(들국화, 1985), 〈자니 비 굿〉(척 베리, 1958)
〈응답하라 1988〉(2015.11~2016.1), 〈천국의 문〉(마이클 치미노, 1980),
〈백 투 더 퓨처〉(로버트 저메키스, 1987)

1985년 가을, 노란 은행잎이 낙성대 길을 뒤덮기 시작한 흐린 어느 날, 서울 잠실에 있는 큰형 집에서 '워크맨'을 눌렀다. 최성원의 피아노 소리가 경쾌하게 요동을 치는 가운데, '행진'을 알리는 전인권의 녹록하지 않은 목소리가 흐르고 있었다. 들국화와 서른을 갓 넘긴 전인권, 그리고 스물을 갓 넘긴 나.

너의 과거는 어두웠고, 힘이 들었지만 사랑할 수만 있다면, 추억의 그림을 그릴 수만 있다면, 행진하라고……. 너의 미래가 밝지 않을 수 있고, 때로는 힘이 들더라도, 비가 오나 눈이 오나 그 어려운 것들을 감내해야만 한다고……. 앞으로 나가야 한다고, 그 길은 외롭지 않을 것이라고, 함께 할 것이기 때문이라고……. 그렇게 드럼, 기타, 베이스, 건반을 타고 전인권은 몸속 저 깊은 곳에서 소리를 토해내고 있었다.

대학 3학년 어느 날을 보내고 있었던 난, 사라진 친구들과 최루탄으로 보낸 시간들을, 추억으로, 사랑으로 남겨둘 수가 없었다. 추억을 그림으로 그릴 수만 있다면 내 자아의 분열과 불안도 잠재울 수 있었겠지. 하지만 군에도 갈 수 없었고, 공부에 매진할 수도 없었고, 어떻게 될지도 모르는 미래를 감내할 자신도 없었다. 행진할 수 없는 나를 두고 노래는 앞으로 나아가랬다. '행진', '행진' 그리고 '행진'. 그것은 어쩌면 그렇게 하지 못하는 나를 부정하고, 위로 받고 싶은 존재의 몸짓이었을 게다. 무엇을 위해 어디로 행진해야 한단 말인가.

이제 들국화 노래를 들으며 미시시피강의 물결을 따라 행진한다. 해니벌을 떠난 미시시피강물은 오늘도 어김없이 세인트루이스를 향해 흘러간다. 과거를 추억으로 남기려 하면서 눈비 맞으며 미지의 세계인 멕시코만으로 향한다.

물살이 점점 약해지고 강둑이 가장 멀리 있는 곳에는 세계에서 가장 높은 게이트웨이 아치(192미터)가 솟아 있다. 세인트루이스다. 서부 개척 시절 그곳으로 향하는 관문 역할을 한 도시다. 뉴욕에 자유의 여신상이 있다면, 이곳에는 게이트웨이 아치가 있다. 사람들은 이곳에서 미주리주를 가로질러 대평원으로 진출했으며, 캘리포니아로, 샌타페이로, 오리건으로 갔다. 그것을 기념하기 위해 세운 상징물이다. 그러니 가장 미국을 대표할 만한 기념물이 아닌가. 자유의 여신상의 횃불을 들고 게이트웨이 아치를 통해 서부를 개척해나간 기묘한 역설이 미국의 역사다.

게이트웨이 아치에 들어선다. 작가 마크 트웨인이 소개하는 미시시피강에 얽힌 세인트루이스를 보고, 서부 개척 박물관이 있는 전시실을 지나 아치 정상에 오른다. 높이 192미터나 되는 아치 중앙에서 동쪽 일리노이 주와 서쪽 미주리주의 지평선을 바라본다. 참으로 아련하다.

인생이란 어디론가 떠나는 것

서부로 향하는 관문인 세인트루이스의 게이트웨이 아치
: 그들이 소망하는 천국에 이르는 문이었을까.

　미시시피강을 지나 저 지평선 너머 땅으로 사람들은 행진했던 것이다. 이곳이 그들이 원하는 천국으로 향하는 관문이었을까. 1890년대 서부 개척 시대를 배경으로 한 대작(大作) 〈천국의 문(Heaven's Gate)〉에서 하버드대학교를 졸업하는 제임스(크리스 크리스토퍼슨)는 졸업식에서 이렇게 연설한다. '우리가 존중하는 세상을 위해 변화를 일으킬 개혁 의지는 포기하지 말자'.

　20년 후에 보안관으로서 그가 찾은 서부 개척지(와이오밍)는 부유한 지주들과 가난한 이주자들 사이에서 살인, 탐욕, 불법이 난무하는 곳이었다. 유럽 각지에서 온 이주자들은 그곳에 소박한 세간을 수레에 싣고 앞에서 끌고 뒤에서 밀고, 머리에 이고 천신만고 끝에 도착한다. 하지만 언어는 서로 통하지 않고, 가혹한 지주들과 그들의 앞잡이들에게 시달린다. 군대는 약자도,

정의도 지켜주지 못한다. 보안관 제임스도 사랑하는 사람을 그들의 총구에 빼앗겨야 했다. 그는 죽은 엘라(이자벨 위페르)를 붙들고 울부짖었다. '오, 신이여!'

'천국'은 어디에 있는가. 서부로 향하는 관문이 있는 도시, 세인트루이스에 '로큰롤의 아버지', '로큰롤의 계관시인'이라 불리는 사람이 태어난 것은 우연의 일치일까. 1926년 10월 18일에 태어난 척 베리(Chuck Berry)가 바로 그다. 비틀스의 존 레논은 "로큰롤(rock and roll)을 다른 이름으로 말한다면, 척 베리로 불러야 할 것이다."라고 했다.

'로큰롤(Rock'n' Roll)은 좀 고상하게 말하면 이전과는 다른 강한 사운드와 리듬을 배경으로 흥겹게 노래하고 춤춘다는 의미가 담겨 있다. 그러나 강헌은 『전복과 반전의 순간』에서 그것이 리듬앤블루스의 후손이라는 점을 감안하면 로큰롤은 원래 흑인 은어로 남녀 간의 성교를 의미한다고 주장한다.

로큰롤의 발전사를 조금 비약해서 말하자면 '가만 있으라는 어른들의 말에, 가만 있지 않겠다'고 나선 발자취가 아닐까. '우리들은 당신들과 다르다!', '우린 자유다!' 그것은 억압받고 소외되어 온 청소년들의 대리 만족이자 놀이터였으며, 기성 세대에 대한 반항이자, 어른들이 저지르는 나쁜 사회적 행위에 대한 저항이자 독립 선언일 수 있을지 모른다.

그러니 로큰롤에 수많은 청소년들이 열광하는 꼴을 보고, 지배 문화권에 있는 사람들, 특히 주류 백인들의 분노는 어찌 보면 당연한 것이었을 것이다. 그들이야말로 가만히 있지 않았던 것이다. 그러나 엘비스 프레슬리가 짧은 전성기를 누리는 동안, 로큰롤 친구들은 하나둘 사고로 세상을 떠났고, 그는 군대에 불려갔다. 우리의 4공화국 유신 체제 하에서 신중현과 한대수는 꽃을 피워보지도 못하고 속절없이 무너져 내렸다.

그러나 비틀스(Beatles)와 서태지 시대에 와서 로커와 청소년들은 더 이상 가만히 있지 않았다. 그들도 이제 힘이 세진 것이다. 비틀스가 1964년 2월 7

일 넥타이를 맨 양복 차림으로 점잖게 뉴욕 케네디 공항에 도착했을 때는 이미 더 이상 록을 제어할 수 없게 되었다. 서태지의 노래 가사를 두고 시비를 걸었던 공연윤리심의위원회도 무릎을 꿇었다.

기타와 음악에 재능을 보인 척 베리는 무장 강도 혐의로 감옥을 다녀온 적이 있고, 미용사가 되는 꿈을 꾸었으며, 공장 노동자로 밥벌이를 했다. 우연한 기회에 코즈모폴리턴 클럽에서 피아니스트 조니 존슨(Johnnie Johnson)이 이끄는 트리오 멤버에 합류한다. 그 후, 1955년 시카고 체스(Chess) 레코드사의 사장 레너드 체스(Leonard Chess)를 만나 〈메이블린(Maybellen)〉을 발표하면서 스타로 거듭난다. 이 곡이 갖는 의미는 로큰롤이 새롭게 도약할 수 있는 계기가 되었다는 점이다. 그는 어느 누구보다 기타를 잘 다루었으며, 스스로 모든 노래도 작곡하였다.

1977년, 미국항공우주국(NASA)에서는 여러 나라의 음악과 함께 90분짜리 음반에 척 베리의 히트곡 〈자니 비 굿(Johnny B. Goode)〉를 우주탐사선 보이저(Voyager) 호에 실어 광활한 우주로 내보냈다. 혹시 그 어떤 우주 생명체라도 만나면 그의 음악을 들려주기 위해서다.

그 징그럽고 무디었던 1980년대의 반환점이 지나갈 무렵에는 〈백 투 더 퓨처(Back To The Future)〉라는 영화가 그해 여름을 달구었다. 마티 맥플라이(마이클 J. 폭스)는 악당들을 피해 타임머신을 타고 과거로 달려간다. 고등학교 축제에서 마티가 앙 코르송으로 택한 '신나고, 오래된 곡, 그러니까 그가 온 데에서는 오래된 곡'이지만, 1950년 중반의 그들에게는 새로운 곡을 연주한다.

그게 바로 척 베리의 히트곡 〈자니 비 굿〉이다. 축제 참가자들은 노래에 맞추어 신나게 춤을 추고, 마티는 점점 노래에 몰입해간다. 그리고 어느 순간 그들은 춤을 멈춘다. 그들의 눈에는 마티가 하는 스피커를 발로 차고, 들어 눕고, 일렉 기타를 신들린 사람처럼 튕겨대는 행동은, 속된 말로 '지랄 발광'하는 것으로 보였을 것이다. 마티가 "아직 이런 음악을 들을 준비가 안된 것 같군요. 여러분 자녀들은 좋아할 겁니다."라고 말한들 사태는 수습될 리가 만무하다.

엘비스 프레슬리가 1956년 〈하트브레이크 호텔(Heartbreak Hotel)〉, 〈하운드 독(Hound Dog)〉, 〈러브 미 텐더(Love Me Tender)〉로 빌보드 차트를 싹쓸이하면서 혜성처럼 등장하기 전의 상황이다.

우리는 척 베리의 〈자니 비 굿〉을 듣는 순간 정신이 번쩍 들고, 엉덩이를 들썩거린다. 가사가 무슨 뜻인지는 몰라도, 내 안에 잠재되어 있는 신명을 일깨워 내 몸과 마음을 준비하고, 그 자체를 즐기면 그만이다. 록은 그런 것이다.

우리 시대의 상당수는 공개된 자리에서 그 '지랄발광'을 즐기지 못하도록 억압받았고, 비교적 점잖게 노래하는 한국적인 록이나 다른 장르를 대신 찾는다. 그래서 여전히 과거의 록커들이나 유명 밴드의 가수들이 향수를 달래준다. 그러나 진정 록을 찾는 마니아들은 여전히 부나비처럼 라이브 클럽과 록페스티벌을 찾는다. 언더그라운드와 축제는 우리의 무의식에 담겨 있는 욕망의 대상이기 때문이다.

창밖에 눈이 휘날린다. 40여 년 전에 들국화는 〈행진〉에서 "눈이 내리면 두 팔을 벌릴 거야"라고 노래했다. 그 사이에 우리들의 시선을 끌어버린 응팔(〈응답하라 1988〉)에는 〈그것만이 내 세상〉, 〈걱정 말아요 그대〉 등이 리메이크되어 추억 속으로 빠져들게 한다. "찾아 헤맨 모든 꿈, 그것만이 내 세상, 그것만이 내 세상"이었고, "지나간 것은 지나간 대로 의미가 있으니, 후회 없이 꿈을 꾸었다 말하고, 새로운 꿈을 꾸겠다 말하라"고 한다.

전인권밴드는 〈눈눈눈눈(nunnunnunnun)〉을 선보였다. 전인권은 이제 육십을 넘겼으니 〈행진〉을 발표했을 당시의 살아온 시간을 곱절 살았다. 그 시간만큼이나 목소리에는 관록이 묻어난다.

이 시대에 '사랑', '생명'이라는 말은 흔해빠졌지만, 누가 어떻게 노래하느냐에 따라 달라진다. 눈눈눈눈……. 바로 그 눈이 쏟아지는 세상에서 말이다. 안타깝게도 이 노래의 삽화를 그린 '독고탁'으로 알려진, 이상무 화백이 세상을 떠났다.

이들이 노래하며, 그리고자 하는 천국에 이르는 문은 어디에 있을까. 로커들과 함께 하는 밤이라면, 서부로 향하는 길목에 있는 세인트루이스의 어디쯤에서 밤이라도 지새고 싶다.

모든 인간은 별이다,
애타게 그리워하다 갈 고독한 별

여행지
멤피스(Memphis, TN) - 테네시주 환영 센터(Tennesse State Welcome Center)
- 선스튜디오(Sun Studio) - 그레이스랜드(Graceland)

안내자
밥 딜런(1941~), 비비 킹(1925~2015), 엘비스 프레슬리(1935~1977), 찰리 패튼(1891~1934)
『그 섬에 가고 싶다』(임철우, 2003), 『엘비스, 끝나지 않은 전설』
(피터 해리 브라운과 팻 H. 브로스키, 2006)
〈루씰〉(한영애, 1988), 〈우리가 어느 별에서〉(정호성 시, 안치환 노래, 1993),
〈온 세상이 물바다〉(찰리 패튼, 1929), 〈서부 개척사〉(존 포드, 헨리 헤서웨이, 조지 마셜, 1962)

임철우가 쓴 소설 『그 섬에 가고 싶다』는 "모든 인간은 별이다, 한때 우리는 모두가 별이었다."는 말로 시작한다. 그렇다. 모든 인간은 영롱한 별이다. 한때의 우리들만이 아니라 이 땅에 살았고, 살고, 살 사람들은 모두 별이다. 아무렴, 우리는 이걸 까맣게 잊어버리고 산다. 그러나 '별들은 이별을 헛되이 되풀이 하고, 떠돌이별로 살아가던 별들'이다.

이곳이라도 예외가 있을까. 우리는 한 시대를 뒤흔들었던 화려한 듯하면서도 쓸쓸하게, 떠돌이로 살다 간 별들을 보러 간다. 우리네 인생이 누군가를 그리워하다 갈, 고독한 뜬구름 같기에 노래를 팔러 다닌 장돌뱅이들을 우리는 가끔 그리워하기도 한다.

유럽 이주민들이 서부로 간 발자취를 다룬 영화 〈서부 개척사(How The

인생이란 어디론가 떠나는 것

West Was Won》에서 내레이터는 세인트루이스를 두고 '시끄럽고, 음탕하고, 가장 거만한 뉴욕 서쪽의 도시'라 했다. 그때야 그랬겠지만, 이제 이곳은 미주리주로 가는 하늘 길과 로큰롤을 선사해준 도시로 남아 있다.

아침 햇살을 가르며 미시시피 물결에 몸을 맡긴다. 강물은 환생한 허클베리 핀이 선장으로 있을 법한 스팀보트에 도도하게 길을 내준다. 늘 그럴 수는 없는 것이 가끔은 제 분수에 어울리지 않게 강물은 둑을 넘어서기 때문이다. 1927년 대홍수 때만 해도 농장에서 일하는 흑인들을 비탄에 빠지게 하지 않았던가.

찰리 패튼(Charlie Patton)이 부른 〈온 세상이 물바다(High Water Everywhere)〉에는 홍수를 당한 화자의 담담한 듯하지만, 비통한 심정이 녹아 있다. 강물이, 그것도 여름 내내 넘치더니, 나를, 이 불쌍한 찰리를 쓸어가 버리고, 온 세상을 물바다로 만들어버리니, 오! 주여! 이를 어찌 하오리까. 우리를 살려주실 분은 오직 주님밖에 없다고 간구하고 있다.

블루스(Blues)란 무엇인가. 우리는 블루스는 원래 노예로 팔려온 흑인들이 농장에서 고단함을 달래면서 불렀던 노동요에서 출발한다. 열두 마디, 세 개의 코드, 블루 노트라는 음계에는 슬픔(Blue)이 모인 슬픔들(Blues)이 담겨 있는 것이다. 흑인들이 노래를 통해서 신의 위안을 받는 것이 가스펠이라면, 세속적인 정서가 녹아 있는 것은 블루스다. 그러니 이것은 둘이면서 하나이고, 하나이면서 둘인 것이다. 고단한 일터에서 만나는 블루스, 그리고 신성한 교회에서 만나는 가스펠은 우리네 애절한 삶을 달래주었던 것이다.

미시시피강물은 찰리 패튼의 구슬픈 목소리를 잊은 채 오늘도 뎅뎅하게 흐른다. 동쪽으로 40번 도로를 따라 미시시피강을 건넌다. 고대 이집트 나일 강변 도시 이름을 딴 멤피스가 나타난다. 이곳은 문화와 예술의 도시, 블루스의 고향이자 로큰롤의 발상지다.

'테네시주 환영 센터'에 들어서니 '블루스의 제왕' 비비 킹(B. B. King)과 '로

테네시주 환영 센터에 있는 블루스의 제왕 비비 킹(왼쪽), 로큰롤의 황제 엘비스 프레슬리(오른쪽)

큰롤의 황제' 엘비스 프레슬리(Elvis Presley) 동상이 우리를 맞는다.

블루스 보이(Blues Boy)라는 뜻의 별명이 붙은 비비 킹은 도시적인 세련된 블루스를 추구한 '블루스의 제왕'답게 넥타이를 맨 양복 차림에 전기기타를 연주하고 있다. 그의 미소에는 로큰롤 시대에도 아랑곳 않고, 미국 전역을 돌며 블루스를 지켜낸 마음이 담겨 있는 것이리라. 기타의 지존인 그가 그만의 독특한 주법에, 힘차고 비장하면서도 흥겨운 목소리를 담아 〈더 스릴 이스 곤(The Thrill Is Gone)〉(1969)을 금방이라도 연주할 것만 같다.

열창하는 그의 얼굴에는 땀이 흘러내리고, '루씰'(깁슨의 커스텀 모델 기타의 애칭) 기타에서는 가스펠 리듬이 섞여 나온다. 그것은 흑인들이 교회에서 온몸으로 부르던 바로 그것이다. 한국 여성 블루스 가수 한경애는 〈루씰〉에서 비비 킹이 연주하는 기타 '루씰'을 두고 오죽하면 "나도 너처럼 소리를 갖고 싶어"라고 했을까. 마음에 잔잔한 파문이 인다. 스릴이 사라졌다고 그가 외칠 때마다, 우리의 몸은 그의 노래에 공명하기 시작한다.

1925년 9월 16일, 미시시피 이타베나에서 태어난 본명 라일리 벤 킹(Riley B. King)은 1946년 멤피스 라디오 방송국 디스크자키 시절에 비비(블루스 보이)라는 별명을 얻었다. 그래미상을 열다섯 번 수상했고, 음악계의 노벨상인 폴라 음악상 등을 받았으며, 블루스와 록 앤 롤 명예의 전당(Rock & Roll Hall Of Fame)에 이름을 새겼다. 진정한 블루스계의 왕으로 불리는 그는 90세를 몇 달 앞두고 2015년 5월 14일 라스베이거스 자택에서 세상을 떠났다. 버락 오바마 대통령이 그의 죽음을 두고 '블루스는 대왕을, 미국은 전설을 잃었다.'고 애도의 뜻을 나타냈듯이, 그는 역사를 뚫고 사람들의 가슴에 블루스 이야기를 심어놓은 별이었다.

비비 킹과 나란히 있는 엘비스 프레슬리는 깃을 세우고 레이스가 늘어진 웃옷에, 꽉 낀 바지를 입고, 금박 독수리 버클이 달린 허리띠를 두르고, 왼손엔 기타를 들고 먼 곳을 응시하고 있다. 자세히 보니 열어젖힌 옷 사이로 한껏 부풀려진 가슴이 보인다. 수많은 여성들을 팬으로 거느리면서 염문을 뿌렸던 그였기에 그를 나타낸 이만한 조각을 찾기는 어려울 것이다.

그는 우리에게 어떤 사람인가. 피터 해리 브라운과 팻 H. 브로스키는 그들이 쓴 엘비스 전기 『엘비스, 끝나지 않은 전설(Down at the end of lonely street)』에서 영국 태생의 세계적인 로큰롤 밴드인 롤링스톤스의 데이브 마시가 한 말을 인용하면서 "엘비스는 죄악과 선행의 화신이었기 때문에 로큰롤의 제왕"이라는 말로 마무리한다. 그들은 엘비스와 관련한 300명 이상의 증언과 10년 동안 모은 방대한 자료 더미에서 엘비스를 찾으려고 노력했다.

데이브 마시는 '로큰롤의 제왕'이라는 그의 명성에서 죄악과 선행이라는 양면성을 찾아낸다. 그런데 누구의 죄악과 선행이란 말인가? 전쟁 전후에 태어나 1950년대를 부모의 등쌀에 떠밀려 살아온 10대 소녀들에게 그는 선행자였을지도 모른다. 그렇지만 부모와 교사, 그리고 10대 소녀들의 남자들에게 그는 악행자였을지도 모른다.

엘비스 프레슬리는 1935년 1월 8일 미시시피주 투펠로의 허름한 방 두 칸짜리 집에서 사산한 쌍둥이 형에 이어 두 번째로 태어났다. 부모는 둘 다 미시시피의 유럽계 이주민 소작농 집안 출신이다. 그의 아버지 버넌 프레슬리(Vernon Presley)는 술꾼에 난봉꾼이었고, 어머니 글래디스 프레슬리(Gladys Presley)는 파티 걸 시절을 지냈으며, 결혼 후에는 미시시피 목화밭 노동자로 고단한 나날을 보냈다.

그녀가 목화밭에서 일할 때 아들 엘비스는 그녀 곁에 있었다. 엘비스는 그곳에서 흑인들이 부르는 블루스, 영가, 아프리카 민요를 들으며 자랐으며, 그러기에 어린 시절 그의 삶은 흑인들의 노래 속에 파묻혔던 것이다.

그는 열한 살 때 첫 기타를 구입하고, 열세 살 때 가족과 함께 멤피스 외곽의 빈민가로 이사한다. 백인들이 다니는 고등학교를 졸업하고는 먹고 살기 위해 트럭 운전일을 했다. 밤에는 술집에서 노래도 불렀다.

선스튜디오. 우리는 엘비스 프레슬리, 로큰롤을 탄생시킨 바로 그 '멤피스 레코딩 서비스'에 있다. 수많은 관광객들이 그레이스랜드 성지 순례를 앞두고 꼭 들르는 곳이다. 입구에 걸려 있는 비비 킹의 '루씰'과는 다른 바디 아래쪽만 파인 기타가 비비와는 다른 세계라는 것을 알려 준다. 1층에는 이곳이 만들어낸 음반과 음악인들로 가득하다. 그곳을 지나면 로큰롤이 태어난 바로 그 스튜디오다. 엘비스 프레슬리, 제리 리 루이스, 로이 오비슨의 잔향이 아직도 선명하게 들리는 듯하다. 로큰롤의 신자도 아닌 내가 가슴이 설레는데, 그의 신자들이라면 말해서 무엇 하리. 시대의 아픔을 대변하는 포크 가수로서 2016년에 노벨문학상을 받기도 했던 밥 딜런이 홀연히 나타나 엘비

로큰롤을 탄생시킨
선스튜디오

스가 섰던 그 자리에 무릎을 꿇고 입을 맞췄다고 하지 않은가.

　1953년 7월 어느 날. 멤피스 음악계를 선도하는 바로 이곳, 선 레코드의 스튜디오에 엘비스가 나타난다. 어머니의 생일 선물을 위해서든, 가수로 데 뷔하기 위한 오디션을 위한 것이든, 그는 여기서 4달러에 두 곡을 녹음한다. 그리고 1954년 6월 어느 날, 흑인 창법을 구사하는 백인 가수가 히트 칠 것이라 직감한 선 레코드의 사장 샘 필립스가 그를 불렀을 때, 그는 단숨에 달려와 이곳 스튜디오 문을 연다.

　1950년에 라디오 피디 샘 필립스가 설립한 이곳은 엘비스를 비롯하여, 블루스의 황제 비비 킹 등이 부른 많은 히트곡을 생산한 곳이다. 그러나 엘비스의 현란한 몸동작을 통해 나오는 노래는 쉽사리 녹음을 허락하지 않았다. 그리하여 스튜디오 녹음 시스템을 개조하면서까지 어렵게 담아낸 엘비스의 노래는 1954년 7월 10일 밤, 멤피스 방송국의 전파를 탄다. 그리고 본인도 전혀 예상하지 못한 전화와 엽서가 폭발한다.

　상승세를 탄 엘비스는 1955년에 예비역 톰 파커 대령을 만나 그의 수입에서 25~50퍼센트를 주는 조건으로 계약을 맺는다. 1956년 발매 3주 만에 30만 장이 팔려 그의 첫 골드 레코드가 된 〈핫브레이크 호텔〉과 100만 장 이상이 팔려 첫 골드 앨범이 된 〈엘비스 프레슬리〉를 시작으로, 빌보드 차트 10위권 36곡, 1위 17곡, 음반 판매 미국 내 1억 장 이상, 전 세계 10억 장 이상의 음반이 판매되었다. 이 놀라운 수치에 비틀스나 대적할 수 있을까. 엘비스는 〈러브 미 텐더(Love Me Tender)〉를 비롯하여 33편의 영화도 남겼다.

프랭크 시내트라 등이 부르는 감미로운 팝의 시대인 1950년대에 그의 로큰롤은 젊은이들의 욕망 분출구였다. 로큰롤의 화산은 폭발하여 세상을 뒤덮었다. 〈워싱턴포스트〉의 TV 비평가 톰 쉐일즈는 당시 상황을 '온갖 지옥이 자유롭게 풀려'났다고 말했다.

그러나 엘비스의 선정적인 로큰롤을 반기지 않는 사람들도 많았다. 멤피스징병위원회가 그를 군에 징집하기로 결정했을 때에 수백만의 십대 소년들과 부모들은 안도할 수 있었다. 서독 미군 기지에서 군 복무를 마치고 귀국했을 때 이제 세상은 비틀스를 비롯하여 크림, 지미 헨드릭스, 도어스 등의 세상이 되었다. 1968년 컴백 공연에서 재기에 성공하고, 1973년 인공위성으로 생중계하는 하와이 공연에서 로큰롤 황제로서의 면모를 확인하게 된다. 그렇지만 그는 약물 과다 복용, 과체중 등으로 네 번의 죽을 고비를 넘기다가 1977년 8월 16일, 그레이스랜드 저택 화장실에서 숨진 채 발견된다.

선 스튜디오에서 구입한 히트곡을 듣는다. 엘비스 프레슬리(Elvis presley), 칼 퍼킨스(Carl Perkins), 조니 캐시(Johnny Cash), 제리 리 루이스(Jerry Lee Lewis) 등 선스튜디오에서 낸 히트곡들이 여행길을 즐겁게 한다. 엘비스 프레슬리 길을 따라 그레이스랜드로 간다. 그레이스랜드는 엘비스가 그의 생애 중 가장 많은 시간을 살았던 곳이다. 매년 60만 명 이상이 이곳을 찾는다. 왜 사람들은 이곳으로 모여드는 것일까. 그들은 불을 찾아 돌진하다 끝내 불꽃 속으로 사라져버릴, 아니 사라져도 좋겠다고 생각하는 부나비들인가?

서쪽 주차장에 차를 세우고, 안내동과 기념품점을 지나 그가 타고 다녔던 개인 비행기 '리사 마리(Lisa Marie)'와 '하운드 도그 2(Hound Dog Ⅱ)'를 돌아본다. 각각 그의 딸 이름과 히트곡에서 이름을 딴 것이다. 딸에 대한 그의 각별한 사랑을 느낄 수 있다.

동쪽은 그레이스랜드 저택이 있는 곳이다. 법석대는 팬들을 달가워하지 않는 엘비스 가족이 오드본을 떠나 이사한 곳이다. 1939년에 5만 제곱미터 (약 1만 5천 평)에 이르는 부지에 식민지 시대 조지아주 양식으로 지은 18개의 방이 딸린 집이다. 그 저택은 '로큰롤이 지은 성' 혹은 우호적이지 않은 '힐빌리의 궁전'이라 불리기도 하지만, 세상사가 그렇듯이 엘비스의 세속적 성공을 상징하는 곳이다. 〈US Today〉(2015.6.15)에 따르면 지금은 세계 10대 음악 명소와 미국 10대 관광 명소 가운데 1위를 차지한 곳이기도 하다.

저택에 들어가기 위해서는 길거리에도, 담벼락에도, 가로등에도 즐비한 그를 기억하는 수많은 낙서를 피해갈 수 없다. 쓰고 또 쓴 흔적들이 부나비들의 시간을 더욱 두텁게 한다. 기타를 든 엘비스와 악보의 음표들이 춤추고 있는 철제 대문을 지나 저택의 본관에 들어선다.

이 집의 진짜 주인은 누구인가. 엘비스의 어머니가 아니겠는가. 엘비스야 뜨내기였으니까. 어머니를 위해 이 저택을 바쳤으니까. 그러나 엘비스가 가수로서 명성을 날릴수록 그 저택에서 어머니 글래디스는 점점 초라해졌다. 장기 공연을 다니는 아들을 기다려야 했으며, 아들을 위해 늘 해왔던 식탁을 마음대로 차릴 수도 없었다.

저택의 부엌과 식당을 보면서, 우리는 엘비스와 저녁을 먹고 있는 어머니를 떠올린다. 작은 나무집(Tiny shotgun house)에서 살던 때와는 비교할 수 없

그레이스랜드 명상의
공원에 안장된 엘비스
아론 프레슬리

는 시설이었을 터이지만, 오랜만에 만난 아들을 위해 밥을 지을 수 없었던
어머니의 심정은 어떠했을까.

　엘비스가 유명세를 타고 외유가 늘어가면서 그녀는 점점 더 외로움에 지
쳐갔고, 남편 버넌의 난봉질에 분노하고 폭력의 두려움에 떨어야 했다. 그럴
수록 그녀에게는 술과 약물이 가까이에 있었다.

　그녀는 웃음을 터뜨리며, 비틀거리는 몸으로 외유에서 돌아온 아들을 맞
았다. 외로움 속에서 어머니가 끝내 죽었을 때 누구보다 슬프게 그녀의 관을
붙들고 울었건만, 그는 그를 기다리는 어머니를 더 이상 만날 수 없게 된 것

　인생이란 어디론가 떠나는 것

이다.

저택의 명상의 공원(Meditation Garden)에는 엘비스 아론 프레슬리, 사산한 그의 쌍둥이 형 제시 가론 프레슬리 그리고 그의 부모, 조모가 안장되어 있다.

엘비스 아론 프레슬리(Elvis Aaron Presley). 1935년 1월 8일~1977년 8월 16일. 버넌 엘비스 프레슬리와 글래디스 러브 프레슬리의 아들. 리사 마리 프레슬리의 아버지.
이 지구에 채 도착하지도 못한 또 다른 별. 엘비스 프레슬리의 사산한 쌍둥이 형, 제시 가론 프레슬리. 1935년 1월 8일.

엘비스는 트로피 빌딩(Trophy Building)의 수많은 소장품들을 남겨놓고 영면하고 있는 별이다. 빌보드 차트에 오른 149곡의 히트곡과 골드 기념 음반도, 그가 출연한 33편의 영화도, 보석 박힌 화려한 흰색 무대 의상과 '68 컴백' 공연 때 입었던 가죽 옷도, 그곳에 그렇게 있다. 별의 흔적이므로…….
지구의 종말이 오지 않는 한, 그의 머리맡의 꺼지지 않는 불은 매년 8월 15일 밤, 전 세계에서 모여든 수많은 또다른 별들을 밝히는 부싯돌이 되어줄 것이다. 이 지구라는 척박한 곳에 태어나, 저마다 떠돌이로 살다가 돌아가야 할 고독한 별들을 위해……. 엘비스에게 가장 빛나는 별은 마흔 여섯의 나이로 세상을 떠난 그의 어머니 글래디스 러브 스미스 프레슬리가 아닐까. 1912년 4월 25일~1958년 8월 14일.
공원 묘지를 머뭇거리다가 문득 안치환이 부른 〈우리가 어느 별에서〉를 불러본다. "우리가 어느 별에서 만났기에 이토록 애타게 그리워하는가……."
그레이스랜드를 지키는 불멸의 불을 뒤로하고, 우리는 또 다른 별을 찾아 떠난다.

꿈꾸는 자, 죽음 그리고
꿈을 지켜보는 자들을 위해!

여행지

멤피스(Memphis, TN) – 로레인 모텔(Lorraine Motel)
– 국립민권박물관(National Civil Rights Museum)

안내자

로사 파크스(1913~2005), 마틴 루터 킹 2세(1929~1968),
버락 오바마(1961~), 존 바에즈(1941~)
「창세기」, 「나에게는 꿈이 있습니다 – 마틴 루터 킹 자서전」(클레이본 카슨 엮음, 2000),
「더불어 숲 – 신영복의 세계기행」(신영복, 2015), 「마틴 루터 킹」(마셜 프래디, 2004)
〈우리 승리하리라〉(존 바에즈), 〈셀마〉(에바 두버네이, 2014)

우리는 지금, 마틴 루터 킹 2세가 저격당한 로레인 모텔(Lorraine Motel) 306호 베란다 앞에 엄숙히 서 있다. 그는 1963년 8월 23일 워싱턴 몰에서 '나에게는 꿈이 있습니다(I have a dream)'를 연설한 바로 그 주인공이다. 영어책을 통해 그의 연설을 처음 알게 된 고등학생인 내가 흑인 민권운동가인 그의 간절한 소망을 온전히 알 턱이 없었지만, 그의 연설문은 퍽이나 인상적이었다.

〈우리 승리하리라(We shall over come)〉. 우리는 존 바에즈가 20만여 명과 함께 워싱턴 대행진에서 불렀던 그 노래를 교회에서, 아크로폴리스에서, 광화문에서, 종로에서, 시청에서 부르고 또 불렀다.

기억이란 쉽게 지워지지 않는가 보다. 언젠가는 그들이 살아왔던 흔적을 밟고 싶었다. 그렇게 해야만 조금이나마 마음의 상처를 다독일 수 있을 것

마틴 루터 킹이 저격당한 로레인 모텔 306호

같았다. 로레인 모텔을 찾은 이유다.

블루스의 '제왕'과 로큰롤의 '황제'가 활약하던 테네시주 멤피스에서, 노벨평화상을 수상한 민권운동가 마틴 루터 킹 2세(Martin Luther King, Jr)가 저격당했다는 사실을 어떻게 받아들여야 할지 모르겠다. 그때 그의 나이 39세였다.

1968년 4월 4일. 오후 6시 1분. 감미롭던 봄바람이 써늘하게 그의 하얀 와이셔츠를 휘감을 때다. 야간 대중 집회를 앞두고 킬스 목사 집에 저녁을 먹으러 갈 예정이었다. 그가 동료를 기다리며 2층 발코니에 섰을 때, 건너편 건물에서 날아온 암살자의 단 한 방의 탄환이 그의 오른쪽 턱과 목을 관통해버렸다. 인류를 위해 다져온 꿈이 악의 총탄에 의해 그렇게 무참하게 무너져버린 순간이었다. 그가 멤피스에 온 것은 파업에 돌입한 흑인 청소부들을 돕기 위해서였다. 그들은 노동조합 결성을 인정하지 않는 당국에 대항하고 있었다. 죽음을 예견한 것일까. 전날(1968.4.3. 수요일) 메이슨 템플 교회에서 열린 대중 집회에서 그는 약속의 땅에 함께 갈 수 없을지라도, 그 어떤 두려움도 없이 행복하다고 했다. 아니다. 그는 늘 생명을 위협받는 공포에서 자유로울 수 없었다. 출판 기념 사인회에서 심장부 깊숙이 칼이 박혔을 때도, 집회를 주도하면서 집에 폭발물이 터졌을 때도, 그와 함께한 사람들이 하나둘 곤봉과 흉탄에 쓰러져갔을 때도, 죽음이 그리 멀지 않은 곳에 있다는 것을 느꼈

꿈꾸는 자, 죽음 그리고 꿈을 지켜보는 자들을 위해!

을 것이다. 더욱이 베트남 반전 연설과 미국 전역의 소외 계층을 망라한 '가난한 사람들의 운동'을 전개한 이후에는 생명을 부지하기가 어렵다는 것을 직감했을 것이다.

할 수만 있다면, 평화롭게 민권을 단숨에 쟁취할 수 있는 길이 무엇일까. 권력을 쟁취하는 일 말이다. 마틴 루터 킹은 '민권 투쟁의 주된 무기는 결국 투표권'이라는 것을 깨닫는다. 그런데 아무리 노예 해방이 선언되었고 민권이 진전되었다고는 하지만, 흑인과 소수자들에 대한 차별이 수그러들 줄을 모르는 상황에서 그것을 쟁취하기란 매우 어려웠을 것이다.

민주주의 꽃은 선거라 했다. 선거를 하기 위해서는 투표권이 있어야 한다. 미국에서는 일찍이 인종, 피부색에 따라 투표권이 제한을 받지 않는다고 헌법(수정헌법 제15조, 1870)에 규정되어 있었지만, 현실은 그렇지 못했다. 1876년 백인들은 '분리하지만 평등하다'는 논리를 내세운 '짐 크로(Jim Crow) 법'을 만들어 철저하게 인종 간 차별과 분리를 하였다. 1877년 공화당 헤이스가 한 표 차로 대통령에 당선된 후, 남부에는 연방이 간섭하지 않겠다고 타협하면서 그 법은 날개를 달았다. 흑인들의 투표권이 제한되고, 학교, 버스, 기차 등의 공공시설 등에서 흑인을 비롯한 유색인종들을 분리함으로써 차별하는 일은 더욱 거세졌던 것이다.

킹이 민권운동가로서 시작을 알리는 사건, 즉 몽고메리 버스 승차 거부 투쟁이 일어난 때가 불과 반세기 전인 1955년 12월 1일이다. 흑인 재봉사인 로사 파크스(Rosa Parks)는 인종차별주의 분리 법규에 따라 퇴근길 버스 안에서 백인에게 자리를 내주어야만 했다. 그러나 그녀는 그렇게 하지 않았다. 인내에 한계에 다다른 그녀는 내면에서 우러나는 '더는 참을 수 없어!'라는 외침을 외면할 수 없었고, 실천에 옮겼다. 그녀는 체포되었으며, 그리고 킹의 주도하에 381일간의 투쟁 끝에 연방대법원으로부터 시 조례가 위헌이라는 판결을 받아냈다.

흑인 투표권 쟁취 투쟁을 그린 영화 〈셀마(Selma)〉에는 애니 리 쿠퍼(Annie Lee Cooper)라는 흑인 중년 여성이 등장한다. 노동자인 그녀는 투표자 명부에 자신의 이름을 올리기 위해 관공서에서 '특별한' 면접을 받고 있다. 거기서 백인 공무원은 헌법 전문을 암송해보라고 요구하고, 앨라배마주에 판사가 몇 명이며, 그들의 이름은 무엇인지를 묻는다.

투표권을 주는 조건으로 대한민국 헌법 전문을 외워보라 하면, 우리는 과연 몇 명이나 그럴 수 있겠는가. "유구한 역사와 전통에 빛나는 우리 대한국민은 3·1운동으로 건립된 대한민국임시정부의 법통과 불의에 항거한 4·19민주이념을 계승하고, 조국의 민주개혁과 평화적 통일의 사명에 입각하여……"(대한민국헌법 전문, 1987). 이렇게 시작하는 헌법 전문 말이다. 그러나 대한민국은 민주공화국이며, 주권은 국민에게 있고, 모든 권력은 국민으로부터 나온다는 대한민국헌법 제1조쯤은 알고 있을 것이다.

도대체, 왜? 그들은 '판사는 몇 명인지, 그들의 이름은 무엇인지……'를 물었던 것일까. 남부 흑인들은 '선거인 등록 지연 작전', 터무니없는 문제로 읽고 쓰는 능력을 묻는 '문맹 시험'을 비롯하여, 소득, 신분 등에 관계없이 일정 연령 이상의 주민에게 일률적으로 부과한 '인두세(人頭稅, Poll Tax)' 등을 통해 사실상 투표권을 행사하지 못했던 것이다(세금 못 내면 투표할 수 없다!).

킹이 앨라배마주 셀마에 도착한 것은 1965년 1월 새해 벽두였다. 셀마는 남북전쟁 최후의 전쟁터였다. 북군은 이곳에서 남부연합군의 숨통을 끊었으니, 남부 후손들의 흑인에 대한 증오는 말할 것도 없을 것이다. 시위대가 〈우리 승리하리라〉를 부르며 행진에 나서자 부대와 경찰들은 곤봉, 전기 막대,

최루탄 등으로 진압했으며, 그들을 줄줄이 연행해 갔다. FBI는 킹의 일거수일투족을 감시했다. 지미 리 잭슨(Jimmie Lee Jackon)이라는 흑인 청년은 곤봉을 맞고 있는 어머니를 구하려다 복부에 총상을 입고 숨졌다.

1965년 3월 7일. 500여 명의 시위대는 '남부동맹의 요람'인 몽고메리로 행진하기 위해 에드먼드 페터스 다리를 건너고 있었다. 방독면을 착용한 부대원과 경찰들은 시위대에게 취루 가스를 발사하고, 곤봉을 휘둘렀으며, 군화발과 말발굽으로 짓이겼다.

그날 참여하지 못했던 킹이 이제 전면에 나섰다. 그는 몽고메리로 향하는 행진에 참여해줄 것을 호소한다. 전국에서 성직자, 가정주부, 노동자, 운동가, 대학생 등 미국의 각계각층의 양심 세력들이 대거 셀마에 당도한다. 이들 가운데는 백인들이 가한 집단 폭력에 숨진 제임스 리브(James Reeb)도 있었다. 그는 보스턴에서 온 백인 목사였다.

셀마를 출발해 몽고메리에 도착한 순례자들에게 86킬로미터에 이르는 여정은 인종차별주의를 종식시키기 위한 위업이었다. 킹은 몽고메리에 운집한 군중들을 향해 '아메리칸 드림이 실현되는 그날까지 승리의 행진을 계속하자고, 지금은 고통을 받고 있지만 머지않아 승리의 순간이 올 것'이라고 말했다.

그날 밤 바이올라 리우초(Viola Liuzzo)라는 여인이 행진 시위대에 참여한 활동가를 셀마에 데려다주러 가는 길에 백인우월주의 단체인 KKK(Ku Klux Klan)단의 공격을 받아 숨지는 일이 발생했다. 그녀는 디트로이트에서 온 다섯 살 아이를 둔 백인 가정 주부였다. 그곳에 모인 양심 세력들은 더욱 맹렬히 저항했다.

그리고 마침내 린든 B. 존슨(Lyndon B. Johnson) 대통령(36대, 1963~1969)은 의회에 투표권 법안을 상정하기에 이른다. 1965년 8월 6일. 연방 정부가 강제로 개입해서 흑인의 투표권을 보장하는 투표권법이 통과되었다. 그것은

마틴 루터 킹을 향해 저격범이 총알을 날린 2층 화장실

'미국 자유의 역사상 기념비적인 법률'이었다.

2015년 3월 7일. 미국 역사상 첫 흑인 대통령(제44대, 2009~2017)인 버락 오바마가 '셀마 행진' 50주년 기념을 맞아 에드먼드 페터스 다리에 있었다. 그는 "셀마 행진은 아직 끝나지 않았다."고 힘주어 말했다. 오바마는 킹이 그 토록 바라 마지않았던 선거를 통해 뽑은 흑인 대통령이다. 그런데 달라진 것은 무엇이고, 그렇지 않은 것은 무엇인가.

나는 지금 저격범이 킹에게 총을 쏜 자리에 있다. 로레인 모텔 306호 베란 다가 내려다보이는, 모텔 건너편, 지금은 국립민권박물관으로 쓰이고 있는 건물 2층 화장실이다. 총구를 내놓은 자리인 듯 창문이 조금 열려 있다. 모텔에도 거리에도 전기불이 하나둘 들어온다. 참으로 평온한 거리다.

킹이 만난 수많은 사람들의 사진을 스치면서 국립민권박물관을 나선다. 건물을 빠져나오자 나는 이런 생각이 든다. 그가 워싱턴 대행진 연설 때도 말했으며, 고향 조지아주 애틀랜타에 있는 묘지에도 새겨져 있듯이, 그는 마 침내 자유를 얻은 것일까.

마침내 자유를 얻었네, 마침내 자유를 얻었네, 전능하신 주님의 은혜로 마침내 자유로워졌나이다(Free at last, Free at last, Thank God Almighty I'm Free at last).

거리의 불빛은 더욱 밝아졌다. 늦게 도착한 어느 가족인지 로레인 모텔 306호 앞에 있는 기념판을 보고 있다. 남부 크리스찬 지도자 연합 회장이 킹을 위해 헌정한 기념판이다. 거기에는 구약 성경 「창세기」에 나와 있는 구절이 쓰여 있다.

> 서로 이르되, 저기 꿈꾸는 자가 온다. 그를 죽이자. 그리고 그의 꿈이 어떻게 되나 지켜보자(They said one to another. Behold, here cometh the dreamer. Let us slay him and we shall set what will become of his dream)
>
> ─「창세기」(37장 19~20절)

감히 왕이 되는 꿈을 꾸는 자 요셉이 죽게 된 상황에서 노예로 팔리고, 감옥에 갇힐지라도 견뎌냈듯이, 고난 속에서도 소망을 가지고 나아가야 하는 것일까? 신은 요셉에게 그랬듯이 우리가 당하는 고난을 통해서 더 큰 구원의 역사를 이루고자 하는 것인가? 그래서 우리는 고통 속에서도 다시 꿈을 꾸어야 하는 것인가? 자유를 위해 워싱턴 행진에 참가한 사람들 앞에서 그가 외친 '꿈'은 진정 그런 꿈이었을까? 그의 꿈은 온전히 이루어졌는가?

꿈을 지켜보기 위해서가 아니라, 신영복이 『더불어 숲─신영복의 세계기행』에서 말했듯이 꿈을 이루기 위해서 가능한 한 모든 종류의 꿈에서 깨어나야 하는 것은 아닐까. 꿈보다 깸이 먼저일 수도 있기에……

인생이란 어디론가 떠나는 것

자유와 평등은 어디에 있는가?

: 투표, 그것은 목숨과 같은 것

여행지
잭슨(Jackson, MS) : 로버트슨 박물관(Smith Robertson museum)
─옛 수도 박물관(Old capitol museum)─나체즈(Natchez, MS) : 엘리콧 힐(Ellicott Hill)

안내자
마할리아 잭슨(1911~1972), 빌리 홀리데이(1915~1959), 에이블 미어로폴(1903~1986)
〈오 주여 이 손을〉(마할리아 잭슨, 1956), 〈이상한 열매〉(에이블 미어로폴, 1939),
〈미시시피 버닝〉(앨런 파커, 1988)

먼 길을 갈려면 일찍 나서야 한다. 몇 여행자들이 벌써 식당에 있다. 우유, 콘플레이크, 와플, 사과. 여행자들의 일상적인 아침 식사다.

멤피스를 떠나, 우리는 새벽을 가르며 주 경계선을 넘는다. 미시시피주를 남북으로 관통하는 55번 도로 안내판이 우리를 맞는다.

목련(木蓮). 나무의 연꽃. 고귀함. 화창한 봄날에 벙그러진 목련꽃처럼 미시시피주는 그렇게 고매한 땅일런가. 드문드문한 차를 제외하곤 쓸쓸할 정도로 한적한 길이다.

언제부터일까. 뒤쪽에서 전조등 빛이 가까워진다. 계기판을 보니 제한 속도를 지키고 있다. 과속은 경찰의 좋은 먹잇감이다. 뒤차가 추월할 수 있도록 속도를 줄인다. 그렇지만 그들은 그럴 의도가 없는 듯하다. 차 안 거울을 보는 순간, 충격이 전해진다. 그들 차가 들이받은 것이다.

"왜 그러지, 장난 같지 않은데……"

놀라 잠에서 깬 아내와 아이들이 고함친다.

"아빠, 무슨 일이야?"

뒤쪽 범퍼로부터 더 강한 충격이 온다. 분명히 뭔가 잘못된 일이 벌어지고 있다. 불길한 예감이다. 도망가야 한다. 뒤따라오는 차는 두 대가 더 있다. 내겐 방어를 위한 그 흔한 총조차 없다. 머나먼 타국 땅, 완전히 낯선 곳에서, 이렇게 죽기는 너무나 억울하다.

경광등이 켜진다. 경찰차인가 보다. 차를 멈추어야 한다.

"경찰차였잖아. 걱정하지 마"

안심이다. 아니다. 경찰이 검문할 때는 더 긴장해야 한다. 지시가 있을 때까지 손을 운전대에 올려놓고 움직여서는 안 된다. 그는 무기를 가졌고, 우리는 유색인이다.

경찰복을 입은 사람들이 내린다. 다가온다. 전짓불을 얼굴에 비춘다.

"차를 그렇게 심하게 몰아도 되는 거야?"

"경찰관님, 수고하십니다. 그런데……."

"친한 척하지 마, 유색인 놈아."

"왜 그러십니까? 뭐 잘못한 게 있습니까."

"입 닥쳐."

"알았습니다(Yes, Sir)."

"검둥이 냄새도 난다, 유색인 놈아."

"너무하는 거 아닙니까? 당국에 고발할 겁니다."

"해볼 테면 해봐. 상관 안 하니까."

그들은 권총으로 내 머리를 날려버리고, 비명을 지르는 가족을 향해서도 총을 난사한다.

인생이란 어디론가 떠나는 것

이것은 악몽이다. 미시시피주에 들어가기 위해서는 반드시 거쳐야 할 역사적 기억이다. 많은 사람이 죽거나 다치고, 수십 채의 집이 불타버린, 1964년 여름에 일어난 일을 다룬 영화 〈미시시피 버닝(Mississippi Burning)〉의 시작 부분이다.

1963년 여름, 워싱턴에 모인 수십만 명은 인종차별 철폐와 자유롭게 살 수 있는 사회를 갈구했다. 이듬해인 1964년 여름, 미시시피주는 뜨겁게 달아오르고 있었다.

미시시피주는 인구 3분의 1 이상이 아프리카계 미국인이고, 미국에서 가장 가난한 곳이며, 인종차별과 백인우월주의가 가장 심한 곳이다. 그러기에 그곳 심장을 바꾸지 않으면 민주주의의 미래는 까마득했던 것이다.

1964년은 존 F. 케네디(John F. Kennedy) 대통령(35대, 1961~1963)이 암살당한 이듬해로, 새 대통령을 뽑는 해였다. 아프리카계 미국인들이 자신의 권리를 주장하기 위해서는 투표권을 확보하는 게 무엇보다 중요했다. 1962년에는 미시시피주에서 활동하는 민권운동 조직과 학생비폭력조정위원회(SNCC), 인종평등회의(CORE), 전국유색인지위향상협회(NAACP) 등 전국 단위 민권운동 조직이 합심하여 연합조직회의(COFO)를 결성한다. 참여한 사람들은 밥 모제스를 중심으로 흑인들이 투표를 할 수 있도록 선거인 등록과 시민권 교육에 중점을 두는 프로그램을 가동시켰다. 이른바 1964년 '미시시피 자유 여름(Mississippi Freedom Summer)'이다. 미국 민권운동의

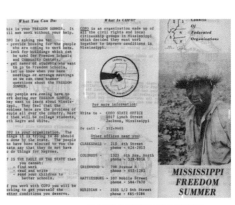

미시시피 자유의 여름 팸플릿

획기적인 전환점이 된 사건이다.

천여 명의 북부 학생들은 '미시시피에 빛을 발하게 해주세요'를 부르며, 오하이오대학에 집결하여 진압에 대비한 훈련을 받는다. 그리고 그들은 '민주주의와 인간 존엄을 위해' 목숨을 건 대장정에 오른다. 그들은 버스에 오르기 전 서로의 손을 잡고 〈우리 승리하리라〉, 〈오 자유〉를 불렀다.

이에 맞서 폴 존슨 주지사는 자유 여름 금지 법안을 20개 이상 통과시켰고, 장갑차를 비롯한 각종 무기와 병력을 증강시켰다. 언론은 '북부의 침공'이라 했으며, 어느 하원의원은 '미시시피 침입은 빨갱이들이 계획한 것'이라 했다. KKK단은 그 어느 때보다 활개를 쳤다. 살인, 방화, 폭행, 테러가 잇따랐다.

1964년 6월 어느 날, 네쇼바 카운티의 교회에 불이 났다. 미시시피 메리디안에 사는 흑인 청년 제임스 채니(James Chaney), 코넬대에 다니는 백인 청년 마이클 쇼너(Michael Schwerner), 아버지가 코넬대 출신이고 퀸스대에 다니는 백인 청년 앤드루 굿맨(Andrew Goodman). 세 사람은 6월 21일 그곳으로 차를 몰았다. 새벽 3시. 이들은 과속 혐의로 체포되어, 밤 10시 30분에 석방되었다가 행방불명되었다. 그들은 44일 만에 필라델피아 근처 댐에서 시체로 발견되었다. 사인은 구타와 총상이었다. 킹은 이들의 죽음을 두고 '민주주의를 뿌리째 파괴한 공격'이라 비판했다.

여기, 듣는 이를 불편하게 하는 〈이상한 열매(Strange Fruit)〉라는 노래가 있다. 뉴욕의 고등학교 교사로서 유대계 시인인 에이블 미어로폴(Abel Meeropol)은 나무에 매달려 있는 두 흑인을 백인들이 구경하고 있는 사진을 본 후에 충격 속에서 시와 노래를 지었다. 그는 살인을 자행한 사람들을 증오했다.

1939년 4월, '블루스의 여왕'으로 불리는 빌리 홀리데이(Billie Holiday)가 이 노래를 부를 경우 보복이 두려워 망설이다가, 마침내 용기를 내어 두텁고 스산한 목소리를 음반에 담았다. 신생 음반사(코모도 레코드사)에서 녹음될 수밖에 없었던 이 노래는 방송이 금지되었음에도, 첫해 100만 장 이상 팔렸다. 이 노래는 인종차별 반대를 상징하는 대표적인 노래가 되었으며, 『타임스(Times)』(1999)가 선정한 '20세기 최고의 노래'가 되기도 하였다.

미시시피의 여름 6주 동안, 7명의 민권운동가 및 흑인 동조자 살해, 80여 명의 민권운동가 폭행, 1,062명의 '외부' 활동가 체포, 30여 개 흑인 사업체와 37개 교회의 방화 및 폭파 등이 있었다.
목련의 주, 미시시피, 고귀함은 어디에 있는가.

해가 내리쬐는 세 시간을 달려 미시시피주 수도인 잭슨(Jackson)에 이른다. 달아오른 태양만큼이나 도시의 표정은 지쳐 있고 낡아 있다. 시내는 표면상으로 흑인들의 기념물과 전시물로 가득하다. 메드거 에버스 대로에는 자유의 상징이 된 인권운동가 메드거 에버스(Medgar Evers)의 동상이 있다. 그는 1963년에 암살되었다. 잭슨 최초 흑인초등학교 자리에는 스미스 로버트슨 박물관과 미시시피 흑인들의 문화 센터가 자리 잡고 있다. 옛 수도 박물관이 들어선 옛 주청사 건물에는 미국 내 최초 인권운동 영구 전시관도 있다. 이곳 흑인들이 살아온 나날이 지난한 가시밭길이었다는 증거물들이다.

잭슨 최초 흑인 초등학교

그들이 백인 지주들과 함께 살았던 삶터를 찾아 나체즈로 향한다. 남북전쟁 이전에 미시시피의 주도였던 그곳에는 대규모 농장과 저택이 있다. 네슈빌(Nashvill)에서 나체즈로 이어지는 아름다운 나체즈 공원길(Natchez Trace Parkway)을 따라 달린다. 나체즈는 미시시피주 서쪽 끝 미시시피강이 내려다보이는 언덕에 자리하고 있었다.

방문객 안내소에는 이곳 출신의 1960년 미스 아메리카인 린다 리 미드(Lynda Lee Mead)의 사진이 덩그러니 걸려 있다. 1960년대 민권운동이 들끓기 이전의 옛 영화를 그리워하는 것일까. 그녀의 푸른 눈, 오똑한 코, 엷은 미소는 길게 늘어진 치마의 암갈색만큼이나 빛이 바래있다.

옛 성곽 아래 길로 이어진 미시시피강에는 증기 유람선이 한적하게 정박해 있다. 시간은 그 옛날에 멈춰선 듯하다. 우리는 시내에 자리한 국가사적지로 지정된 집(Ellicott Hill)에 들른다. 미시시피강이 보이는 이 집은 1798년에 세워졌다. 집을 지키고 있는 백인 후손들과 담소를 나누고 사진을 찍는다. 그들로부터 조상들에 대한 자부심을 느낄 수 있었다. 소박하게 정돈된 시내를 지나 외곽에 자리한 저택에 들른다. 지금은 수리된 호텔로 사용하고 있지만, 화려한 본관과 누추한 별관의 규모로 보건대, 그 시절 지주와 노예(일꾼)들의 생활상을 짐작할 수 있다. 근처에는 큰 농장이 펼쳐져 있다. 하루 종일 일을 하고 돌아온 흑인들은 희망 없는 밤을 보내야 했던 것이다.

그들이 그토록 갈구했던, 투표할 권리가 있는지 알아보자. 이른바 문맹 시험 말이다. '1964년 루이지애나주 문맹 시험 문제'를 본다. 물음 15. 아래 빈 공간에 단어 'noise'를 뒤에서부터 쓰고 올바르게 썼을 때 두 번째 철자 위에 d.를 쓰시오.(15. In the space below write the word "noise" backwards and place a d. over what would be the second letter should it have been written forward.) 물음 21. 'vote'를 위아래를 뒤집히게 쓰는데 순서는 올바르게 쓰시오.(21. Print the word "vote" upside down but in correct order.)

이해할 수 없는 문제인가? 그럼, 이 문제는 어떤가. 비누에 거품이 몇 개 붙어 있는가? (라틴어 헌법을 보여주며) 읽어보시오?

이 문제가 어떤 의도로 출제되었을까? 아프리카계 미국인들의 절망과 분노는 더해갔을 것이다. 불과 반세기 전의 일이다.

아프리카에서 노예로 잡혀온 흑인들은 엄청난 피의 대가를 치르면서 링컨 대통령의 노예해방을 이끌어냈고, 시민권과 투표권을 쟁취해왔다. 2009년에는 미국 최초 아프리카계 미국인 버락 오바마가 대통령에 당선되었다.

그러나 2014년에는 미주리주 퍼거슨 시에서 백인 경찰이 10대 비무장 흑인 청년을 총으로 쏜 사건이 있었다. 시위는 폭동으로 확대되었다. 퍼거슨 시는 비상 사태를 선포하였고, 어김없이 주 방위군을 투입하였다.

1964년 '미시시피의 자유 여름', 양심 세력들이 목숨을 내놓았고, 목숨을 걸고, 쟁취한 고귀한 이념들은 잘 이루어지고 있는가?

나체즈 공원길을 빠져나온다. 우리를 뒤쫓는 경찰도, 나와 가족을 향해 날아오는 총알도, 백인(WHITE)과 유색인(COLORED)이 따로 가야 할 길도 없다는 점에서 일단은 안심이다. 석양에 붉게 물든 도로를 따라 남쪽으로 달리며, 〈미시시피 버닝〉에서 불길에 휩싸인 교회가 녹아내릴 때 울려오던 마할리아 잭슨(Mahalia Jackson)이 부른 〈오 주여 이 손을〉이라는 노래가 가슴을 저민다.

저자, 〈운디드니의 기억〉, 종이에 연필 _ 사우스다코타주 운디드니

5부

삶과 죽음 사이에서
불꽃같은 순간들

수족 인디언들은 죽음에 직면할 때 아버지 태양에게 자신의 생명을 구해줄 것을 기도한다. 그리고 죽음에서 벗어나게 되었을 때 맹세한 대로 진정으로 살을 애는 듯한 고통으로 감사를 표한다.

나는 춤을 추련다. 이 세상에 계시지 않는 모든 부모를 위하여! 억울하게 죽어간 영혼들을 위하여! 그리고 살아 있는 생명들을 위하여!

혼(魂)들의 거대한 무덤,
다른 문화 사이의 진정한 소통은 가능한가?

여행지
빅혼산맥(Bighorn Mountains, WP)-국가 지정 리틀 빅혼 전쟁 기념터(Little Bighorn Battlefield National Monument, MT)-악마의 탑(Devils Tower National Monument, WP)

안내자
스티븐 스필버그(1946~), 조지 암스트롱 커스터(1839~1876)
『미국에 대해 알아야 할 모든 것, 미국사』(케네스 데이비스, 2003),
『블랙 힐스』(리처드 I. 다지, 1876)
〈미지와의 조우〉(스티븐 스필버그, 1977)

초승달이 나그네의 길을 안내하는 빅혼산맥을 넘는다. 큰뿔양을 뜻하는 빅혼(Bighorn)이라는 단어에서 엉뚱하게 커다란 혼(魂)이라는 말을 떠올린다. 무엇이 커다란 혼이란 말인가. 옐로스톤, 코디와는 다른 그 무엇을 빅혼산맥은 지니고 있기라도 한 것일까.

2,500미터에서 4,000미터 높이에 이르는 빅혼산맥을 오르내리며 80여 킬로미터의 산길을 간다. 달빛도 희미한 세상을 전조등에 의지한다. 간간히 도로에 나타나는 동물들은 온몸에 식은땀을 솟게 한다. 시간은 더디게 흐르고, 초조해지고, 두려워진다.

산속 깊숙이 빨려갈수록 전조등 불빛도 소나무와 전나무 숲에 먹혀버린다. 찻길 옆 낭떠러지에는 안전장치도 없다. 내비게이션을 통해 구부러진 길을 미리 가늠해보고 대처해야만 한다. 이따금 도로를 횡단하는 동물들에게 전조등을 비춰봐도 소용없다. 경적을 울려본다. 동물들이 소스라치며 피한다. 그들에게 미안하다. 우리는 그들의 세계를 침범한 침입자들이 아닌가.

산맥 중간쯤을 넘어갈 때 앞서가는 자동차를 만난다. 외롭게, 긴장했던 시간만큼이나 반갑다. 이제 그 자동차와 함께 동행한다. 산맥을 넘으니 몬타나주(MT)와 남북으로 연결된 90번 도로와 마주친다. 이 길을 따라 와이오밍주 경계선을 넘어 몬타나주 방향으로 한 시간 정도 달리면 '국가 지정 리틀 빅혼 전쟁 기념터'가 나온다. 인디언의 최후 승리 전투로 알려진 '리틀 빅혼 전투'가 있었던 곳이다.

인디언들이 신성시하는 땅인 블랙 힐스(the Black Hills)에서 금이 발견되자 황금을 찾아 골드러시가 시작된다. 그곳은 인디언들의 땅이므로, 그들은 인디언들의 공격을 피할 수 없었다. 이에 미 육군은 그 지역을 원하는 자들을 위해, 인디언 소탕에 들어간다. 공격 명령을 받은 이는 조지 암스트롱 커스터 중령. 그가 이끄는 미 육군 제7기병대는 몬태나주 남부 리틀 빅혼 강에 집결한 수족과 샤이엔족 등으로 구성된 인디언들과 전투를 벌인다. 그날은 1876년 6월 25일. 그 전투에서 커스터 중령을 포함한 263명의 군인들은 크레이지 호스와 추장 갈(Gall)이 이끄는 수천의 인디언 전사들에게 전멸당한다. 혼혈 인디언 정찰병만이 유일한 생존자다.

오늘날, 커스터는 여러 영화나 드라마를 통해 미국인들에게 용기있는 영웅적인 최후를 맞이한 사람으로 부각된다. 그러나 인디언들의 그날 승리는 어차피 맞게 될 운명을 앞당긴 것이었다.

산을 넘으며 빅혼은 단순히 커다란 혼(魂)이 아니라, 이 산맥을 떠도는 혼들의 거대한 무덤이라는 것을 깨닫는다. 승자로서 전의를 불태운, 그러나 그것이 마지막이 되어버린, 그리하여 또다시 호명해야만 하는 혼들. 아니 호명되어서는 안 되는, 호명할 수도 없는 패자로서의 처절한 혼들.

빅혼산보다 먼저 대평원의 아침을 맞는다. 여장을 꾸려 90번 도로를 따라

악마의 탑/곰 로지 : 말이란 무엇을 어떻게 보는가에도 영향을 준다.

또다시 동쪽으로 달린다. 낮은 구릉으로 이어진 초원이 끝없이 펼쳐진다. 이곳에서 인디언들은 말을 달리며 사냥을 했으리라. 그러나 그들은 땅과 금을 찾아 서진(西進)하는 이주민들과 국가의 영토를 확장해가는 군인들에게는 장애물이었을 것이다. 하나님이 주신 이 광활한 대륙은 날로 증가하는 미국인들로 채워야 할 '명백한 운명(manifest destiny)'을 완수해야 하는 곳이었을 것이다. 마침내 미국은 텍사스, 캘리포니아, 오리건, 그리고 하와이를 합병함으로써 '명백한 운명'을 완수해가지 않았던가.

저 멀리, 영화 〈미지와의 조우〉의 무대인, 미국 최초 국가 기념물로 지정된 '악마의 탑'(260미터)이 시야에 들어온다. 로이 네리(리처드 드레퓌스)는 UFO를 목격한 뒤, 회사에서 해고될 뿐 아니라, 아내와 아이마저 떠나보내면서까지 미지의 '악마의 탑'에 사로잡힌다. 그리하여 우연히 TV를 통해 알게 된 그곳을 찾아간다. 로이는 군인들이 삼엄하게 지키는 경비망을 뚫고 필사적으로 그곳에 간다. 마침내 그는 외계인을 만나, 그들을 따라 UFO에 오른다(처자식을 두고 가야 할 정도로 가치 있는 것인지는 의문이지만).

그런데 로이가 외계인을 만나는 곳이 왜 하필 '악마의 탑'이냐는 것이다. 우리는 그곳에서 악마가 아닌 거대한 신령한 기운을 느낀다. 이름과 그것이 가리키는 것과의 괴리. 악마의 탑이라 불린 연유를 알고 보니, 소통의 근원에 대하여 생각하지 않을 수 없다.

1874년에 블랙 힐스에서 금이 발견되었다는 공식적인 발표가 있었다. 그러자 사람들은 어떤 대가를 치르고서라도 금을 손에 쥐고자 했다. 많은 광부들은 정부가 인디언들로부터 광산에 이르는 길을 확보하거나, 그 지역을 구입하거나, 양해를 받아내기를 원했다. 그리하여 1875년 연방 정부는 블랙 힐스 확보 작업을 시작하면서, 매장량 등에 대한 정확한 정보를 파악하기 위해 탐험대를 조직한다. 헨리 뉴턴(Henry Newton)의 도움을 받는 발터 P. 제니(Walter P. Jenny)가 지질 탐구가로 임명되고, 라라미 요새(Port Laramie)의 리처드 I. 다지(Richard I. Dodge) 중령이 이끄는 400명의 군인들이 그들을 호위한다.

다지는 뉴턴의 노트와 자신의 경험을 바탕으로 1876년 『블랙 힐스(*Black Hills*)』라는 책을 발간한다. 이 책에서 그는 인디언들의 말을 적당히 수정해서 인디언들이 이 탑을 '사악한 신의 탑(The Bad God's Tower)'이라 부른다고 기록하였다. 그러면서 그는 그것을 '악마의 탑(Devils Tower)'이라 명명한다. 다지의 책은 베스트셀러가 되었다. 그 책은 서부로 향하는 광부, 정착민, 방문객 등에게 여행 안내서 역할을 했으며, 이로써 많은 여행자들은 '악마의 탑'이라는 이름을 사용하게 되었단다.

잘못된 명명이 사람들의 입에 오르내리고, 그것이 굳어버리게 되었을 때는 돌이키기가 어렵다. 더구나 명명이 나쁜 이미지를 주는 것이라면 대상을 그렇게 규정해버린다는 점에서 문제는 심각해지는 법이다. '악마의 탑'

이라는 명명도 그렇다. J. 로저스에 따르면 인디언의 탑에 대한 명명은 대부분 곰과 관련되어 있다. 라코타(Lakota) 사전을 보면, '악마(devil)', '나쁜 신(bad god)', '위험한 정신(dangerous spirit)'은 wakansia(발음은 wah-KON-she-cha)이고, '검은 곰(black bear)'은 wahanksica(발음은 wah-ON-ksee-cha)다. 이것으로 보면 다지나 누군가가 그가 들은 것을 잘못 번역했거나 왜곡했을 가능성이 크다.

말은 무엇을 어떻게 말해야 하는가뿐만 아니라, 무엇을 어떻게 봐야 하는가에도 영향을 준다. 말이란 세계를 보는 창과 현실을 경험하는 통로를 넘어, 그것에 따라 보거나 경험하도록 강제하는 측면도 있는 것이다. 이런 점에서 말이란 이즈쓰 도시히코가 『의미의 깊이』에서 말하고 있듯이 본래 파시스트적인 것이다. 그러기에 오직 하나의 말을 강요하는 것은 있을 수 없는 것이다. 다양한 말이 공존하면서 보다 나은 세상을 만들어가는 것이 필요한 것이다.

다지 중령이 '곰 로지(Bear Lodge-Mato Teepee)'를 '악마의 탑'이라 명명함으로써 우리로 하여금 그 말에 따라 보고, 느끼고, 생각하고, 경험하게 한다. 인디언들에게 그곳은 곰과 아이들이 관련된 이야기가 있는 신성한 곳이다. 그것이 승자의 말인 '악마의 탑'으로 명명되고 통용되는 한, 그 말이 지닌 이미지와 의미가 사람들을 강제하기 마련이다.

오늘날 인디언들은 '악마의 탑'을 '곰 로지'로 바꿔줄 것을 요구하고 있다. 그러나 국립공원관리공단은 이름을 변경할 권한이 없으며, 의회의 법이나 대통령령으로만 고칠 수 있다고 밝히고 있다.

'악마의 탑'이라는 명명 과정을 통해, 다른 문화 사이의 심층적인 소통은 커녕, 이를 시정하는 일이 얼마나 어려운가를 본다. 다른 문화와의 상호 이해와 그것을 통한 공존이 얼마나 지난한 일인가.

〈미지와의 조우〉에서 과학자들은 외계인들과 소통하고자 하는 눈물겨운 노력－음악 코드에 맞춘 소리와 손을 이용한 신호를 통해 외계인과 소통을 시도하는 것－을 하고 있건만, 지구에서 함께 살고 있는 사람들끼리 진정한 이해와 소통을 위한 노력은 너무도 미미할 뿐이다.

다른 문화 사이의 진정한 소통은 가능한가? 어떻게 가능한가? 어디까지 가능한가?

이 시간에도 왜곡된 말이 사람을 강제하고, 수많은 총탄이 서로를 죽음으로 몰고 가고 있다.

늑대와 춤을! 나는 당신의 친구다! 당신도 항상 내 친구인가?

여행지
검은 언덕(Black Hills, 파하 사파, SD)
: 러시모어산 국립 기념물(Mount Rushmore National Memorial, SD)

안내자
거츤 보글럼(1867~1941), 케빈 코스트너 (1955~)
「큰 바위 얼굴」(너새니얼 호손, 1850),
『나를 운디드니에 묻어주오 : 미국 인디언 멸망사』(디 브라운, 2011)
〈늑대와 춤을〉(케빈 코스트너, 1990)

군(軍) 생활이 막바지에 이르렀을 무렵, 영화 〈늑대와 춤을(Dances with Wolves)〉은 적지 않은 위로가 되었다. 영화 제목은 호기심을 자극했으며, 풍요로운 듯하면서도 황량한 들판에 있는 군복 차림의 사나이는 매혹적이었다.

주인공 존 덴버 중위(케빈 코스트너)는 남북전쟁 중에 입은 부상과 전쟁에 대한 환멸을 안고 '신이여, 용서하소서!'를 외치며 적진을 향해 달린다. 그렇지만 그의 행동은 아이러니하게도 그가 속한 군대의 승리를 안겨주는 계기가 된다. 그리하여 그는 자신의 의도와는 달리 영웅이 된 것이다. 그럼에도 그는 자원해서 인디언과의 최전선인 검은 언덕(블랙 힐스) 주변 폐허가 된 외딴 요새에 부임하게 된다.

어렸을 때 종종 보곤 하던 주말의 명화 서부극에서, 인디언들은 대부분 백인을 공격하거나, 백인들로부터 죽임을 당하는 야만인들이었다. 인디언들을 물리치고 드넓은 땅을 개척해가는 프런티어들이야말로 어린 우리들에겐 진정한 영웅들이었다.

하지만 〈늑대와 춤을〉에서는, 인디언을 죽여야 할 백인 군인은 그들과 친해지고, '늑대와 춤을'이라는 이름을 얻어 그들과 생활할 뿐 아니라, 심지어 인디언의 딸(잡혀온 백인이긴 하지만)과 결혼까지 한다는 점에서 혼란스러웠다. 인디언들의 삶에 대하여 알지 못했던 당시로서 그러한 당혹스러움은 자연스러웠을 것이다.

인디언들과 그의 삶은 남북전쟁의 종결과 함께 찾아온 인디언 토벌 군인들로 인해 파탄으로 치닫는다. 그렇지만 〈늑대와 춤을〉에 등장하는 '늑대와 춤을', '주먹 쥐고 일어서', '차는 새' 등의 인물들과 그들의 삶의 터전인 검은 언덕 대평원이 주는 깊은 장엄함과 포근함은 매우 인상적이었다.

파하 사파(검은 언덕). 서쪽 로키산맥과 동쪽 애팔래치아산맥 사이에 있는 대평원 북서쪽에 자리한 큰 산이다. 검은 언덕 국유림 산자락을 따라 휘감아 오른다. 잿빛 구름이 산을 넘다 흩어지곤 한다. 이따금 제법 굵은 비가 유리창에 우두둑 부딪치며 사그라든다. 폰데로사 소나무가 더욱 거무스름하다.

디 브라운에 따르면 파하 사파는 인디언들에게 세계의 중심지이자 신과 영산이 모여 있는 곳으로 전사들이 위대한 정령과 만나 영감을 얻는 성지였다. 그러기에 그 지역에 살았던 인디언들이 왜 백인들로부터 그곳을 끝까지 지키고자 했는지 이해할 수 있다. 인디언들이 백인을 상대로 최후의 승리를 거둔 곳도, 최후를 맞이한 곳도 검은 언덕 지역이었던 것이다.

검은 언덕에 있는 러시모어산. 그곳에 이르는 길을 굽이굽이 가노라면, 바위에 새겨진 대통령의 얼굴들과 마주친다. 그곳 향토사학자(도네 로빈슨)가 생각한 인물은 서부 개척사의 주인공들이었지만, 작업을 맡게 된 당대 최고

인디언들에게 신령한 땅인 검은 언덕에서 보이는 러시모어산

의 조각가로 알려진 거츤 보글럼(Gutzon Borglum)은 '국가적 상징인물'이자, '역사의 영웅'을 택한다. 그 인물들이 대통령들이었던 모양이다. 그것은 주 정부의 상업적인 의도와도 맞아떨어졌다.

아무리 관점을 배제하고 사실에 충실하려 한들 그것은 불가능한 일이다. 사실과 대상을 명명하는 일에는 관점이 개입하지 않을 수 없다. 더구나 사건 의 연쇄로 이루어진 역사는 관점에 따라 그것이 선택되고 배열되어 해석되 기 때문에 그것을 배제하는 것은 더더욱 불가능한 일이다. 그들은 나름의 관 점을 가지고 대통령을 선택, 배열, 해석한 셈이다.

거츤 보글럼과 그의 아들 링컨 보글럼 팀은 러시모어산 정상 화강암에 18미터 높이로 제1대 조지 워싱턴(J. Washington), 제3대 토머스 제퍼슨(T. Jefferson), 제16대 에이브러햄 링컨(A. Lincoln), 제26대 시어도어 루스벨트(T. Roosevelt) 대통령의 얼굴을 조각한다. 1927년 8월부터 1941년 10월까지 만

14년이 걸렸다. 이들은 '미국의 건국(founding), 성장(growth), 보존(preservation), 발전(development)'을 대표하는 영웅적 인물들로 선정된 사람들이다. 그리하여 그곳을 통해 천년만년 애국심과 자부심을 갖게 하겠다는 상징적 의미를 담고 싶었을 게다.

안내소를 지나 전망대(Grand View Terrace)에 이르는 길에는 50개 주를 알리는 깃발이 도열해 있다. 이곳이 연 수백만 명이 들르는 미국에서 가장 유명한 곳 중의 하나임을 감안할 때, 그러한 장치들은 이곳의 상징적 의미를 심어주는 데 큰 역할을 하고 있음에 틀림없다.

인디언들이 검은 언덕을 신성한 곳이라는 의미를 담아 '파하 사파'라 불렀듯이, 정복자들은 애국심과 자부심이라는 의미를 담아 '러시모어산 국립 기념물'이라 부른다. 인디언들이 부여한 인간과 땅이 절대적인 관계를 맺는 절대공간으로서의 이곳은 온데간데없고, 정복자가 만들어놓은 기획된 공간만이 남아 있다. 그 작업의 결과는 인간이 배제된 추상화된 공간이다. 거기에는 인디언이 오랫동안 머물며 쌓아온 자연과 인간의 내밀한 감응이 제거되어 있다.

인디언들이 성지로 여기는 이곳에 백인 대통령 얼굴이 완성되어가는 것을 보고 그들의 마음은 어땠을까. 미국의 건국, 성장, 보존, 발전의 역사는 그들에게는 삶의 터전을 잃어가는 시간이었을 것이다. 그 시간들은 인간이 인간으로부터 존재감을 송두리째 거부당했을 때 느끼는 모멸의 축적사일 것이다. 검은 언덕 러시모어산 대통령 얼굴 조각에서도 그들은 그러한 감정에 사로잡혔을 것이다.

중학교 땐가, 국어 시간에 너새니얼 호손이 쓴 「큰 바위 얼굴(Great Stone Face)」이라는 소설을 배운 적이 있다. 소설 속 큰 바위 얼굴은 "생긴 모습이 숭고하고 웅장한 데다 표정이 다정했고, 마치 그 사랑 가운데서 온 인류를 포용하고도 남을 것만 같"은 것이었다.

그 얼굴을 닮은 위인은 돈 많은 부자, 싸움 잘하는 장군, 말을 잘하는 정치인, 글을 잘 쓰는 시인이 아니라, 자신의 말 속에 "착한 행위와 신성한 사랑으로 된 그의 일생이 녹아 있"는 어니스트와 같은 사람이 큰 바위 얼굴이라는 것을 배웠다. 그러나 당시 나는 시인이 인물의 어떠한 생각, 말, 행동을 두고 큰 바위 얼굴을 닮았다고 외쳤는지를 이해할 수 없었다.

이제, 그때의 생각이 해결되었는지는 의문이다. 차라리 영화 〈늑대와 춤을〉의 마지막 장면에서 '늑대와 춤을(존 덴버)'이 지었던 표정이 진실에 가까울 것이다. 그는 미국 군인과 인디언 용병들에 쫓기면서 인디언 수족을 떠나고 있었다. 인디언 '머리 속의 바람'은 계곡 위 바위에서 말을 탄 채 창을 높이 들어 떠나는 '늑대와 춤을'을 향해서 인디언 수족 언어로 소리친다.

그의 외침에 '늑대와 춤을'은 얼굴 표정이 무거워진 채 길을 걷는다. 대답을 재촉하는 '인디언 속의 바람'의 절규를 들으면서……. '늑대와 춤을! 나는 당신의 친구다! 당신도 언제나 내 친구인가?'

빛나는 불꽃,
사멸과 부활 사이에서 꽃을 보다!

여행지

검은 언덕(Black Hills, 파하 사파, SD) : 성난말 기념물(Crazy Horse Memorial)

안내자

조용필(1950~), 알렉시스 드 토크빌(1805~1859), 코자크 지올코프스키(1908~1982),
타슝카 위트코(성난말, 1842?~1877)
「그 꽃」(고은, 2001), 『미국의 민주주의』(알렉시스 드 토크빌, 1835), 『인디언의 전설,
크레이지 호스-땅과 생명을 짓밟으면 영혼까지 빼앗을 수 있는가?』(마리 산도스, 2003)
〈킬리만자로의 표범〉(조용필, 1985)

나는 대학 초년 시절 조용필의 팬이었다. 그의 노래는 가창력뿐 아니라 가
사에서도 우리를 사로잡았다. 특히 〈킬리만자로의 표범〉을 좋아했다. 최루
탄이 난무하던 늦은 밤, 녹두 거리에서 동기들은 내게 이 노래를 청하곤 했
다.

80년대 초, 우리는 절망, 고통, 허무 속에서 삶의 의미가 사라진 시간을
보내고 있었다. 삶이 경멸스럽다는 것, 허무하다는 것을 깨닫는 순간, 내가
산 흔적을 남기고 싶었고, 불꽃처럼 타오르고자 하는 욕망이 일었다. 그리고
그것을 위해 고독하게 높은 상징적 경지를 향해 나아가야 한다는 것을 뼈저
리게 느끼고 있었다. 그래서 그 노래가 내게는 그토록 절절했던 것이다.

지금, 우리는 한 고매한 인디언을 만나러 간다. 인디언 성난말(Crazy Horse)
은 벌레처럼 살다가 사라진 존재가 아니라, 불꽃처럼 타올라 삶의 흔적을 남

긴 사람이다. 그는 삶의 터전이 송두리째 뽑히고 인간의 존엄성이 훼손될 때 온몸으로 맞서 싸우다 사라진 불꽃같은 인간이었다. 그러나 안타깝게도 그는 바람처럼 왔다가, 이슬처럼, 연기처럼 그렇게 최후를 맞이했다.

일찍이, 프랑스 자유주의 사상가 알렉시스 드 토크빌(Alexis de tocqueville)이 미국을 다녀온(1831.5~1832.3) 뒤 쓴『미국의 민주주의(Democracy in America)』에서 "북아메리카의 인디언 종족들은 멸망할 운명"이라 썼다. 그가 보기에 인디언을 추방하는 일은 엄청난 악덕이다. 그럼에도 불구하고 그런 일은 시정될 수 없을 것이라 예견한다. 인디언들에게 남은 선택은 오로지 전쟁을 하느냐, 아니면 백인을 받아들이느냐는 것이다.

여기, 전쟁을 택한 수족 인디언의 지도자이자 전사가 있다. 그의 이름은 타슝카 위트코(Tȟašúŋke Witkó). 몸집이 작고 야위었으며 말수가 적고 수줍음이 많은 그. 크로우족과의 전투에서 전사로 인정받아 아버지로부터 타슝카 위트코라는 이름을 물려받은 그. 수많은 전투에 내몰렸지만, 용맹을 떨쳐 부족민들로부터 추앙받은 그. 사후(死後), 그의 동족들로 하여금 그들이 신성한 곳으로 여기는 검은 언덕에, 그의 혼령을 영원히 붙들어놓고 싶게 만든 그. 하지만 생사를 같이한 동족들의 배신과 질투 속에서 죽음을 피할 수 없었던 그였다.

검은 언덕 러시모어 산 서남쪽에 성난말 기념물이 있다. 성난말은 입구 안내판 위에서 방문객을 맞는다.

선더헤드(Thunder Head) 산마루에 걸린 먹구름은 성난말이 뻗은 손가락에 금방이라도 터질 것만 같다. 저 멀리 산봉우리를 깎아 만든 거대한 조형물이 을씨년스럽게 다가온다. 러시모어 산의 대통령 얼굴 조각에 비하면, 성난말은 이제 막 작업을 시작한 정도다. 그도 그럴 것이 계획된 기념물(높이 172

성난말 기념물 입구 표지판

미터, 길이 195미터) 가운데, 윤곽이 잡힌 얼굴, 겨우 틀이 잡힌 손, 왼팔과 말등을 관통하는 공간(구멍을 뚫는 데 2년이 걸렸다), 그리고 바위에 하얗게 새겨진 말머리 밑그림이 전부이기 때문이다.

1939년 수족의 추장 헨리 스탠딩 베어는 러시모어 산에 대통령의 얼굴을 조각한 보글럼의 조수였던 코자크 지올코프스키(Korczak Ziolkowski)를 초대한다. 그 자리에서 인디언 추장들은 홍인종(인디언)에게도 위대한 영웅이 있다는 것을 보여주고 싶다는 말과 함께 성난말의 용맹한 모습을 산에 새겨달라고 요청한다.

성난말! 그는 '명백한 운명(Manifest Destiny)'이 맹위를 떨치기 시작할 무렵인 1842년(?) 검은 언덕 래피드 크리크(Rapid Creek)에서 라코타 테톤 수족의 일원으로 태어났다. 1948년 캘리포니아에 이어, 몬태나주의 버지니아에서 금이 발견되면서 이 지역에는 군사 요새들이 속속들이 들어서고, 인디언들은 그들의 땅으로부터 박탈된 채 보호구역으로 내몰렸다. 1870년 이후 검은 언덕에서도 금이 발견되면서 그것은 더욱 속도가 붙고, 급기야 1877년 검은 언덕은 백인들의 손에 들어갔다.

미군들은 보호구역에 들어오기를 거부하는 인디언들을 추격하였으며, 마침내 추위와 굶주림을 견디지 못하고 보호구역에 들어간 인디언들은 굴욕적인 삶을 살다가, 불모지로 강제 이주당하였다.

성난말은 1876년 리틀 빅혼 전투에서 대승리를 거두기까지 수십 차례의 크고 작은 전투에 참가하여 활약했다. 미군은 리틀 빅혼 전투 패배 이후 대대적인 인디언 소탕작전에 들어갔으며, 버티지 못한 인디언 부족들은 그들에게 투항을 했다. 그러나 그는 부족민 곁을 지켰으며, 검은 언덕을 넘기라는 조약서에 서명하도록 협박을 받았을 때도 그것을 거부했건만, 그가 이끄는 900여 명의 오글라라족도 끝내 한겨울에 추격해오는 미군들을 당해낼 수 없었다. 총알과 식량은 남아 있을 리 없었으며, 남은 것이라고는 추위와 굶주림 그리고 죽음이었다.

그는 파우더 강 유역에 거주지역을 만들어주겠다는 군인들의 약속을 믿고, 부족을 이끌고 로빈슨 요새로 들어갈 수밖에 없었다. 그는 전투에서 단 한 번도 패한 적이 없는 미군의 포로가 된 것이다.

백인들은 그가 인디언들의 신뢰를 받는 지도자였기에 그를 제거하지 않고는 의도하는 대로 할 수 없었을 것이다. 결국 그는 어린 시절 친구이자 성난말과 함께 싸웠던 용감한 전사, 그렇지만 미군의 끄나풀이 되어버린 작은 거인이 그를 붙잡고 있는 사이, 미군의 총검에 찔려 최후를 맞았다. 1877년 9월 5일. 그의 나이 서른 다섯이었다.

조각가 코자크 지올코프스키는 인디언 추장들의 요청이 있은 지 7년 만인 1947년 5월, 이곳에 도착했다. 우선 그는 살 곳을 마련하고, 일하러 가는 길을 터야 했다. 1948년 6월 3일, 그는 바위를 발파하면서 이 거대한 과업을 세상에 알렸다. 그의 나이 40세. 그가 가진 돈은 174달러.

그는 외로움과 고통 속에서, 오직 신념으로 그것을 견뎌내면서 화강암 바위를 떼어나갔다. 그가 가진 장비는 거대하고 강인한 화강암을 상대하기에는 형편없었다. 정부로부터 도움도 받지 않고, 입장료와 기부금으로 비용을 충당했다. 하지만 그는 그토록 모진 세월을 뒤로 한 채 1982년 10월에 74세

1948년에 시작되었지만 아직도 미완인 성난말 기념물.

의 나이로 세상을 떠났다. 이쯤해서 중단될 것만 같은 이 장대한 불꽃은 그의 부인과 자녀들이 이어받았다. 70여 년의 시간을 한 걸음 한 걸음 걸어왔듯이, 앞으로 몇 발을 더 가야 할지 아무도 모른다.

첫 만남에서의 을씨년스러움은 이들이 걸어온 길 앞에서, 위대함과 숙연함으로 변하지 않을 수 없다. 이들은 도대체, 왜 이토록 오래고도 힘겨운 일을 벌이고 있는가!

나는 마리 산도스(Mari Sandoz)가 쓴 『인디언의 전설, 크레이지 호스─땅과 생명을 짓밟으면 영혼까지 빼앗을 수 있는가?』의 마지막 페이지를 넘기지 못하고 있다. 40여 년에 걸친 자료 조사와 5,000킬로미터에 이르는 오글라라 수족 지역을 답사하며 써내려간 이 책의 끝에서, 그는 '위대한 종족과 고매한 영웅의 부활'을 알린다.

마리 산도스는 수족이 고매한 위대한 종족이었으며, 그 고매함은 부활할 것이라 믿는다. 그런데 수족 인디언, 성난말의 고매함은 자유민주주의를 대표한다는 이곳에서 과연 부활했다고 할 수 있는가. 화강암을 떼어내면서 성난말을 만들어가는 지난한 작업을 통해, 정녕 성난말의 영혼을 불러 올 수 있는 것인가. 인디언들은 그들의 영혼을 빼앗기지 않을 수 있을 것인가.

선더헤드 산, 타슝카 위트코 위에 조명이 비친다. 이슬은 검푸른 하늘, 검은 언덕 그리고 대평원에 시나브로 가득해진다. 인디언에 대한 토크빌의 사멸과 산도스의 부활 사이에서 서성이다가, 우리는 검은 언덕을 내려가면서 '그 꽃을' 본다.

아! 아버지, 당신의 아이들은 기차를 타지 말았어야 했나요

여행지
파인 리지 보호구역(Pine Ridge Reservation, SD) - 붉은구름 인디언 학교(Red Cloud Indian School), 인디언 문화유산 센터(Heritage Center), 붉은구름(Red Cloud) 추장의 묘

안내자
마흐피야 루타(1822~1909), 찰스 이스트맨(오히예사, 1858~1939),
포리스트 카터(Forrest carter, 1925~1979)
『아메리카 인디언의 가르침』(포리스트 카터, 1991),
『인디언의 전설, 크레이지 호스』(마리 산도스, 2003)
〈내 심장을 운디드니에 묻어주오〉(이브 시므노, 2007)

밤은 더욱 짙어만 간다. 인디언들이 신령하게 여기는 검은 언덕에서 하룻밤이라도 머무르고 싶다. 성난말 기념물에서 남쪽으로 5분 거리에 있는 숙소에 들어선다.

이곳 밤공기만큼이나 말쑥한 2층 베란다에서 성난말이 있는 북쪽 하늘을 본다. 미군들과 배신자들에게 붙들려 그가 살해된 날은 오늘 밤보다 음산하고 달은 이지러졌으리라. 마리 산도스는 『인디언의 전설, 크레이지 호스』에서 아들의 최후를 지키고 있는 아버지의 모습을 "노란 불빛 속에서 두 남자는 눈물을 흘렸다"라고 서술하고 있다.

사람은 누구나 죽기 마련이고, 타인의 죽음을 경험했을 때 슬프기 마련이다. 하지만 부모가 눈앞에서 자식을 거두는 일보다 더한 가혹한 슬픔이 또 있을까. 그 슬픔을 조금이라도 더는 길이 있기라도 하다면, 이 세상 모든 부모들은 그 길을 기꺼이 가리라.

이승을 떠나지 못하고 검은 언덕을 서성이는 영혼들도 오늘 밤만은 그 아픔을 내려놓기를 기도한다. 그리고 먼 길을 함께 해온, 달빛 속에 곤히 잠들어 있는 아이들을 본다.

커스터(George A. Custer). 리틀 빅혼 전투에서 성난말이 이끄는 인디언들에게 최후를 맞이하게 한 그의 이름을 딴 마을에도 아침 햇살이 비친다. 인디언들이 밝아오는 새벽에 모카신을 신고, 물가로 걸어가 지평선 위로 떠오르는 태양을 바라보며 침묵의 기도를 드리는 시간이다. 그들의 영혼이 아침 태양을 만나고, 대지의 위대한 침묵에 마주서는 그런 시간이 이 검은 언덕에 흐른다.

미국의 대통령, 수족의 추장 성난말, 미 제7기병대 군인 커스터. 이들이 함께 있다는 것이 우리의 마음을 혼돈 속으로 몰아넣는다.

검은 언덕을 뒤로하고 18번 도로를 타고 동쪽으로 달린다. 먼 조상 때부터 인디언들이 자유롭게 누볐던 곳, 그러나 끝내 그곳에서 쫓겨나 보호구역에 묶여, 처절하게 싸우다 죽음을 맞이한 곳, 지금도 보이지 않는 전쟁이 진행되고 있는 곳을 찾아 간다.

사우스 다코다주 남서쪽에 자리한 파인 리지 보호구역으로 가는 길이다. 하늘과 땅이 맞닿은 광활한 지평선이다. 이 드넓은 벌판에 사노라면, 땅을 소유한다는 것, 황금을 탐낸다는 것, 그것은 부질없는 일이었으리라.

텔레비전 방송용 최고의 영화로 에미상을 수상한 〈내 심장을 운디드니에 묻어주오(Bury My Heart at Wounded Knee)〉는 인디언을 몰랐던 시절에 큰 충격을 주었다. 1971년에 발행된 디 브라운(Dee Brown)이 쓴 같은 이름의 기록 문학을 바탕으로 만든 이 영상에는 인디언 출신 의사인 찰스 이스트맨(애덤 비

붉은구름 인디언 학교와 문화유산 센터 : 책상 위에 새겨진 낙서가 발길을 멈추게 한다.

치)이 등장한다. 인디언 이름이 오히에사(Ohiyesa)인 그는 인디언들에게 토지 사유화를 추진하는 상원의원 헨리 도스(1816~1903, 에이턴 퀸)에게 인디언들에게는 땅을 소유한다는 말이 없음을 힘주어 말한다.

백인들은 인디언들에게 토지 소유 개념을 갖게 하고, 돈을 알게 하고, 독한 술을 마시게 하고, 싸구려 유리 목걸이, 빛나는 팔찌와 귀고리 등을 걸치게 함으로써, 그리하여 그들을 문명화시키는 것이 그들이 살아남는 최선의 방법이라고 믿었단다. 그들은 인디언들을 구하기 위해서는 인디언들의 생활 방식을 바꾸고 보호구역 안에 정착하도록 강요할 수밖에 없다고 생각했다.

미국 땅 어디를 가나 포장되지 않은 도로를 좀처럼 찾기가 어렵다. 그러나 인디언 보호구역으로 가는 길은 아직도 흙이 다져지고 있으며, 그들이 살고 있는 마을로 깊숙이 들어갈수록 멀건 흙들이 맨얼굴을 드러내고 있다.

한 시간을 넘게 달리다가 붉은구름 인디언 학교(Red Cloud Indian School)에 들어선다. 문화유산 센터(Heritage Center)도 거기에 있다. 문화유산 센터에는 운디드니(Wounded Knee) 학살 현장과 인디언들의 생활 사진뿐 아니라, 인디언 전통 공예품과 미술품 등이 전시되어 있다. 무엇보다 눈에 띄는 것은 초

창기 인디언 학생들이 공부했던 교실이다. 책상 위에 "다섯 세대에 걸친 나의 가족은 학교에 다녔으며, 그들 모두 이와 같은 책상에 앉았노라"고 아서(Arthur)가 쓴 말이 나를 멈추게 한다.

지극히 평범하게 보이는 교실에서 도대체 무슨 일이 일어났을까? 아서라는 사람은 누구란 말인가?

포리스트 카터가 쓴 『아메리카 인디언의 가르침』에는 초등학교 교실에 체로키족의 피가 흐르는 작은나무라는 아이가 나온다.

'아주 엄숙하고 진지'하고, '바보 같은 짓을 하거나 장난치는 짓 따위는 추호도 용납치 않'는 선생님은 어느 날 사슴들이 냇물에서 나오는 장면을 담은 그림 한 장을 보여주면서, 이 사슴들이 무엇을 하고 있는지를 물었다.

아이들은 사냥꾼을 피해 도망가는 중이라고, 물을 싫어하기 때문에 건너는 중이라고 말했지만, 그 아이는 손을 들고 그 사슴들은 짝짓기를 하는 중이라고 말했다.

그렇게 말할 수 있었던 것은 그가 살아온 삶에서 우러나온 것일 터인데, 수사슴이 암사슴 위로 뛰어오르는 것과 주위 나무들을 보면 그때가 바로 사슴들이 짝짓기를 하는 철이라는 것을 쉽게 알 수 있었기 때문이다.

반 아이들은 웃었고, 선생님은 그의 멱살을 잡고 흔들면서 '이 더러운 사생아 같은 놈아!'라고 소리쳤다. 교장실에 불려간 아이는 그에게 막대기로 등짝을 맞아 피투성이가 되었다. 가혹한 매질에 아이는 쓰러졌지만 비틀거리며 다시 일어섰다.

작은나무라는 아이는 할머니가 고통을 참는 법을 가르쳐 주셨듯이, 고통을 지켜봄으로써 육신의 마음을 잠재운다.

이 인디언 아이는 아버지 어머니를 잃고 할아버지 할머니와 산속에서 자유롭게 살던 아이다. 아이는 장하게도 고통을 이기는 법을 어릴 때부터 배워서 벌레와 같은 시간을 딛고 다시 일어설 수 있었다. 이 맑은 영혼을 가진 아이를 학교는 폭력으로 길들이고자 했다. 지난날 폭력 속에 자란 우리 아이들에게도 고통을 견디는 지혜를 줄 수만 있었더라면 얼마나 위로가 될 수 있었을까.

이곳, 붉은구름 인디언 학교에 흔적을 남긴 아서에게 학교란 어떤 곳이었을까. 그의 조상들의 영혼을 불러본다. 〈내 심장을 운디드니에 묻어주오〉에 등장하는 인디언 출신 유학생 찰스 이스트맨(Charles Eastman)의 이야기를 들어본다.

저는 거의 반강제로 학교에 오게 되었어요. 그들이 보기에 아마도 우리는 문명화의 대상이었고, 그것의 가장 효율적인 수단이 교육이라고 생각했기 때문이겠지요.

어머니와 할머니가 땋아주신 긴 머리도 잘라야 했어요.

아, 제 인디언 이름, 선생님께서 얼마나 싫어하셨는지. 선생님은 제 이름을 버리고 아서(Arthur)라는 이름을 지어주셨지요. 아니, 저희 학생들이 아무런 뜻도 모르고 책이나 칠판에 쓰여 있는 이름 가운데 하나를 택하기도 했지요. 그렇게 하지 않으면 우리는 없는 것이나 마찬가지였으니까요.

제가 존경하는 조상 타슝카 위트코라는 분이 있지요. 굳이 영어로 번역하자면 '그의 말은 미쳤다(His-Horse-Is-Crazy)' 정도일 텐데, 이름을 크레이지 호스(Crazy Horse)로 바꾸니 그 뜻을 제대로 전달해주지 못하는군요. 이건 그래도 다행이라 할 수 있겠지요. 인디언 이름과 전혀 다른 이름으로 바꾼 경우가 허다하니까요. 아서라는 이름도 그렇게 지어졌어요. 미국판 창씨개명인 셈이죠.

저희들은 인디언 말 대신에 영어를 배워야 했고, 위대한 추장들 이름 대신 미국의 대통령 이름을 외워야 했으며, 동기들과 경쟁하는 시험도 봐야 했지요. 그리고 땅따먹기 게임인 미식 축구팀에 끼여 백인 학생들과 시합을 벌이기도 했지요. 그렇게 하면서 우리는 서서히 인디언에서 미국 국민이 될 준비를 하게 되었어요.

기숙 학교에서는 단체 생활에 어울리는 교복을 입기도 했지요. 때론 밖에서 문을 걸어 잠그는 바람에 감금된 기숙사에서 생리적인 배출을 하지 않을 수 없었지요. 직업 훈련을 받기 위해 외부에 나가 실습을 할 때는 혹독한 노동에 시달리기도 했구요. 학교의 폭정을 견디지 못하고, 퇴학당하는 게 차라리 낫겠다고 생각했지요. 고향에 있는 가족과 자유로운 삶이 그리워 고향에 돌아가고 싶었던 거지요.

그런데, 아! 아버지. 당신은 제게 인디언을 위한 장학금(Friends of the Indian)을 받고 큰 도시로 가서 공부를 많이 해서 성공하라고 하셨지요.

아! 아버지, 저는 세상은 이미 백인들의 차지가 되었고, 그래서 꼭 가야 한다는 당신의 뜻을 차마 거스를 수가 없었지요. 당신께서는 제가 성공하기를 바라시면서 저를 일리노이로 향하는 기차에 태워 보내셨지요. 그리고 저를 태운 기차가 보이지 않을 때까지 아버지께서는 눈물을 흘리셨지요.

인디언 문화유산센터를 나와 학교 뒤편에 있는 오글라라 수족 추장 붉은 구름의 묘를 찾는다. 그곳 문화 센터 소속 인디언 해설사가 우리를 그의 묘지로 안내한다. 언덕 입구에 '오글라라 수족 전투 추장 붉은구름(1822~1909), 마흐피야 루타(Maȟpíya Lúta)'라 쓰여 있는 안내판이 이곳이 그의 무덤이라는 것을 알린다. 나지막한 언덕을 올라 십자가가 세워진 입구를 넘어서면, 수십 개의 비석묘와 함께 나무 울타리로 둘러싸인 그의 묘가 눈에 띈다.

남북전쟁이 끝나고, 미군들이 아이다호와 몬태나 광산으로 가는 이주자들의 안전한 통행로를 확보하기 위해 검은 언덕 주위의 인디언 땅에 무단으

붉은구름 인디언 학교 뒤편 수족 추장 붉은구름의 묘

로 침입했을 때 붉은구름은 단호하게 맞섰다. 그리하여 마침내 1868년 협정을 통해 '쌍방의 전쟁은 영원히 종식될 것'이며, '미국 정부는 평화를 원하며 명예를 걸고 이 조약을 지킬 것을 서약'한다. 그리고 '인디언들은 평화를 원하며 명예를 걸고 이 조약을 지킬 것을 서약'한다는 조약을 이끌어내는 승리를 거둔다. 그러나 이 조약은 인디언들의 땅을 노린 백인들에 의해 깨지고 만다. 월등한 화력과 병력에 버티지 못한 붉은구름은 결국 부족민들과 함께 보호구역에 갇히는 신세가 되고 만다.

그가 눈을 감고 누운 자리에 십자가 묘지석이 자리를 지키고 있다. 인디언 학교를 굽어보는 탁 트인 곳이다. 인디언 학교를 나온 많은 인디언들에게 붉은구름 추장은 마음의 고향이 되고 있을까.

아버지의 바람대로 다트머스대학(Dartmouth College)을 나와 보스턴대학에서 의학을 전공한 인디언 찰스 이스트맨은 운디드니 학살에 절망하면서 파인 리지 보호구역을 떠난다. 그 후 먹고살기 위해 상원의원 도우즈를 돕는다. 그는 토지 불하를 위해 인디언 이름을 기독교식 이름으로 바꾸는 작업을 하다가 과거 유학길에 올랐을 때를 생각하면서 '그때 기차에서 뛰어내렸어야 했다'며 흐느낀다.

인디언 학교 곁에서, 해마다 아이들을 지켜보는 전사 추장 붉은구름. 그는 '기차에서 뛰어내려 집으로 갔어야 했다'고 말하는 찰스 이스트맨(오히예사)에게 어떤 말을 해줄 수 있을 것인가.

우리는 고통을 감내하며
감사할 수 있는가?

여행지
파인 리지 보호구역(Pine Ridge Reservation, SD) – 운디드니(Wounded Knee)

안내자
오히예사(찰스 이스트맨, 1858~1939), 큰발 추장
〈베트남 – 전쟁의 테러〉(후잉 콩 "닉" 우트, 1972.6.8), 『나를 운디드니에 묻어주오 :
미국 인디언 멸망사』(디 브라운, 2012), 『인디언의 영혼』(오히예사, 2004)

TV 영화 〈내 심장을 운디드니에 묻어주오〉의 주인공 찰스 이스트맨은 아
버지의 품을 떠나 유학길에 오른 시간을 회상하며 번뇌한다. 그가 바로 『인
디언의 영혼』의 저자이자 보이 스카우트 창시에 영향을 준 오히예사다.

책과 지식이야말로 백인 문명인의 활과 화살이라는 사실을 깨달은 이는
그의 아버지였다. 아버지는 미네소타(다코다 수족 언어로 하늘 물감이 든 물)에서
백인 큰아버지(미국 대통령을 인디언들은 그렇게 불렀다)가 땅을 뺏고 돈을 주지
않아 그것을 잃게 된 수족이었다. 그는 백인과 싸우다 잡혀, 감옥에서 4년을
보내면서 기독교와 미국을 받아들인다. 그리고 사우스다코타주에 정착하여
장차 자기 소유가 될 땅에서 농사를 짓고 있었다. 그러다 자식 생각이 났는
지, 그는 미군의 추격을 피해 캐나다에 있는 영국령 브리티시 컬럼비아주로
피난을 간 아들을 데려다가 학교에 보내기로 한 것이다.

오히예사가 그랬듯이 아버지의 결연한 말을 묵묵히 따르는 수많은 오히

예사들이 오늘도 학교에 간다. 우리는, 우리네 아버지들의 준엄한 말씀에 따라 10리, 20리 길을 비가 오나 눈이 오나 걸었고, 걷고, 걸을 것이다. 그 무엇보다 당신들에게 자랑스런 것은 우등상을 받는 것은 말할 나위 없지만 개근상을 받는 것이 아니었던가.

상급학교에 진학할 때가 되면, 공부 좀 하는 싹수 있는 아이들은 아버지로부터 '너는 우리집 기둥이자 희망'이라는 임무를 부여받은 채 도회지로 나갔다.

"소를 팔든, 논밭을 팔든, 자식 하나 못 가르치겠나."
"저축은 무슨……, 빚을 내서라도 너만은 꼭 보내마."

아! 어머니, 아버지. 우리는 그것이 전 재산이라는 것을 알았기에, 그것마저 없어진다면 가족들이 살아갈 길이 너무도 두려웠기에, 차마 떨어지지 않는 발걸음으로 기차에 올랐던 게지요.

이제 누렁소도, 논밭도 사라지고, 아버지 어머니도 이 세상에 계시지 않는 자리에, 우리도 당신들이 걸어가신 길을 가고 있습니다.

인디언 학교에 다니는 학생들이라고 다를 게 있을까. 아니다. 이 아이들은 여전히 이 나라에서 가장 가난하고, 가장 일찍 생명을 마치는 지역에서 살고 있다. 학교 곳곳에 있는 십자가, 공동 묘지 입구에서부터 묘지 한복판과 무덤에 세워진 십자가, '붉은구름'의 묘지를 뒤덮고 있는 십자가, 그리고 가장 낮은 곳에서 태어나 가장 낮은 사람들을 위해 살다가, 가장 가혹한 고통 속에서 죽어간 예수의 십자가가 이곳 인디언 보호구역을 뒤덮고 있다.

인디언 문화유산 센터에 걸려 있던 운디드니에서 학살당한 추장 큰발과 여자, 아이들의 사진이 눈에 밟힌다. 그들은 혹한을 막기에는 역부족인 낡은 목도리와 누더기로 해진 옷을 입고 눈 속에 쓰러져 있었다.

추장 큰발은 폐병을 앓고 있으면서 12월이 끝나가는 살얼음 속에서도 삶을 찾아 이동하는 부족들과 함께 있었다. 타인에 의한 잔혹한 죽음만이 배고픔과 고통 그리고 각혈로 흥건해진 누더기 담요로부터 그들을 자유롭게 해줄 뿐이다. 우리는 그 사진 앞에 한동안 떠나지 못한다.

적막이 층층이 쌓인 인디언 학교에서 우리는 운디드니로 발길을 옮긴다. 목적지를 몇 번 입력해도 내비게이션은 그곳을 잡아내지 못한다. 지도를 보고 달린다. 삼거리에 이르렀을 때 안내 표지판도 없다. 그곳에는 나이가 많아 보이는 인디언들이 삼삼오오 모여 있다.

우리가 탄 차에 다가오는 인디언 할머니에게 운디드니 가는 길을 묻는다. 그녀의 눈은 마치 영혼 없는 호수처럼 흐릿하고, 몸을 똑바로 가누질 못하고, 몸에서는 알 수 없는 알코올 냄새가 난다. 그녀는 우리 일행의 물음에는 관심을 보이지 않고 차문을 잡는다. 나는 당혹스러워 문을 잠근다. 인디언 할아버지가 그녀를 말리기까지 그녀는 쉽사리 물러서지 않을 태세다.

지금, 우리 앞에는 한 때 인디언 문명의 척도였던 여인이 처참한 모습으로 서 있다. 도덕적이고 영적인 힘의 상징인 인디언 여인들은 어디에 있는가? 그녀들이 꾸려가는 가정보다 더 행복한 가정은 그 어디에도 없었다고 하지 않았던가? 오히예사의 말처럼 백인, 군인, 장사꾼들이 밀려들면서 그것들은 무너져버렸는지도 모른다. 그들은 인디언 남성들에게 독한 술을 먹게 하여 그들의 위신을 추락시키고, 아내와 딸들에 대해 주어진 신성한 의무를 망각하게 했으며, 그리하여 여성들의 권위가 무너졌을 때 전 부족이 붕괴해버렸는지도 모른다.

인생이란 어디론가 떠나는 것

이제 다시 지도를 보고 찾아야 한다. 그곳에 가는 길은 아직도 공사 중인 벌건 흙과 물웅덩이가 있다. 그들이 사는 집들은 이곳이 가장 가난한 동네임을 확인해주듯이 푸릇푸릇한 평원과 대비되어 회색빛으로 일그러져 있다.

상처난 무릎(WOUNDED KNEE)

박물관(MUSEUM)

기념물(SOUVENIORS)

운디드니를 알리는 빨간색 나무판 표지는 우리가 찾는 곳임을 알려준다. 교회 첨탑이 보이는 언덕길을 올라가다 보면, 철망으로 둘러싸인 묘지에 이른다. 아치에 십자가 달린 입구를 지나면, 나무로 혹은 대리석으로 표시된 묘지들을 만난다.

중앙에는 유난히 눈에 띄는 커다란 묘지 탑이 있다. 거기에는 흔히 보이던 십자가도 없다. 탑에는 1890년 12월 29일 숨진 인디언들의 이름이 새겨져 있다.

곰을 쏘다(SHOOTS THE BEAR)

정선된 말(PICKED HORSES)

곰이 몸통을 베다(BEAR CUTS BODY)

겨울의 추적(CHASE IN WINTER)

붉은 뿔(RED HORN)

그는 독수리(HE EAGLE)

귀가 없다(NO EARS)

(……)

운드드니의 묘지 : 을씨년스런 이곳에는 희생된 수족들이 묻혀 있다.

　이곳은 그날 희생된 사람들이 집단으로 매장된 곳이다. 그들의 머리맡에는 '붉은구름'의 묘지에 에둘렀던 십자가도, 그 잘난 대리석 묘지도 없다. 그들에게는 재림 예수도, 유령 춤의 개벽도 없었던 게다. 그리하여 그들에게는 오로지 차갑디차가운 죽음만이 유일한 희망이었을 것이다.

　왜 인디언들은 춤에 몰두하게 되었을까? 왜 그것을 두려워하는 이들은 그들의 목숨까지도 요구한 것일까?

　그들은 며칠이고 춤을 추면서, 조상을 만나고 새로운 세상이 열리고, 거기에는 백인이 없는 인디언들의 세상이 올 것이라고 믿었다. '큰발' 추장이 이끄는 350여 명의 오글라라 수족은 굶주린 배를 움켜쥐고 식량과 피난처를 찾아 '붉은구름' 추장에게 가는 길에 운드드니 근처에 머문다. 그들을 포위한 군인들이 그들의 무장을 해제시키는 과정에서 어느 귀머거리 인디언이 총을 발사하자, 군인들은 무차별 사격을 가한다.

　광란의 학살이 끝났을 때 큰발과 그의 부족민 반수 이상이 죽거나 중상을 입었다. 153명이 죽은 것으로 알려졌지만 많은 부상자들이 도망가다가 죽었으므로 사망자는 불어났다. 최종 집계를 보면 인디언 350명 중에서 거의 300명이 목숨을 잃었다. 미군은 25명이 죽고 39명이 부상을 입었는데 대부분 미군의 총알이나 기관총의 유탄을 맞은 사람들이었다.

독자여! 당신은 니체의 초인을 믿는가? 영원회귀를 믿는가?
신이 그렇게 나약하다고, 신은 죽었다고, 니체는 초인을 꿈꾸지 않았던가.
삶이란 그토록 엄청나게 고통스러울지라도 견딜 수 있을 정도로 성스러운 것인가.
이 살육의 현장에서, 시련을 견뎌내는 것들만 거듭 되풀이 된다는 주장에 나는 전율한다.

한여름도 가고, 선선한 바람이 부는 가을 어느 날, 나는 딸과 함께 예술의 전당에 마련된 퓰리처상 사진전에 있었다. 우리는 검게 타오르는 암흑 속에서 벌거벗은 채 울부짖으며 뛰쳐나오는 아이들 앞에 한동안 서 있었다. 아이들이 앞서고, 그 뒤 쪽에는 군인들도 달려오고 있었다. 미군의 네이팜탄이 그들을 덮친 것이다. 후잉 콩 "닉" 우트(Huynb Cong "Nick" Ut)가 찍은 〈베트남−전쟁의 테러(VIETNAM_TERROR OF WAR)〉라는 이름이 붙은 이 사진은 그 순간의 역사를 끝나지 않은 이야기로 들려주고 있었다.
〈베트남−전쟁의 테러〉 사진 해설에서 AP 통신 베트남 사람 사진기자가 전해준 당시 상황은 처참했다. 네이팜탄의 화마에 불탄 소녀는 너무 뜨겁다면서 살려달라고 외쳤다. 고통에 처한 그 아이가 내 아이일 수 있다는 생각에 몸서리치며, 딸아이의 손을 잡았다. 어둠은 가로등으로 바뀌었고, 휴게실에서의 차가운 아이스크림은 전시실의 뜨거움을 녹여내기에는 버거웠다.

수족 인디언들은 죽음에 직면할 때 아버지 태양에게 자신의 생명을 구해줄 것을 기도한다. 그리고 죽음에서 벗어나게 되었을 때 맹세한 대로 태양춤을 추어 감사를 표한다. 감사의 표시가 우리네 문명인처럼 말로만 하는 그런 것이 아니다. 그들은 진정으로 살을 애는 듯한 고통으로 감사를 표한다. 태양춤 축제 동안 그들은 그것이 진정으로 태양신께 감사하다는 약속을 지키는 최소한의 행위라고 여겼다.

그런데 우리는 그들처럼 나뭇가지로 가슴을 뚫고 그것이 가슴을 후빌 때까지 하루, 이틀의 고통을 기꺼이 견디며 감사한 마음을 간직할 수 있을까? 운디드니의 참혹함은 감사할 줄 아는 종족의 최후라는 점에서 그곳은 결코 잊을 수 없는 곳으로 가슴을 파고든다.

나는 춤을 추련다. 이 세상에 계시지 않는 모든 부모를 위하여! 억울하게 죽어간 영혼들을 위하여! 그리고 살아 있는 생명들을 위하여!

레퀴엠, 모래성 그리고
참으로 아름다운 순간!

여행지
운디드니(Wounded Knee, SD) - 파이어 라이팅 방문객 센터(FIRE LIGHTNING VISITOR
CENTER) - 배드랜즈 국립공원(Badlands National Park, SD)

안내자
벤자민 벤 라이플(1906~1990), 큰발 추장
『파우스트』(괴테, 1988),
〈레퀴엠, K626〉(모짜르트, 1791), 〈아마데우스〉(밀로스 포만, 1984)

영화 아마데우스(Amadeus)에 나오는 모차르트 진혼곡은 우리네 청년과 시민들의 가슴을 파고들었다. 모차르트가 살리에르의 도움을 받아 혼신의 힘을 다해 작곡한 진혼곡(레퀴엠, K626)이 당시 실의에 빠져 있는 우리를 위한 것이라 느꼈기 때문이다.

비가 내리는 가운데, 모차르트가 쓸쓸히 묘지로 향하는 장면에서 - 누구나 종국에는 홀로 가는 길이기는 하지만 - 많은 이들이 눈물을 삼켰을 것이다. 그는 〈라크리모사(Lacrimosa, 애도의 눈물)〉조차도 듣지 못하고 저세상으로 떠났다. 이제, 그가 듣지 못한 진혼곡을 '운디드니'의 영혼들에게 들려주고 싶다.

주여, 이들에게 영원한 안식을 주소서(Requiem aeternam dona eis, Domine)
끝없는 빛을 저들에게 비추소서(et lux perpetua luceat eis)

파이어 라이팅 방문객 센터

철망으로 둘러쳐진 묘지 옆에서 예배당 십자가가 굽어보고 있다. 당시 그
곳으로 옮겨진 부상자들은 고통 속에서 서까래에 장식된 크리스마스 트리를
볼 수 있었다. 합창대석 위에는 서툰 글씨로 쓴 "땅에는 평화, 사람에겐 자비
를"이라는 현수막이 걸려 있었다.

이 글을 보면서 그들은 어떤 마음이 들었을까. 평온하기 그지없는 이 땅
에는 그때보다 '평화'와 '자비'가 넘쳐 나고 있는 것일까. 경찰차가 주시하고
있는 묘지를 되돌아 나온다. 구름은 점점 무거워지고, 길가의 잡초는 바람에
흔들린다.

언덕 아래에는 오글라라 라코타족 국기 문양이 그려진 허름한 파이어 라
이팅 방문객 센터가 있다. 인디언 추장 파이어 라이팅(FIRE LIGHTNING)
을 기념하여 천장에는 '파이어 라이팅 천막집에 오신 걸 환영합니다'(WEL-
COME FIRE LIGHTNING TIPI)는 안내판이 걸려 있다. 파이어 라이팅은 오글
라라 수족 추장 가운데 한 명으로, 그의 땅에 희생자들을 매장하는 것에 동

인생이란 어디론가 떠나는 것

의해줘서, 후손들이 그를 기념하여 이 건물을 헌납했노라고 쓰여 있다.

그곳에는 잘 알려지지 않은 1973년 2월 27일부터 5월 8일까지 71일 동안 라코타 인디언들이 운디드니를 점거하여 전투를 벌인 사건이 소개되어 있다. 그들은 파인 리지 보호구역 인디언 사무국의 대표인 리처드 윌슨(Richard Wilson)의 부정부패 조사, 1868년의 라라미 요새 조약 검토, 인디언 문제 해결 등을 요구하면서 저항했던 것이다.

한쪽 벽면에는 미국과 수족 인디언과 채결한 1868년 라라미 요새 조약과 관련하여, 1980년 대법원은 신성한 '검은 언덕'은 불법적으로 점령된 것이며, 따라서 그것은 수족 국가(Nation)의 것이라고 판결한 글이 쓰여 있다. 대법원은 이제 와서 땅을 되돌려 줄 수는 없으므로 보상금을 지급할 것을 명하였지만, 그들은 여전히 그 보상금 수령을 거부하고 있다.

큰발 추장이 쓰러져 있는 둥근 액자 그림 위에는 "인디언 전쟁은 끝나지 않았다(THE INDIAN WARS ARE NOT OVER)"라는 문구가 눈에 띈다. 오늘날 인디언 문제를 잘 나타내주고 있는 듯하다.

방문객 안내소를 나오니, 한 인디언이 책을 내민다. 파인 리지 보호구역의 역사를 사진에 담은 책이다. 책 제목은 『미국 파인 리지 보호구역의 이미지들(Images of America Pine Ridge Reservation)』이다. 다른 곳에서는 구할 수 없는 귀중한 사진들이 많이 수록되어 있다. 책을 사니 그가 사인을 해준다. 자세히 보니 그 책을 쓴 저자다. 반가운 김에 그와 사진을 찍는다.

『미국 파인 리지 보호구역의 이미지들』의 저자와 함께

레퀴엠, 모래성 그리고 참으로 아름다운 순간!

인디언들의 은신처였던 배드랜즈 : 그들에겐 나쁜 땅이 희망의 땅이었다.

27번 '큰발길(big foot trail)'을 타고 북쪽 배드랜즈 국립공원으로 향한다. 배드랜즈는 인디언들이 파인 리지 등에서 미군들과 싸우는 동안 부족이 피신할 수 있는 은신처(오-오나-가지(O-ona-Gazhee))를 제공해준 곳이다. 한 시간 정도를 달리면 멀리서 보이던 황량하기 그지없는 산, 뾰족하게 솟은 모래성과 같은, 그로 인해 오묘한 아름다움이 눈에서부터 온몸에 느껴지는 '나쁜 땅'으로 점점 다가간다.

라코타 수족 행정가이자 정치가인 벤자민 벤 라이플(Benjamin Ben Reifel)의 이름을 딴 벤 라이플 여행안내소는 사막의 황량한 만큼이나 한가하다. 안내소에서 바라본 배드랜즈는 더욱 거대한 모래성으로 보인다. 인디언들이 군인들로부터 여자와 어린이 등의 가족을 보호하고, 배에 총상을 입은 검은 사습(Black ELK) 추장을 치료했던 꼭대기 은신처는 어디쯤일까. 곳곳에 솟은 모래성 어딘가에 그들이 발견한 최후의 안식처가 있을 것이다. 그들에게는 버려진 땅, 나쁜 땅이 마지막 희망의 땅이었던 것이다.

여행 안내소를 지나 배드랜즈 정상 능선을 관통하는 240번 도로를 올라탄다. 파노라마 전망대, 코나타 분지 전망대라는 곳에서 사방을 둘러보고, 트레일 길을 따라 걷는다. 아스라이 먼 곳으로 지평선은 사라지고, 7천만 년에 걸쳐 조각해 놓은 작품들은 이승길과 저승길 그리고 천상길을 이어놓고 있다. 잿빛 구름은 바람을 더욱 거세게 몰아온다.

이 풍광을 보면서, 문득 이 여행에서 완전한 자유를 누리고 있는지 자문해본다. 철학도, 법학도, 의학도, 심지어 신학도 다 연구한 파우스트는 자신을 예전보다 조금도 현명해지지 못한 가련한 바보라고 하지 않았던가. 하물며 나를 두고 무어라 불러야 좋을까.

어떤 불안이나 의혹도 그를 괴롭히는 일은 없지만 기쁨을 잃어버린 파우스트였기에, 악마의 힘을 빌려 완전한 기쁨과 자유를 성취하고자 했건만 자연 앞에 섰을 때 그는 무력해지고 만다. 문명이라는 힘을 빌려 그것을 성취하고자 한 우리는 이 자연 앞에서 한없이 초라해진다.

모든 부정적인 것들을 벗어버리고, 자연 앞에 홀로 설 수 있을 때 우리는 산 보람을 느낄 수 있을 것인가. 어떻게 해야 그 요괴들로부터 벗어날 수 있을 것인가. 파우스트는 결핍도, 죄악도, 곤궁도 아닌 근심이라는 유령에게 눈이 멀게 되었을 때라야 진리를 깨닫는다.

우리는 눈부시도록 황량한 이곳에서, 파우스트처럼 '자유스러운 땅'에서, '자유스러운 백성'과 더불어 '보람 있는 세월'을 보내는 삶의 시간은 참으로 아름다운 순간일 것이라고 말하고 싶은 유혹에 빠진다.

여행길에 만난 이 땅, 시민들, 나의 조국, 형제자매들과 더불어 그런 아름다운 시간을 보낼 수만 있다면 영겁을 두고 멸망하지 않는 드높은 행복 속에서 살 수 있을 것이라 믿고 싶다.

이 나쁜 땅, 배드랜즈에서의 생각과 믿음은 망상에 지나지 않는 것인가. 천기(天機)를 누설한 죄인처럼 악마 메피스토펠레스와의 계약에 따라 파우스트가 죽은 것처럼 말이다. 그러나 『파우스트』에 나오는 천사들이 '끊임없이 노력하는 자는 누구든지 간에 우리가 구할 수 있다'고 말했듯이, 여전히 희망은 있다고 믿고 싶다.

인생이란 어디론가 떠나는 것

사랑하는 아이의 목숨을 누군가
앗아갔을 때, 그를 용서할 수 있는가?

여행지
배드랜즈(Badlands) – 수시티(Sioux City, IA) – 아미쉬 마을(The Amish Village, MO)
: 제임스포트(Jamesport) – 클라크(Clark, MO)

안내자
앉은황소(1831~1890), 야코프 암만(1644?~1712, 1730?), 오히예사(찰스 이스트맨)
「요한 1서」(2장 15~17절), 『아미쉬 사회』(존 A. 호스테틀러, 2014),
『시팅불 : 인디언의 창과 방패』(로버트 M. 어틀리, 2001),
『인간의 내밀한 역사』(테오도르 젤딘, 2005)
〈위트니스〉(피터 위어, 1985)

영화 〈반지의 제왕(The Lord of the rings)〉 촬영 후보지. 황무지의 진수를 보
여준다는 배드랜즈. 황량한 모래성, 먹구름, 바람으로 둘러싸인 전망대에서
버너 바람막이를 치고 가스버너에 불을 붙인다. 컵라면을 꺼낸다. 늦은 점심
을 때운다. 꿀보다 맛있다.

그사이 먹구름은 더욱 짙어간다. 서둘러 하산 길에 오른다. 북쪽 능선을
타고 내려가다 90번 도로로 들어선다.

테오도르 젤딘은 『인간의 내밀한 역사(An Intimate history of humanity)』에서 여
행이 놀라움과 즐거움이 될 때 예술이 된다고 했던가. 어떻게 여행이 예술일
수 있을까. 여행 중에 새로운 것을 알고, 느끼고, 배우면서 놀라움과 즐거움
을 온몸으로 체험하는 일을 두고, 예술 말고 달리 어떤 것으로 규정할 수 있
는지 모르겠다.

오늘날 여행은 삶에서 본질적인 것이 되었으며, 여행자들은 세계를 무대로 한 시민이 되고 있다. 정녕, 국경을 넘는 여행을 통해서 우리는 세계를 무대로 한 시민으로 거듭날 수 있을까.

저 멀리에서 사우스다코타주를 남북으로 관통하는 미주리강(Missouri River)이 보인다. 미주리강은 미 북서 몬태나주 로키산맥에서 발원하여 미주리주 세인트루이스(St Louis)에서 미시시피강과 만나기까지 4,000킬로미터에 이른다. 서부 개척 시절 수많은 이주민, 상인, 군인들이 이 강을 이용했다.

앉은황소(Sitting Bull)가 군인들에게 항복했던 곳도, 최후를 맞이한 곳도 미주리 강가였다. 그는 라코타 인디언 비협상파의 핵심 지도자인 전투 추장이자 '위차샤 와칸(Wichasha Wakan, 신성한 의식을 수행하는 남자)'이었다.

그가 아무리 위대한 전사이자 부족을 이끈 영적 지도자였다 할지라도 아이들과 여자들의 '헐벗음', '굶주림', '추위' 앞에서는 무릎을 꿇을 수밖에 없었으리라. 1881년 7월 20일. 오전 11시. 그는 어린 아들 까마귀발에게 자신의 장총을 브로테턴 소령에게 건네주게 함으로써 항복 의식을 치렀다.

앉은황소는 항복 소감을 묻는 군인 앞에서 아들과 후손들을 생각했던 것이다. 아들이 미국인의 친구가 되었노라고, 그들처럼 살고, 교육받기를 원하노라고.

그는 유명 인사가 되어 연설을 하고, 버팔로 빌의 '와일드 서부(Wild West)' 순회공연 쇼에도 출연했다. 그러나 1887년 '도스법(Dawes Act)'을 통한 토지 상실, 식량 원조 감축 등은 인디언들을 더욱 어렵게 했으며, 보호구역에서의 인디언들의 전통적 삶은 파괴되어 갔다. 이런 상황에서 '유령춤'을 추면서 새로운 세상이 열릴 것이라 믿는 사람들이 확산되자, 이를 염려한 백인들은 그를 주동자로 지목하여 체포령을 내린다. 체포 과정에서 그는 끝내 죽음에 이르게 되지만, 체포에 참여한 군인과 경찰의 상당수는 앉은황소와 함께 미군에 맞서 싸웠던 사람들이었다.

수폴스(Sioux Falls)에서 29번 도로를 따라 남쪽으로 간다. 오히예사(Ohiyesa)가 아버지와 할머니가 있는 인디언 정착촌 플란드로(Flandreau)를 떠나 네브라스카주 미주리 강가 산티 수족 보호구역에 있는 기숙학교를 가기 위해 걸었던 240킬로미터의 길도 아마 이 길 어디쯤이었을 것이다. 그는 오랫동안 깰 수 없었던 전미 대학 장거리 달리기 신기록을 세우기도 했다. 보스턴의 과대학을 나와 백인 사회에 진입한 그는 운디드니 사건 이후 찰스 이스트먼이라는 이름을 버리고 어릴 적 인디언 이름인 오히예사(승리자)로 바꾼 후 인디언의 삶과 정신세계를 알리는 데 기여한 작가로서 살아갔다.

아이오와주 수시티(Sioux City)에 이르니 미주리강이 범람하여 강변 도로를 이용할 수 없다. 밤이 되었고, 도로도 끊겼으니 하룻밤을 묵어야겠다.

누군가 당신으로부터 돈을 빼앗아간다거나, 당신이 애지중지하는 강아지를 해친다면 당신은 어떻게 할 것인가? 누군가 당신이 사랑하는 아이를 총기로 목숨을 앗아갔을 때, 당신은 그를 어찌할 것인가? 당신은 카톡도, 페이스북도, 휴대폰도, TV도, 전기도 없이 살 수 있는가?

우리 대부분은 분노, 응징, 복수를 생각할 것이며, 문명의 이기와 SNS가 없는 세상은 상상도 하지 못할 것이다. 그러나 여기, 우리가 상상하는 현대 문명과는 동떨어져 살아가는 아미쉬라는 종교 공동체 사람들이 있다. 그들은 카톡도, 페이스북도, 휴대폰도, TV도, 전화도 없이 산다.

그들은 심지어 정당방위조차도 거부하는 무저항 평화주의자들이다. 2006년 10월 어느 날 펜실베이니아주의 한 아미쉬 학교에 총성이 울린다. 우유배달부가 아미쉬 학교에 들어가 여학생 열 명을 감금하고, 경찰이 포위하자 총을 난사하여 여섯 살에서 열여섯 살 사이의 아이 다섯 명을 죽이고, 다섯 명에게 중상을 입힌 후, 스스로 목숨을 끊은 것이다. 그런데 아미쉬 사람들은 살인자에게 분노하고 그를 응징하기보다 용서한다. 범인의 가족에게도 애도를 표한다.

톨레랑스(tolerance). 이 말을 떠올렸을지도 모른다. 프랑스와 같이 개성이 강한 사람들이 조화를 이루며 살고 있는 바탕에는 나와 남을 허용하고 관용하는 톨레랑스가 깔려 있다는 것이다. 그러나 아미쉬의 이러한 행동을 그런 식으로 설명하기에는 뭔가 찜찜하다. 그것이야말로 뻔뻔스러울 정도로 자기주장을 할 수 있는 상황 속에서나 가능한 게 아닐까.

어찌되었든 용서를 말하고 애도를 표했던, 희생된 아이들의 부모들은 아이가 그리울 때마다 마음속으로 처절하게 울어야 한다는 것을 잊지 않는 것이 중요하리라.

아침이다. 미주리강 줄기가 워낙 길어 치수(治水)하기가 만만치 않은 모양이다. 강물은 여전히 부풀어 있다. 우회 도로를 이용하여 미주리주 북서쪽에 위치한 제임스포트(Jamesport)와 중북부에 위치한 클라크(Clark) 아미쉬 마을로 간다. 그들이 살아가는 모습이 궁금하다.

피터 위어가 감독한 〈위트니스(Witness)〉를 통해서 본 아미쉬 마을과 그곳 사람들은 인상적이었다. 존(해리슨 포드)과 레이첼(켈리 맥길리스) 모자(母子)가 살인 용의자에게 쫓겨 숨어 들어간 곳이 아미쉬 마을이었다.

미국에 살면서 아미쉬 사람들에 대한 이야기를 간간히 듣곤 한다. 미국인들과 방문객들은 아미쉬 사람들이 사는 마을에서 친환경 식품이라면서 달걀, 과일, 야채 등을 사온다. 나는 매주 화요일 저녁에 대학에서 마련한 영어교육 프로그램에 참여하는데, 선생 중 한 명이 농장을 하는 독일계 사람이었다. 그 선생은 가끔 아미쉬 마을에서 요구르트, 과일 등을 사와서 함께 먹거나 팔기도 했다. 그리고 어느 날인가는 아미쉬 마을을 소개하는 비디오를 함께 보며 그들에 대하여 소개도 해주었다. 마차를 타고 다니는 것이며, 특이

한 복장과 소가 끄
는 쟁기를 이용해서
밭을 가는 장면이
며, 그들이 학교에
서 공부하는 모습과
예배하는 모습 등은
오늘날 고도로 산업
화된 미국에 비추어
볼 때 커다란 충격
으로 다가왔다.

소박함이 묻어나는 제임스포트 아미쉬 마을

도대체 그들은 누구란 말인가? 존 A. 호스테틀러가 쓴『아미쉬 사회』를 보
면, 아미쉬 사람들은 16세기 유럽 종교개혁 운동 중 하나인 재세례파의 후손
들이기는 하지만, 특별히 창립자 야코프 암만(Jacob Ammann)의 이름에서 유
래하는 아미쉬는 그의 종교적 신념과 가르침을 따르는 사람들을 말한다.

재세례파 사람들은 유아들에게 주는 세례는 자각적이지 않은 세례이기
때문에 인정하지 않았고, 성인들에게 다시 세례를 주었는데, 그들을 반대한
종교개혁가들은 이를 두고 재세례파(혹은 재침례파, Anabaptist)라 불렀다.

암만은 스위스에서 태어나 알자스로 이주(1693~1712)하여 재세례파 목사,
장로 역할을 했다. 그는 모든 사람은 죄인이기에 근검절약하는 생활을 통해
회개하자고 주장한다. 특별히 그는 기피 즉 아미쉬 공동체가 아닌 사람들과
어울리는 것을 엄격하게 제한할 것을 주장하였다. 결혼과 물건 매매도 금지
하고, 함께하는 식사도 금지했다. 예수께서 제자들의 발을 씻으신 것처럼 세
족례를 시행하고, 성찬식을 1년에 두 번 거행하고, 간소한 옷차림, 전통적인
의상, 바깥 세상식 외모를 거부하기 등을 시행하였다.

사랑하는 아이의 목숨을 누군가 앗아갔을 때, 그를 용서할 수 있는가?

제임스포트 아미쉬 마을의 교통수단인 마차

또한 아미쉬는 국가 교회를 반대한다는 점에서 국가 질서와 사회 기강을 어지럽게 한다는 이유로 박해를 받았다. 그들은 이단으로 취급되어 많은 순교자를 냈다. 18세기 전반부에 아미쉬를 비롯하여 재세례파의 하나인 메노나이트파 등은 박해를 피해 아메리카 대륙(펜실베이니아 랭카스터)으로 이주했다. 이후 프랑스 혁명 (1789~1799)과 나폴레옹 전쟁(1815) 직후인 1816년과 1860년 사이에 대규모 이주가 이어졌다.

오늘날 미국에 거주하는 아미쉬들은 네덜란드 방언이 섞인 독일어를 사용하고, 암만의 가르침에 따라 18세기 생활 방식을 고수하면서, 문명을 거부하고, 농업을 생업으로 하면서 근면, 검소, 금욕적인 삶을 살아간다.

아미쉬 마을에 들어서니 맞은편에서 마차가 온다. 이들의 주된 교통수단은 마차다. 자동차도 비행기도 그들의 교통수단이 될 수는 없다. 마을 한복판에는 나무로 만든 전봇대가 늘어서 있고, 제임스 포트에 온 것을 환영한다는 현수막이 걸려 있다. 전기가 들어 온 것을 보니, 이곳은 보수적인 아미쉬 마을은 아니고 물질적인 것도 수용하는 마을인 듯하다. 오래된 벽돌 건물 전면에 덧댄 나무판들은 눈바람에 바래있다. 벽과 차양 지붕이 회색 빛깔로 칠해진 아이스크림 가게와 골동품 가게는 화려하지 않으면서도 차분한 느낌을 준다. 퀼트와 수공예품 가게 그리고 기독교 서점을 겸하는 빨간 벽돌 건물

벽에는 제각기 색다른 디자인을 한 광고들이 붙어 있다. 이 작은 도심 거리에는 현대화를 거부한 채 오랜 세월의 흔적을 간직하고 이어가려는 의지가 녹아 있는 듯하다.

사람이라곤 찾기 어려운 이 거리에서, 골동품 가게 앞에 앉아 있는 스무살 전후로 보이는 세 명의 아미쉬 여성들을 만난다. 시내에 나왔다가 남편이나 아버지의 집으로 갈 마차를 기다리고 있는지도 모른다.

얼굴이 비슷한 걸로 보아 자매들인 듯하다. 둘은 담배를 피우고 있고, 둘은 서너 살 먹은 아이와 한두 살 먹어 보이는 아이를 안고 있다. 그녀들은 어릴 때부터 언제나 모자(Kapp)를 써야 한다. 12세 무렵이 되면 일요일에는 검은색 모자를 쓰고, 집에서는 흰색 모자를 써야 한다. 그리고 결혼하면 흰색 모자를 써야 한다.

아미쉬 마을 여인들과 함께

사랑하는 아이의 목숨을 누군가 앗아갔을 때, 그를 용서할 수 있는가?

이들이 태어날 때 가족과 공동체는 신이 준 선물로 기뻐하며 환영한다. 학교에 들어가기 전에는 권위를 존중하고, 순종을 배우고, 타인과 함께 하는 법을 배운다. 6~15세 때에는 8학년제의 초등학교와 직업학교에서 아미쉬 교사로부터 글 읽는 법, 협동심, 생산적인 일을 위해 필요한 기술 등을 배운다. 이후에는 가족이나 교회가 아닌 동료집단과의 활동을 통해, 아미쉬 교회에 합류할 것인지, 누구와 결혼할 것인지를 선택해야 한다. 아미쉬 공동체에 남아 결혼을 한다는 것은 공동체와 결합하는 것이고, 공동체에 대한 책임감을 갖게 되는 것이며, 부부는 가치 있는 성숙한 구성원으로 인정받는 것이다. 그런 만큼 결혼식은 매우 공들여 거행된다. 부부는 아이를 낳고 기르며, 아미쉬 공동체의 생활 방식대로 살아간다. 아픈 공동체 구성원에 대하여 매우 민감하게 반응하고, 많이 아픈 사람들을 방문하는 것은 종교적인 의무다. 그리고 가족, 친척 등이 지켜보는 가운데 대부분 집에서 숨을 거둔다.

그녀들의 모습이 너무나 순수하고 아름답게 보이기 때문에 그 순간을 지나치고 싶지 않다. 그녀들은 기꺼이 미소를 지으며 사진 촬영에 응해준다. 그녀들과 어떤 말을 할까. 우리는 여행자들이고, 아이들에 대하여 그리고 이곳의 분위기에 대하여 이야기를 나눈다. 사람의 언어라는 것은 한계가 있는 법. 그 순간은 온몸으로 느끼는 것 말고 달리 체험을 온전히 주고받을 수 있는 것은 없는 것이다.

마을 한복판 뒷골목 한적한 곳에 빵집이 열려 있다. 집에서 만든 신선한 제품으로 맛이 가장 좋다고 쓰여 있는 안나의 빵집(ANNA'S BAKE SHOP)에 들어선다. 밀과 보리로 만든 빵이 호롱불 빛을 받으며 진열되어 있다. 바구니에 담긴 빵들은 어떤 기교도 없이 뭉툭한 질감을 지닌 소박한 먹거리로 보인다.

밀로 만든 빵 한 조각을 입에 넣는다. 이제껏 한번도 맛보지 못한 느낌이다. 단맛과 각종 첨가물에 길들여 있는 나의 미각은 단숨에 그 빵을 거부하려 한다. 그 어떤 지식이나 체험으로도 맛과 향을 알 수 없기에 그것을 받아들이기까지 상당한 시간이 흐른다.

도심을 벗어나면 아미쉬 공동체를 이루며 살아가는 농촌 풍경이 이어진다. 점점이 흩어져 있는 농가에서는 가족과 함께 농사를 짓고, 그들이 수확한 농산물을 팔고 있다. 우리는 어느 집에 들러 사과와 달걀을 산다.

아미쉬 마을은 아미쉬 남성들의 검은 조끼마냥 땅거미를 차려입는다. 가게를 나서니 대평원의 바람에 호롱불 등유 냄새가 폐 속에서 증발한다. 아미쉬 마을을 벗어나는 길에는 마차를 끄는 말들도, 주렁주렁 걸려 있던 빨래들도 보이지 않는다. 호롱불은 저만치 까물까물 사위어간다.

마을을 다 벗어날 때까지 우리는 아직도 아미쉬 사람들이 세상과 거리를 두고, 사랑하는 자녀를 죽인 살인자들을 용서한 것에 대한 어떤 실마리도 찾지 못한다. 다만 『성서』의 이 말씀이 떠오를 뿐이다.

이 세상이나 세상에 있는 것들을 사랑하지 말라. 누구든지 세상을 사랑하면 아버지의 사랑이 그 안에 있지 아니하니 이는 세상에 있는 모든 것이 육신의 정욕과 안목의 정욕과 이생의 자랑이니 다 아버지께로부터 온 것이 아니요 세상으로부터 온 것이라. 이 세상도, 그 정욕도 지나가되 오직 하나님의 뜻을 행하는 자는 영원히 거하느니라.

—「요한 1서」 2장 15~17절

사랑하는 아이의 목숨을 누군가 앗아갔을 때, 그를 용서할 수 있는가?

저자, 〈이야기가 있는 밤〉, 종이에 연필 _ 와이오밍주 그랜드티턴 국립공원

6부

살며 사랑하며
진정 바라는 것

살아 있을 때 사랑하는 사람을 진정으로 사랑하라. 그리고 행여
사랑하는 사람을 두고 그렇게 하지 못하고 죽거들랑, 사랑했던
시간들이 있었다는 걸 기뻐하고, 사랑하는 사람들을 위해 진정으로
무엇을 해야 하는가를 생각하라.
산정에서 몰아오는 설빙(雪氷) 바람이 생각보다 으스스하다. 난로에
장작불을 피운다. 온기가 가득해지니 눈이 감긴다. 가족을 위해
새벽에 일어나 장작불을 지펴야 한다.

냄새의 문화, 파이프 오르간 연주 그리고 두 할머니 연주자

여행지
그레이트솔트레이크(Great Salt Lake, UT) – 솔트레이크시티(Salt Lake City)

안내자
가라타니 고진(1941~)
「나그네」(박목월, 1946), 「사평역」(임철우, 1983), 「사평역에서」(곽재구, 1981),
〈시온에 영광이 빛나는 아침〉(토머스 헤이스팅스 작사, 로웰 메이슨 작곡, 1930)

아침 햇살을 받은 그레이트솔트레이크의 물안개가 북서풍에 실려 차창으로 들어왔다가 로키산맥으로 빠져나간다. 진한 소금 냄새는 예민하게 다듬어진 후각으로 하여금 바다 가까이에 이르렀다는 것을 알아차리게 한다. 그것은 내 후각이 솔트레이크시티로 향하는 도로상의 국소적 공간에서 느끼는 것이다.

몸은 신선한 젓갈로 담은 김치 냄새를 기억해낸다. 어린 시절 찬바람이 불기 시작할 무렵, 나는 책가방을 던져 놓고 마당에 자리잡은 김장터로 달려가곤 했다. 어머니는 양념에 버무린 배추김치를 깨소금에 무쳐서, 내 입에 넣어주시곤 하셨다.

그러기에 우리를 맞이한 소금 호수(대염호, 大鹽湖)가 산들바람에 실어 보내는 향기는 거부할 수 없는 몸짓으로 다가온다. 그것은 인간의 통제에서 벗어나 있으며, 억제될 수도 없는 것이다. 그것은 내 기억 속에서 내면을 드러내고, 그것과 소통하게 하는 것이다.

솔트레이크시티. 오랜 여정 끝에 모르몬교의 지도자 브라이엄 영(Brigham Young)이 '이곳이 바로 우리가 찾던 곳'(This is the Place)이라고 외쳤다는 곳. 검은 바지에 흰 와이셔츠를 단정하게 차려입은 모르몬교 전도자들을 길러내는 곳. 플라자(PLAZA) 건물을 지나고, 유타 트랙스(UTA TRAX)을 따라가다 모르몬교(예수그리스도후기성도교)의 본거지 중심에 자리한 템플 광장(Temple Square)에 이른다.

입구에서 한국에서 왔다는 유학생이 반갑게 맞이한다. 그녀는 긴 머리에 진한 밤색의 안경테를 쓰고, 검정색 바탕에 흰 글씨로 새긴 명찰을 단 얇은 분홍 카디건에 검정치마를 입고 있다. 한해 800만 명 이상이 방문한다는 이곳에서 세계 각처에서 온 유학생이나 신도들이 봉사를 한단다.

한글을 말하는 사람을 만나는 것은 소통의 장애를 넘어설 수 있는 가능성이 그만큼 커진다. 언어란 상호 소통을 위해 주파수를 맞추는 매개이기도 하기에, 그것을 위해 서로의 고통스런 노력이 필요한 것이다. 가라타니 고진(柄谷行人)이라는 평론가가 지적하고 있듯이 소통이란 목숨을 건 도약이 필요한 것처럼 그렇게 단순한 것은 아니리라.

1867년에 세워졌다는 태버나클은 조개 모양의 돔 지붕으로 된 예배당(가로 46m, 세로 76m, 높이 25m)이다. 정면에 커다란 파이프 오르간이 우리를 압도한다. 11,000여 개의 파이프로 이루어진 세계 최대 규모의 오르간으로, 매일 12시(토, 일요일은 16시)에 그 웅장한 연주를 들을 수 있단다.

일요일 오전 9시 25분에서 10시, 8,000여 좌석이 가득찬 객석에서, 11,000여 개의 파이프가 만들어낸 공명에, 375명으로 구성된 모르몬 태버나클 합창단이 부르는 노래가 어우러진다. 합창단원은 전문 직업인으로서의 성악가들이 아니라, 각자 자기 일을 하면서 노래를 하는 순수 봉사자들로 구

인생이란 어디론가 떠나는 것

세계 최대의 파이프 오르간이 있는 태버나클 예배당

성되어 있단다.

안내자는 우리에게 오후 2시가 되면 건너편에 있는 대회장에서 파이프 오르간 연주를 한다고 일러준다. 오후 2시다. 연주자 이력을 보니 파이프 오르간을 전공한 전문가다. 그는 자원 봉사자로 대회장을 찾은 사람들을 위해 연주를 한다. 7,700여 개의 파이프로 구성된 오르간 연주가 21,000여 자리를 갖춘 대회장을 휘감는다.

곽재구의 시「사평역에서」를 인용하면서 시작하는 임철우의 단편소설「사평역」에는 사평역이라는 시골 간이역이 등장한다. 파이프 오르간 연주는 대합실의 톱밥 난로이고, 이곳 대회장에 모인 사람들은 눈이 펑펑 쏟아지는 한겨울에 마지막 열차를 기다리는 대합실 승객들이다.

초등학교 교실만 한 시골 간이 역사에 막차를 타기 위해 쓸쓸하고 고단하

냄새의 문화, 파이프 오르간 연주 그리고 두 할머니 연주자

게 살아가는 인물들이 모여든다. 죽음에 이르러서야 병원을 찾아가는 노인과 그를 모시는 농부인 아들, 12년이나 감옥 생활을 하고 운 좋게 출소한 중년 사내, 가난한 깡촌 집안에서 태어나 도회지 국립대학에 합격하고 데모를 한 죄로 제적을 당한 청년, 정신 이상으로 떠돌이 생활을 하는 미친 여자, 과부로 식당일을 하면서 돈을 밝히는 중년의 서울 여자, 술집 작부로 있는 춘심이, 행상을 하며 겨우 살아가는 아낙네들.

이야기에는 그들이 살아온 만큼의 인생의 애환이 녹아 있다. 특별히 내가 대학에 들어갈 무렵에 쓰여진 「사평역」은 그 시대를 살아간 나의 이야기이자 우리들의 이야기이기도 하다. 객혈을 한바가지나 쏟고서야 병원을 찾아가는 노인은 나의 아버지다. 그는 먹을 것 입을 것 참아가며 오로지 자식을 위해 마지막까지 희생하며 폐병으로 숨겨간 나의 아버지다. '동네 밭일 해주고 품삯 받은' 돈을 몰래 건네주시는 어머니도 바로 나의 어머니다. 이야기 속에서 퇴학을 당한 대학생은 그 시절 나를 포함한 수많은 사람들이다. 대학시절 내가 「사평역」을 읽으면서 마음 깊은 곳에서 울려오는 울음을 삼켜야만 했던 이유가 거기 있다.

21,000여 석을 갖춘
태버나클의 대회장

인생이란 어디론가 떠나는 것

가난한 집안을 일으킬 유일한 희망을 바라보며 모든 것을 희생하는 부모와 형제들을 두고, 데모로 대학을 그만두어야 할 상황에 놓였을 때의 참담함을 청년은 어떻게 감내할 수 있었겠는가. 끝내는 결코 판사 아들로는 세상에 나서지 않을 것이라며 책 속에서 길을 찾는 것으로 타협을 보았던 것이다.

대회장의 파이프 오르간 연주가 절정으로 치달으면서, 추위와 침묵 속에 놓인 대합실 난로의 불꽃처럼 '호르르르. 뻬비꽃 같은 불꽃으로 환히 피어오른다.' 청년은 불꽃 속에서, 주름진 얼굴로 활짝 웃고 있는 어머니를 보고, 아버지와 동생, 친구, 노교수의 얼굴을 보면서 얼굴이 상기된다. 사내의 음울한 눈동자도 간절한 그리움으로 빛나기 시작한다.

오르간 연주가 끝나고 대회장을 나서면서 로비를 가득 채운 피아노와 바이올린 선율에 우리는 잠시 걸음을 멈춘다. 아름답고 따사로운 소리가 이끄는 대로 우리는 이층으로 올라간다. 넓은 로비 한쪽에 자리한 공간. 흰 머리에 얼굴엔 주름이 깊게 파인 70세는 훨씬 넘어 보이는 두 할머니가 소리의 근원이다. 우리는 약속이나 한 듯 의자에 앉는다.

연주가 끝났다. 우리는 박수를 치고, 연주자들은 미소로 답례를 한다. 할머니들은 70여 년을 음악과 살면서, 솔트레이크시티 오케스트라 단원 생활도 오래 했으며, 퇴임 후에는 그렇게 연주 봉사 활동을 한단다. 그녀들은 기꺼이 함께 사진을 찍는다.

우리는, 모르몬교의 창시자인 조지프 스미스를 나타내는 모로니 천사상(statue of the angel Moroni)이 있는 솔트레이크 사원을 둘러볼 때도, 종교적 박해를 피해 유타주로 이주해와 솔트레이크시티를 세운 브리엄 영이 1877년에 죽을 때까지 살았다던 비하이브 하우스(Beehive House)을 둘러볼 때도, 라이온 하우스 팬트리(The Lion House PANTRY)에서 각자 선택한 감자, 토마토, 햄, 계란, 브로콜리, 빵, 스테이크가 어우러진 음식을 먹고, 결코 후회하지 않을 세계적으로 유명한 디저트라는 유혹에 이끌려 디저트를 먹으면서도, 「사평역」에서 누군가 내뱉었다는 '정말인지 산다는 게 도대체 무엇인지'라는 질문을 떨치지 못한다.

도대체 산다는 일이란…….

인생이란 어디론가 떠나는 것

우리의 전부인 아이와 아버지라는 자리

여행지
조지프 스미스 기념관(Joseph Smith Memorial Building)
―그랜드티턴 국립공원(Grand Teton National Park, WY)

안내자
찰리 채플린(1889~1977), 톨스토이(1828~1910)
「남으로 창을 내겠오」(김상용, 1934), 「아버지의 자리」(김소진, 1994), 「아홉 켤레의 구두로
남은 사내」(윤흥길, 1977), 『인생이란 무엇인가』(레프 톨스토이, 1904~1910)
〈대부〉(프랜시스 포드 코폴라, 1972), 〈셰인〉(조지 스티븐스, 1953), 〈키드〉(찰리 채플린, 1921)

찰리 채플린이 머물던 유타 호텔. 그가 만든 영화 중에서 〈모던 타임즈〉와 〈위대한 독재자〉도 인상적이지만, 무엇보다 〈키드(The Kid)〉는 내 기억에 강렬하게 남아 있다. 아버지 찰리와 생이별하게 된 아이의 애절한 표정과 재회의 눈물을 어찌 잊을 수 있을까.

아내 밀드레드 해리스와의 이혼 소송 중 〈키드〉가 압류되는 상황에 처했을 때, 촬영된 60시간 분량의 필름을 품고 그가 찾은 곳은 솔트레이크시티 유타 호텔이었다. 1911년 건립된 유타 호텔은 1987년 모르몬교가 사들여 리모델링을 한 뒤, 1993년 모르몬교의 창시자를 기념하는 조지프 스미스 기념관으로 새롭게 태어난다. 당시 솔트레이크에서 가장 큰 이 호텔은 찰리 채플린을 비롯하여 트루먼, 로널드 레이건, 엘비스 프레슬리, 찰턴 헤스턴, 파바로티, 제임스 스튜어트 등 유명 인사들이 머물렀던 곳이기도 하다. 조지프 스미스 기념관은 템플 광장(Temple Square)과 비하이브 하우스(Beehive House)

조지프 스미스 기념관 : 로비에 찰리 채플린을 비롯한 유타 호텔 방문객이 소개되어 있다.

사이 모퉁이에 있다.

편집 도구도 없이 〈키드〉를 완성해나간 그의 흔적들을 느껴보고 싶지만, 지금은 찾을 길이 없다. 그렇지만 영화 〈키드〉에 등장하는 떠돌이 찰리(찰리 채플린)와 아이(잭키 쿠건)가 만들었던 이야기는 아무도 기억 속에서 가져가지 못한다.

배우인 부모 사이에서 태어난 찰리 채플린은 영화배우, 감독, 편집자뿐 아니라 첼로와 바이올린 연주자, 작곡가 등 다재다능한 사람으로 성공하기까지, 일찍이 알코올중독자인 아버지를 여의고, 정신병원 신세를 졌던 어머니를 둔 가난하고 배고픈 유소년 시절을 보낸다. 그래서인지 〈키드〉에는 그의 삶이 녹아들어 있다.

사생아이자 업둥이인 다섯 살짜리 아이가 고아원에 강제로 보내지게 되었을 때, 찰리와 아이가 수송 요원들(경찰, 의사, 공무원)과 벌이는 필사적인 저항, 이별 그리고 재회는 잊혀질 수 없는 사건들이다. 찰리가 그를 제압하려는 경찰을 따돌리고, 허름하고 가파른 지붕을 두려움 없이 단숨에 달려가, 달리는 트럭에 뛰어 올라, 마침내 아이와 재회의 포옹을 나누면서 감격과 기쁨의 눈물을 흘린 장면은 지금도 애련하다.

두려울 것 없고, 어쩜 죽음도 겁낼 것 없는 그런 아버지의 행위—그것을 아버지의 자식 사랑이라 할 수 있겠지만—는 어디에서 오는 것일까? 버린 사생아를 우연히 되찾게 된 어머니(에드나 펄비안스)의 사랑도 있겠지만, 어쩔 수 없이 업둥이를 키워야만 하는 아버지 찰리로서는 더욱 각별한 것이 아닐까?

고등학교를 입학한 후 공부에 지쳐 사는 것에 대하여 고민에 빠졌던 딸아이는 가끔 톨스토이(Lev N. Tolstoy)가 쓴 두툼한 묵상록인 『인생이란 무엇인가 (A Calendar of Wisdom)』를 꺼내들곤 했다.

어느 날 딸아이는 내게 물었다. "아빠, 사람은 왜 사는 걸까요?" 김상용은 「남으로 창을 내겠오」라는 시에서 "왜 사느냐고 묻거든 그냥 웃지요'라고 선문답 같은 대답을 하였지만, 돌이켜보면 사는 것보다 살아지는 날들이 많았던 나는, 그저 살아가면서 스스로 묻고 답을 찾아가야 하지 않겠느냐고 대답할 수밖에 없었다. 이렇다 할 대답을 얻지 못한 아이는 책에서 해답을 찾고자 했던 것이다. 아이는 책에서 답을 구할 수 있었을까.

코스모스가 한창이던 어느 가을날인가, 고등학교 한복판에 서 있던 딸아이는 동네 오솔길을 걸으며 이런 질문을 했다.

"아빠, 만약에 제가 길을 가다가 갑자기 괴한에게 납치되거나, 성폭행을 당했다면, 아빤 어떻게 하실 거예요?"

'만약에'라는 단서가 붙긴 하지만, 단 한 번도 내 딸아이가 그런 일을 당할 것이라고 생각하지 않았으며, 그러기에 막상 그런 일이 닥쳤을 때 어떻게 하겠다는 생각도 하지 않았기에 무척 당혹스러웠다.

"그럴 일이야 없겠지만, 만약에 그런 일이 일어난다면, 경찰에 신고하고 법의 심판을 받게 해야지."

"그래도 심판이 아빠 맘에 들지 않으면 어떻게 하실 거죠?"

"그래도 끝까지 민형사상 모든 법적인 투쟁을 해야 하고……. 또……."

"멀쩡한 사람도 정신이상자가 되고, 가벼운 처벌만 받고……. 당하는 사람만 불쌍하고……."

딸아이는 그만한 나이에 관심을 둘 법한 일들과 관련하여, 가벼운 처벌만 받고 결국 약자로서 당하는 사람만 고통 속에 살 수밖에 없는 세태를 잘 알고 있으면서도 굳이 아버지의 마음을 알고 싶었던 것이다.

딸아이는 프랜시스 포드 코폴라 감독한 〈대부(Mario Puzo's The Godfather)〉의 첫 장면을 내 기억 속에서 불러낸다. 우리의 아기가 태어나기 전에는 전혀 주목하지 않았던, 그리하여 이미지로만 기억된 그런 장면들을.

장의사 보나세라는 대부(代父)인 돈 비토 코르네오네(말론 브란도)의 딸 결혼식 날 그의 사무실 책상 앞에 마주하고 있다. 보나세라는 대부에게 딸에 대한 사연을 말한다. 그는 미국을 믿고(I believe in America), 미국은 그를 부자로 만들어줬으며, 딸아이를 미국식으로 키우면서 자유와 가족의 명예를 가르쳤다. 그런데 어느 날 딸아이가 두 녀석과 드라이브를 갔는데, 놈들은 딸을 술로 취하게 만들어 겁탈하려 했으며, 저항하는 딸아이를 짐승처럼 때려서 코와 턱을 으스러뜨려놓았으며, 병원에 있던 딸아이는 고통 때문에 울지도 못했다는 것이다.

그는 그들을 고소해서 재판을 받게 했는데, 기가 막히게도 그들은 3년 형에 집행유예로 풀려나와 그날로 자유의 몸이 되었으며, 놈들은 그를 비웃었다. 그때 그는 대부인 돈 코르네오네 씨에게 가야겠다고 결심했다고 고백한다. 그리고 그는 대부에게 귓속말로 그들을 '죽여달라'고 말한다.

보나세라는 자기를 부자가 되게 해주었고, 따라서 그토록 믿어 의심치 않는 미국이라는 나라에서, 국가는 그에게 전부인 딸아이가 강간과 폭행을 당했을 때 '정의'를 마땅히 세웠어야 한다고 생각했을 것이다. 그러나 보나세라의 행동은 국가가 오히려 그와 그의 가족을 고통스럽게 만들었을 때, 그가 취할 수 있는 길이 무엇인지를 생각하게 해준다.

나는 보나세르보다 부자도 아니고, 아이들에게 자유와 명예심도 깊이 있게 심어주지도 못하고 있지만, 그가 말했듯이 아이들은 우리의 전부요, 아름답기 그지없는 존재들이라는 점에는 한치의 흔들림도 없다.

나의 딸아이는 만약에 – 그것은 어디까지나 만약이다! – 자기가 그런 상황에 처하게 된다면, 아빠는 어떤 행동을 취할 것인지를 묻고 있다. 나는, 아버지는 어떻게 해야 하는가? 〈대부〉는 공적 영역이 무너져갈 때 가족의 의미가 무엇인지를 묻게 한다.

솔트레이크 시내를 빠져나와 동쪽으로 80번 도로를 따라 와사치산맥을 넘는다. 애프턴(Afton)을 지나 잭슨(Jackson)에 이르니, 저 멀리 로키산맥 줄기에 자리한 그랜드티턴 국립공원의 눈 덮인 산봉우리들이 우리를 맞이한다.

잭슨 호수로 이어진 평원을 따라, 영화 〈셰인(Shane)〉에 등장하는 어린 조이 스타렛이 셰인(앨런 래드)을 쫓아간다. 눈 덮인 티턴 국립공원 산봉우리로 둘러싸인 마을에 홀연히 나타난 카우보이 총잡이 셰인. 그는 라이커 일당을 물리치러 가장(家長)인 조 스타렛을 따돌리고 그들이 있는 근거지로 달려간다. 라이커 일당은 인디언에게 빼앗은 땅을 차지하고 있다가 그 근처에 정착하려는 스타렛과 마을 사람들을 추방하려는 자들이다.

조 스타렛의 아들 조이는 아버지와 셰인이 라이커 일당과 싸우러 가겠다고 서로 다툴 때, 셰인이 비겁하게도 아버지를 총으로 때려눕힌 것을 비난한다. 그러나 곧 그는 그를 붙잡아 두기 위해, 그리고 미안하다는 말을 하기 위해 셰인을 따라간다.

셰인은 소년 조이 스타렛이 '제발 돌아오라'는 호소에도 불구하고, 라이카가 고용한 총잡이 잭 윌슨과 그 일당을 물리치고, 그가 애초에 가고자 했던 북쪽 눈 덮인 티턴산 쪽으로 떠난다.

아내 마리안과 아들 조이가 동경한 것은 셰인과 같은 적당히 윤리적 감각을 갖춘 잘 생기고, 힘 있는 아버지다. 영화 초입에 마리아의 남편이자 조이의 아버지인 조 스타렛은 라이커 일당이 몰려왔을 때 잔뜩 움츠러든 채, 강제로 쫓아버리겠다는 그의 협박에 겨우 '무력이 통하는 시대는 갔다'는 항변을 할 수 있을 뿐이었다. 그는 셰인이 등장하면서 점점 강인한 아버지로 변모하고자 하는데, 급기야 라이커 일당에게 죽을지도 모르는데도 아내와 아들을 위한 것이라면서 그들과 대적하려 한다.

잘생기지도 않고, 힘도 없는 우리네 아버지들의 모습을 조이의 아버지에게서도 발견할 수 있을 것이다. 김소진의 단편소설 「아버지의 자리」에 나오듯이, 아들의 중학교 등록금을 빼돌리는, 그리하여 아버지라는 존재는 정말 우습기 짝이 없는 대상이거나, 실업자가 되어버린 모습이 창피해서 유치원에 다니는 아이에게도 외면받는 존재인지도 모른다. 혹은 국가에 대한 믿음을 가지고 성실하게 일하면서 돈을 벌다가, 무너져 내린 신뢰와 가족의 파멸에 비통해하는 영화 〈대부〉의 장의사 보나세라와 같은 사람이거나, 아내의 수술비도 마련하지 못하고 아홉 켤레의 구두만 남기고 떠나 버린 윤흥길의 중편소설 「아홉 켤레의 구두로 남은 사내」에 나오는 가난한 소시민 권씨와 같은 존재일지도 모른다. 우리 아버지들을 어찌 이루 다 헤아릴 수 있을까.

그럼에도 불구하고 아이를 필사적으로 찾아 나서고, 아이에게 뜨거운 사랑을 줄 수 있는 영화 〈키드〉의 찰리와 같은 아버지도 있다는 것을 잊지 않는 게 좋겠다. 아니다. 우리 아버지 모두는 찰리 이상으로 자식을 사랑하는 사람들이다. 자식을 위해서라면 모든 것을 희생하고, 때로는 없는 힘도 보여주려 해야 하는 아버지들, 그러나 힘이 부칠 때 어쩔 수 없이 어깨가 무너져야 하는 우리네 아버지들이다.

콜터 베이 빌리지의 콜터 텐트 캐빈 : 새벽에 일어나 난로에 장작불을 지핀다.

하룻밤을 머물 콜터 베이 빌리지로 들어선다. 멀리 잭슨 호수에는 눈 덮인 산봉우리가 기다랗게 드리워져 있다. 관리소에 들러 땔나무를 사고, 콜터 텐트 캐빈(Colter Tent Cabin)에 둥지를 튼다. 텐트와 통나무 오두막집이 결합된 독특한 숙소다. 밤사이 곰 출현에 대비하여 음식물을 보관할 수 있는 철제 보관함이 있는 것을 보니 깊은 산속에 있다는 것이 실감난다. 산정에서 몰아오는 설빙(雪氷) 바람이 생각보다 으스스하다. 방 안 난로에 장작불을 피운다. 아이들은 난로 앞에서 장작불 지피는 재미에 빠져 있다.

'훗날 아이들은 아버지를 어떻게 생각할까?'

온기가 가득해지니 눈이 감긴다. 가족을 위해 새벽에 일어나 장작불을 지펴야 한다.

우리의 전부인 아이와 아버지라는 자리

삶과 죽음이 공존하는
옐로스톤에서, 나의 사랑이여!

여행지
옐로스톤 국립공원(Yellowstone National Park, WY) : 올드페이스풀 인(Old Faithful Inn, 1904),
올드페이스풀 간헐천(Old Faithful Geyser)

안내자
라이처스 브라더스
〈언체인드 멜로디〉(라이처스 브라더스, 1965), 〈사랑과 영혼〉(제리 주커, 1990)

깊은 산속 추위를 견뎌낸 장작불도 아이들의 호기심을 간직한 채 시나브로 사위어간다. 햇빛에 훈풍이 스칠 때, 우리는 들국화 길을 지나, 눈 덮인 티턴 공원의 산봉우리가 드리운 잭슨 호수의 선착장을 거닌다. 호수는 수백 척의 요트와 카누를 품고 고요히 잠들어 있다.

우리는 홀연히 떠나는 '셰인'을 향해 돌아오라는 소년 '조이'의 애절함이 메아리치는 티턴산을 뒤로하고 옐로스톤으로 향한다. 1807년, 부족민 투카디카(Tukadika)족이 살고 있는 이 지역을 처음으로 찾은 것으로 알려진 백인 존 콜터(John Colter). 그의 이름을 딴 콜터 베이 빌리지를 빠져나와 북쪽으로 달린다. 옐로스톤 남쪽 입구는 북쪽을 제외한 다른 입구(북동쪽, 동쪽, 서쪽)와 마찬가지로 5~10월에만 개방된다.

잭슨 호수를 벗어나면 헐벗은 잿빛 고사목들이 장대비처럼 쏟아지는 곳

눈 덮인 티턴 공원의 산봉우리로 둘러싸인 잭슨 호수 선착장

을 지난다. 옐로스톤 국립공원을 알리는 안내판 뒤로, 몸뚱이는 온데간데없이 키가 훌쩍 커버린 나무들이 늘어서 있다. 삶과 죽음의 경계에 들어섰음을 알리는 이정표 같다. 우리는 이렇게, 미국 최초의 국립공원(1872년)이자, 미국인들이 가장 가보고 싶어 하는 옐로스톤과 첫 대면한다.

쓰러진 고사목 더미가 군데군데 있는 언덕 아래 개울가에서 한가로이 풀을 뜯거나 졸음을 즐기고 있는 엘크(elk)들을 스친다. 거대한 옐로스톤 호수를 지나 올드페이스풀에 이른다. 곳곳에서 솟아오르는 수증기 사이로 1904년에 세워졌다는 올드페이스풀 인(Old Faithful Inn)이 우리를 맞는다. 옹이가 보이는 소나무들을 층층이 엮어 올린 널따란 로비에서 사람들을 본다. 그들

1904년에 세워졌다는 올드페이스풀 인

이 여기에 온 이유는 무엇이고, 무엇을 마음에 채워갈까.

사람들이 모여드는 올드페이스풀 간헐천 주위에 앉는다. 수증기가 점점 짙어지는가 싶더니, 곧 물줄기가 솟구치기 시작한다. 물기둥은 대략 70~90분마다 30~60미터 높이로 치솟는다. 사그러지는 물길은 우리를 깊숙한 땅속으로 인도한다. 불과 지하 8킬로미터쯤 되는 곳에 에베레스트산만 한 마그마가 끓고 있다. 옐로스톤 분화구는 LA만 한 크기로, 공중에서만 볼 수 있다는 열 개 가운데 하나일 뿐이다. 마그마는 64만 년 전에 분출했었다. 그리고 그곳에서 다시 밖으로 솟구치는 그날을 기다리며 줄곧 똬리를 틀고 있다. 그날은 전 지구적 재앙이 될 것이다. 미세한 유리로 된 화산재는 지구를 덮어버리고, 우리의 폐를 찌르고, 동물들을 쓰러뜨리고, 식물들을 잿더미 속에 묻어버릴 것이다. 과학의 힘을 빌려 예측이 어느 정도 가능할지라도, 그것이 늘 들어맞는 것은 아니라는 것쯤은 알고 있다. 그날은 지금일 수도 있고, 먼 훗날일 수도 있다.

그날이 지금이라면, 사람들은 용암과 잿더미 속에서 지구의 종말을 맞이하면서, 아마도 누군가에게 사랑을 고백할 것이다. 그 애절함과 진실됨은 사랑과 미움, 선함과 악함의 정도에 따라 차고 넘치거나 부족할 것이다. 그런데 왜 사람들은 일상 속에서, 살아생전 사랑한다는 말을 하는 데 그렇게도 인색한 것일까?

대학 4학년 때던가. 1987년 6월 항쟁도 가고, 1988년 새로운 정권에 낙담하고, 올림픽을 치르고, 80년대 끝자락에서 동구권이 몰락해가는 속에서, 영혼이 갈 곳 몰라 할 때, 우리는 〈사랑과 영혼〉이라는 영화에 흠뻑 빠졌다. 한창 사랑이 무르익어갈 때, 사랑하는 사람을 두고 갑자기 죽어야 했던, 그리하여 유령이 되어서도 결코 그녀 곁을 떠날 수 없는 애틋한 사연을 담고 있는 영화다. 끝내 두 사람은 서로의 사랑을 확인하고 영원히 이별을 해야만 하는 사연을 보고, 어찌 애절한 눈물을 감출 수 있었겠는가.

주인공 샘(패트릭 스웨이지)과 몰리(데미 무어)가 기쁨에 찬 동거를 시작하는 날, 몰리는 샘에게 '진심으로 사랑'한다고 고백한다. 샘은 몰리의 모든 것이었으므로, 몰리 또한 샘으로부터 '사랑한다'는 말을 듣고 싶었으리라. 그런데 샘은 몰리에게 '동감한다'는 말로 응답할 뿐이다. 어찌 그리 시큰둥하고 무심한 것일까.

샘은 결혼하자고 말하는 몰리에게 끝내 사랑한다는 말을 하지 못하고 돈을 노린 동료의 음모에 어이없게 죽는다. 샘과 몰리가 〈맥베드〉 연극을 보고 오는 길이었다. 너무나도 행복한 그들이었다. 그러나 샘은 괴한의 습격을 받고, 몰리를 지키려고 대항하다가, 괴한의 총에 맞아 숨을 거둔다. 그녀는 그를 안고 울부짖는다.

유령이 되어버린 샘. 그는 사랑하는 몰리를 두고 이 세상을 떠나지 못한다. 죽어서라도 사랑한다는 고백을 해야만 떠날 수 있다고 생각한 것일까.

두 사람의 진심 어린 사랑에 하늘이 감동한 것인지, 주제곡 〈언체인드 멜로디(Unchained Melody)〉가 흐르는 가운데, 샘의 유령은 저세상으로 떠나면서 몰리에게 사랑한다는 말을 전할 수 있었다.

몰리가 떠나는 샘에게 '잘 가요'라는 말을 하면서, 그녀의 두 뺨에 흐르는 눈물이 화면을 가득 채울 때 우리도 흐느끼고 있었다. '오, 내 사랑이여 그대여(Oh, My love my darling)'로 시작하는 라이처스 브라더스가 부르는 노래는 어찌 그리도 구슬펐는지……

사람들은 간헐천 주위에 한동안 앉아 있는다. 화사하게 솟아오르는 간헐천 깊숙한 곳에, 죽음에 이르는 길이 있음을 생각한 것일까. 생(生)과 사(死)가 공존하는 옐로스톤 올드페이스풀에서 우리는 늦기 전에, 서로에게 '사랑한다'는 고백을 갈구하고 있는 것은 아닌지.

인생이란 어디론가 떠나는 것

누군가 곁에 있다는 것,
살며 사랑하며 죽는 순간에

여행지
옐로스톤 국립공원(Yellowstone National Park, WY)
: 그랜드 프리즈매틱 스프링(Grand Prismatic Spring), 파이어홀 리버(Firehole River)

안내자
전영택(1894~1968)
「옐로스톤의 오후」(이경숙, 하늘재, 2013), 「화수분」(전영택, 1925),
『인생수업』(엘리자베스 퀴블러 로스 · 데이비드 케슬러, 류시화 역, 이레, 2006)

엘리자베스 퀴블러 로스와 데이비드 케슬러는 『인생수업』에서 "삶이라는 이 여행을 사랑 없이는 하지 마"라고 충고한다. 이 말을 되새김하는 그런 날이다. 옐로스톤 국립공원에는 간헐천과 온천들이 즐비하다. 미드웨이 간헐천 분지(Midway Geyser Basin), 비스킷 분지(Biscuit Basin), 노리스 간헐천 분지(Norris Geyser Basin), 매머드 온천(Mammoth Hot Spring) 등. 간헐천만 해도 지구에 있는 3분의 2에 해당하는 200여 개가 집결해 있고, 온천도 1만여 개나 존재한다. 그러니 그 규모를 짐작할 만하다.

공원에 나 있는 길을 따라가다 보면, 곳곳에 노랗게 변한 회색의 석회암층을 만난다. 오랫동안 온천물이 일구어낸 자연의 색이다. 그래서 옐로스톤(노란바위)인가 보다.

미드웨이 간헐천 분지 지역에 있는 그랜드 프리즈매틱 스프링(Grand Prismatic Spring)에 오르는 입구에 들어선다. 유황 냄새가 후각을 자극하고, 익

파이어홀 강으로 흐르는 온천물

셀시어 간헐천(Excelsior Geyser) 등에서 1분당 3,000톤 이상의 뜨거운 산성 성분의 온천물을 파이어홀 강(Firehole River)으로 쉴 새 없이 쏟아낸다.

산 아래, 저 멀리 보이던 그랜드 프리즈매틱 스프링이 다가온다. 언젠가 사진으로 봤을 때 색과 모양이 빚어내는 오묘한 신비로움에 빠져버렸던 그 곳이다. 이제 그 장엄한 실물을 눈앞에 두고 있다. 지름이 113미터, 깊이가 37미터에 이르는 거대한 퍼런 물구덩이에선 옅은 물안개를 뿜어내면서, 이글거리는 태양처럼 노랗고 붉은 물감이 가장자리에서 사방으로 꿈틀거린다. 이 거대한 수채화가 내 앞에 놓일 때 심장은 빨라지고, 숨소리는 잦아진다. 길을 벗어난 곳에 중절모가 놓여 있다. 그 찬란한 광경에 경외를 나타낸 것일까?

한참을 보고 있으니 점점 더 시퍼런 사파이어 물웅덩이 한가운데로 빨려

그랜드 프리즈매틱 스프링 : 빛의 프리즘, 생명의 스펙트럼

들어간다. 아무도 가보지 못한, 갈 수도 없는 지구 내부의 심연으로⋯⋯. 길을 따라 걸어가다 보면, 온천수와 박테리아, 그리고 석회암이 만들어내는 색깔도 조금씩 달리 보인다. 미적 감각의 경험 세계에 균열이 생기고, 마음이 요동친다.

우리는 혼자가 아니라는 것을 증명이라도 하듯 놀라움과 두려움 사이에서 손을 잡고, 사진에 담는다. 이곳을 두고 안내 표지판에 빛의 프리즘, 생명의 스펙트럼(Prism of Light, Spectrum of Life)이라 쓰여 있는 이유를 알 것도 같다.

누가 먼저라고 할 것도 없이 우리는 작은 웅덩이(Opal Pool) 앞에 주저앉는다. 마음을 추스르기에 적당한 곳이다. 온천수의 따스함과 해발 2,000미터 높이에서의 햇빛을 받으며, 우리들의 얼어붙은 마음은 녹아내린다. 우리는

누군가 곁에 있다는 것, 살며 사랑하며 죽는 순간에

그렇게 곁에 있음에 대하여 묵묵히 서로 감사하면서 눈꺼풀이 무거워진 느린 시간을 보낸다.

'사랑, 삶, 죽음의 순간에 누군가 옆에 있다는 것은 가장 중요한 일"이라고 『인생수업』은 환기시켜 준다. 나는 일찍이 아버지를 여의고, 어머니마저 다른 세상으로 보내드릴 때, 그 순간을 함께 하지 못했다. 중학 2학년 때, 불치의 병과 사투하시다 끝내 숨을 거두신 아버지, 당신을 곁에서 보내드리기에는 나는 너무 어린 나이였다. 세월이 흘러, 두 아이를 둔 가장이 되고서, 오랜 병환 끝에 급성 폐렴으로 돌아가신 어머니의 임종도 지켜드리지 못했다. 병원에서 쓸쓸히 생을 마감하셨다는 소식을 들었을 때, '인간에게 가장 중요한 일'조차도 지키지 못한 나는 절망했다. 뿐만 아니라 새벽에 연락을 받고 달려갔지만, 이미 숨을 거두신 장인어른을 뵈었을 때, 내가 할 수 있는 일이란 고작 잠시 동안 어르신을 지켜보는 일이었다. 쓸쓸히 생을 마감하셨을 부모님과 친구를 어쩌다 생각할 때면, 남몰래 눈물을 훔치는 게 내가 할 수 있는 속죄였다.

우리는 지금, 언제 폭발할지 모르는 옐로스톤에서, 곁에 있는 것만으로 서로에게 중요한 일을 하고 있는 것이라 믿고 싶다. 어쩌면, 살며, 사랑하며, 죽는 순간까지 곁에 있음을 지키기 위해, 우리는 견고한 믿음의 성을 쌓아가고 있는지도 모른다.

아, 이제야 조금은 알겠다. 고등학교 시절 마지못해 읽었던(그렇다 대입시에 도움이 된다는 어느 트럭 책장사의 말에 넘어가 10권짜리 한국 단편소설전집을 샀고, 투자한 돈이 아까워 그것을 읽었다), 전영택이 쓴 단편소설 「화수분」에 나오는 '화수분'이 아내와 아이를 껴안고 밤을 지샌 이유를……

재물이 자꾸 생겨서 아무리 써도 줄지 않는다는 화수분. 이름과는 달리 그는 딸아이마저 남에게 보내고서 통곡할 수밖에 없는 지독한 가난 속에서 살

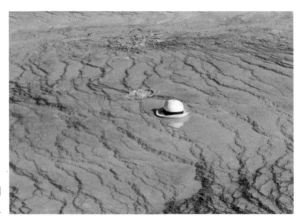

그랜드 프리즈매틱 스프링의
중절모 : 인생도 이런 것일까.

다가, 그를 찾아 나선 아내와 함께 최후를 맞는다. 이 이야기의 주제를 '가난 속에 피어난 어버이의 고귀한 사랑'이라고 한다고 치더라도, 지금 우리에게 중요한 것은 아버지가, 어머니가, 아이가, 죽음의 순간을 함께 하고 있다는 것이다. 그들은 적어도 그 순간만큼은 외롭지 않았으리라. '죽는 순간에 함께 있음'을 우리 소설이 보여준 숭고한 순간이리라.

바라건대 우리가 사랑할 때, 살아갈 때, 죽을 때 사랑하는 이들이 함께 있어주길 원한다. 마음에서 우러나는 진실한 사랑과 위로와 믿음으로 충만하길 원한다. 그러나 세상일이란 우리가 바라는 대로 잘 되지 않는 법이다. 수많은 사람들은 사랑한다는, 잘 가라는 따스한 말 한마디도 듣지 못한 채 홀로 눈을 감는다. 이산가족들은 사랑하는 사람과 만나지도 못한 채 눈을 감고 있다. 입시 지옥에서도 그나마 꿋꿋하게 버텨온 우리 아이들은 더 이상 견디지 못하고 사랑하는 사람들을 남겨두고 세상을 떠난다.

조기 유학 붐을 타고 수많은 엄마와 아이들이 어린 시절부터 가족과 떨어져 미국 땅을 밟는다. 그러나 의도와는 달리 아이들은 그들대로 고민에 빠져 있고, 남편과 아내는 멀어져간다.

한국의 대학을 졸업하고, 주간 신문사 기자로 있다가 미국으로 건너가 현

누군가 곁에 있다는 것, 살며 사랑하며 죽는 순간에

재 오하이오주 실베니아에 살고 있다는 이경숙은 「옐로스톤의 오후」라는 소설에서 "과연 우리 아이들이 싱싱하게 새로 자라나고 있는 저 나무들처럼 벌레 먹지 않고 깨끗하게 성장하고 있는가?"라고 묻고 있다.

이야기의 주인공 '성예'는 옐로스톤의 죽은 나무와 같은 운명에 처하게 될 자신을 생각하고, 그러면서도 아이들의 건실한 성장 가능성이 있는가를 물을 때, '가슴이 답답해'질 뿐이다. 그러나 비록 그녀가 벌거벗은 채 죽어가면서 곁에 있는 한, 그리고 그 고목이 거름이 되고, 그 거름을 먹고, 저녁 '햇살'을 받고 자라는 어린나무들이 있는 한, 희망의 끈을 놓을 수는 없는 법이다.

이제, 우리는 유황냄새, 뜨거운 물과 수증기, 박테리아가 칼데라와 뒤엉켜 빛의 프리즘, 생명의 스펙트럼을 이루는 이곳을 떠나련다. 누군가와 함께 하기 위하여, 우리 안에 죽어버린 어떤 것을 되살리기 위하여, 솟구치려는 마그마와 같은 불씨를 안고서……

인생이란 어디론가 떠나는 것

평범한 사람들의 역사,
영혼에게 진정 바라는 것

여행지
옐로스톤 국립공원(Yellowstone National Park)
: 옐로스톤 폭포(Yellowstone Falls), 옐로스톤 호수(Yellowstone Lake)

안내자
이육사(1905~1944), 하워드 진(1922~2010)
「교목(喬木)」(이육사, 1940),
『하워드 진-살아있는 미국역사』(하워드 진 · 레베카 스테포프, 2008)
〈감자 먹는 사람들〉(빈센트 반 고흐, 1885), 〈스모크 겟츠 인 유어 아이〉(J. D. 사우더, 1958),
〈영혼은 그대 곁에〉(스티븐 스필버그, 1989)

이육사는 「교목」이라는 시에서 "푸른 하늘에 닿을 듯이 / 세월에 불타고 우뚝 남아서서 / 차라리 봄도 꽃피진 말아라."라고 일제의 혹독한 시절에 굽힐 수 없는 의지를 피력했건만, 이 대자연이 벌이는 사투 끝에는 '고목(枯木)'으로 죽어간 나무들이 곳곳에 쓰러져 있다. 그러면서도 푸른 나무와 풀들이 틈틈이 자라고 있다. 이 생(生)과 사(死)를 가르는 스펙트럼의 근원에는 분명 저 깊숙한 곳에 자리한 그 무엇이 있으리라.

겉보기에 화려한 것으로 둘러싸인 옐로스톤은 우리에게 경이로움과 즐거움을 준다. 그러나 이 공원에 뿌리를 두고 있는 생명의 눈으로 볼 때, 옐로스톤은 혼신의 힘을 쏟아야만 살아남을 수 있는 그런 곳이기도 하다. 그래서 옐로스톤은 우리에게 안타까움과 숙연함을 준다.

인간사도 그런 게 아닐까. 옐로스톤을 보면서 하워드 진과 레베카 스테포

옐로스톤의 고목 : 대자연이 벌이는 사투 속에는 고목과 푸른 생명이 있다.

프가 『하워드 진－살아있는 미국역사』에서 역사를 정복자나 지배자에 관한 이야기로만 볼 수 없다는 말을 되새기게 된 것은 우연일까. 옐로스톤은 그것을 이루는 생물과 무생물들의 세월이 빚어가듯이, 인간사도 수많은 사람들이 만들어가는 시간들이다. 왕이나 대통령들만이 아니라, 우리네 아버지와 어머니, 형제, 자매와 같은 필부필부들이 함께 일구어온 시간들이다.

특별히 아이들이 훗날 옐로스톤을 다시 찾을 때 혹은 사람 사는 일을 생각하게 될 때, 거창하고 화려한 듯 보이는 권력과 억압을 휘두르는 자들의 시각이 아니라, 아버지와 어머니와 같은 사람도, 논밭과 공장에서 일하는 사람들도 기억할 수 있는 겸손하고 공존하는 시각을 가질 수 있기를 소망한다. 옐로스톤 폭포를 뒤로하고, 노란 들꽃이 뿌려진 산등성이를 내려오니, 쓰러

인생이란 어디론가 떠나는 것

진 나무들이 도로 양쪽에 겹겹이 쌓여 있다. 공원의 3분의 1이상을 태워버린 1988년 대화재의 후유증을 아직도 앓고 있나 보다. 자연도 사람도 큰 아픔이 아물기 위해서는 긴 시간이 필요하리라.

고목들 사이로 언뜻언뜻 보이는 빛 속에서 하얀 스웨터를 입은 수호천사 햅(오드리 헵번)이 나타날 것만 같다. 〈영혼은 그대 곁에(Always)〉라는 영화에서 옐로스톤 산불 진화를 위해 사투를 벌이던 항공소방관 피트 샌디치(리처드 드레이퍼스)는 엔진에 불이 붙은 동료 소방관 엘 약키(존 굿맨)를 구하고, 사랑하는 사람 도린다(홀리 헌터)를 두고 자신은 비행기와 함께 산화한다. 산불로 잿더미가 된 숲에서 수호천사 햅은 피트의 영혼이 가여웠는지, 그의 영혼과 마주한다.

수호천사 햅은 우리가 하는 일은 혼자 하는 게 아니라는 것, 그곳에는 늘 신의 숨결(스피리투스!)이 함께 하는 것이라는 것, 그리고 이제 그 일을 피트가 해야 한다고 말한다. 그러나 이 세상을 떠도는 피트는 여전히 도린다를 사랑하며, 그녀가 다른 사람을 만나는 것을 시기하기도 하고 질투하기도 한다. 그는 그녀를 영원히 사랑하고 싶다. 하지만 현실은 그렇지 않다. 산 사람과 죽은 영혼. 그렇기 때문에 그는 마음이 너무 아프다.

〈영혼은 그대 곁에〉는 우리에게 이렇게 말하는 듯하다. 살아 있을 때 사랑하는 사람을 진정으로 사랑하라. 그리고 행여 사랑하는 사람을 두고 그렇게 하지 못하고 죽거들랑, 사랑했던 시간들이 있었다는 걸 기뻐하고, 사랑하는 사람들을 위해 진정으로 무엇을 해야 하는가를 생각하라.

우리는 옐로스톤 폭포를 지나 동쪽 길을 택한다. 카우보이와 인디언들의 발자취를 만나기 위해서다. 길 오른편에 펼쳐진 거대한 옐로스톤 호수에는 너울이 일렁인다. 너울은 마치 도린다와 아이가 하얀 드레스를 입고 〈스모크 겟츠 인 유어 아이(Smoke Gets in Yours Eyes)〉에 맞추어 춤을 추고 있는 듯하다.

우리는 호숫가에 자리를 잡는다. 늦은 점심을 먹기 위해서다. 여름인데도 건너편 산에는 눈이 쌓여 있다. 산과 호수에서 불어오는 바람이 매섭다. 반바지 차림의 나는 잔뜩 움츠러든다.

코펠에 물을 끓인다. 컵라면에 물을 붓는다. 여행 내내 우리 곁에 있는 김치와 함께 라면을 입에 넣는다. 하루 일을 마치고 등잔빛 아래에서, 굵은 힘줄을 지닌 손으로, 고흐의 〈감자 먹는 사람들〉이 어른거린다.

라면을 먹는 우리들이, 살아 있음에 감사하고, 여행을 다닐 수 있게 되어 다행이라는 것을 느낄 수 있다면 얼마나 좋겠는가. 행복을 맛보는 것은 덤이라고나 할까.

인생이란 어디론가 떠나는 것

카우보이 프런티어를
넘어서기 위하여!

여행지
코디(Cody, WY) : 버팔로 빌 역사 센터(BUFFALO BILL HISTORICAL CENTER),
코디 나이트 로데오(CODY NITE RODEO)

안내자
버팔로 빌 코디(1846~1917), 테디 루스벨트(1858~1919),
「우리들의 일그러진 영웅」(이문열, 1987), 「꽃」(김춘수, 1952)
〈브로크백 마운틴〉(이안, 2005)

옐로스톤 동쪽에 위치한 코디. 여행 안내책에는 미국 제26대 대통령을 지낸 테디 루스벨트(본명 : Theodore Roosevelt)가 코디와 옐로스톤 구간을 두고 '세계에서 가장 경치가 멋진 50마일'이라 했다고 소개되어 있다. 한때 사우스다코타주에 있는 목장에서 카우보이를 한 그가 이곳 경치에 반해서 한 말이다.

버팔로 빌 저수지를 지나고 절벽과 계곡이 어우러진 길을 따라 한 시간 정도를 달리다 보면, 버팔로 빌 역사 센터에 다다른다. 그곳 입구에는 버팔로 빌 코디로 보이는 동상(銅像)이 세워져 있다. 그는 콧수염과 턱수염을 기르고 카우보이 복장을 하고 왼손에는 장총을, 오른손에는 카우보이 모자를 들고 있다. 〈서부의 사나이〉와 같은 숱한 서부 영화, 카우보이 복장을 한 레이건 대통령과 같은 카우보이들의 이미지, 미식축구팀 댈러스 카우보이스와 같은 스포츠 등을 통해 우리의 기억 속에 각인되어 있는 카우보이다.

카우보이와 같은 총잡이는 우리에게 어떤 의미를 지닐까? 우리는 미국의 전설적인 카우보이 총잡이의 이름을 딴 도시, 코디에 있다.

버팔로 빌 코디의 본명은 윌리엄 프레더릭 코디(William Frederick Cody)다. 그는 미국 서부 개척 시대의 유명한 총잡이자 홍행사이기도 하다. 1872년 에는 미국 최고 무공훈장인 명예 훈장을 받았다. 인디언과의 전쟁에서 혁혁한 공을 세웠다는 것이 그가 훈장을 받은 이유다.

그는 와이오밍과 유타 등에서 프런티어맨(frontiersman), 안내자(guide), 척후병(scout)으로 활약한다. 버팔로 멸종과 때를 같이한 1870년대에는 '와일드 웨스트'(Buffalo Bill's Wild West and Congress of Rough Riders of World) 쇼를 만들어 미국뿐 아니라 영국과 유럽에까지 원정 공연을 할 정도로 당대 최대 '볼거리 쇼'를 제공하면서 부와 명예를 얻는다.

코디가 활약한 시대는 1860년대에서 1890년대에 이르는 이른바 '올드 웨스트(Old West)' 혹은 '와일드 웨스트(Wild West)'라 불린다. 미국은 1848년에 맥시코로부터 캘리포니아 일원의 땅을 양도받음으로써, 마침내 대서양에서 태평양 연안에 이르는 광대한 땅을 획득한다. 그때는 인디언들을 몰아붙인 땅인 텍사스 위쪽 로키산맥과 미시시피강 사이에 이르는 대평원을 완전히 장악할 때가 된 것이다.

프런티어! 우리와 미국인들의 가슴을 뛰게 하는 말이다. 미국에 최초로 상륙했던 유럽의 프런티어는 대서양 연안이었다. 그 이후 독립전쟁을 거치면서 본격적으로 아메리카의 프런티어로 바뀐다. 프런티어들은 땅과 황금을 손에 쥐는데 앞장서는 사람들로, 서부로 진격하는 광풍을 만든 주역들이다.

그러나 그들에게는 남의 땅을 정복하는 게 이른바 미개지의 개척을 의미하지만, 인디언(부족민)들에게는 그들의 삶이 뿌리째 뽑혀버리는 수난과 고통을 의미한다. 프런티어가 나서는 길에는 군인들이 없을 수 없으며, 그리하여 이들과 인디언(부족민) 간의 전쟁은 불가피하게 전개된다. 윌리엄 테쿰세 셔먼(W. T. Sherman)과 필립 셰리던(P. H. Sheridan) 등의 서부군 사령관은 '와일드 웨스트' 시절 인디언을 제거하는 최전선에 선 인물들이다. 그곳 지리와 정황에 밝은 버팔로 빌 코디는 셰리던 군대의 척후병 노릇을 하고, 대륙 횡단 철도 건설에 방해가 되는 버팔로를 제거하는 데 가이드로서 앞장선다. 그리고 인디언들을 제거하거나 보호구역으로 가두기 위해 그들의 양식인 버팔로의 씨를 말리는 일에 크게 기여한다(유럽인들이 북아메리카에 도착한 때에 4천만 마리에 이른 버팔로가 1870년대 말에는 거의 멸종된다). 그는 이른바 서부의 카우보이 '총잡이'들 중 하나인 것이다. 그는 우리에게 각인된 '거친 서부 남자'로서의 로맨스 이미지를 만든 실상을 보여준다(영화 〈브로크백 마운틴(Brokeback Mountain)〉에서는 두 카우보이의 애틋한 사랑 이야기도 펼쳐지기도 한다).

버팔로 빌의 '와일드 웨스트' 쇼는 미국, 유럽 등지에서 공연되면서, 오늘날까지 미국 서부 이미지를 형성하는 데에 기여하고 있다. 서부는 정복되어야 할 장소로, 인디언(부족민)들은 야만인으로, 백인이자 카우보이 주인공은 문명화의 프런티어로 그려진다.

이곳 사람들은 무슨 생각으로 그의 이름을 도시 이름으로 삼고, 그를 기념하는 박물관을 만든 것일까.

코디에 있는 스템피드 공원으로 간다. 6월에서 8월까지 열린다는 코디 나이트 로데오(CODY NITE RODEO)를 보기 위해서다. 입구에는 '세계 로데오 수도(REDEO CAPITAL OF THE WORLD)'라는 커다란 글자가 붙어 있다.

미국 국기를 든 소녀가 공연장을 한 바퀴 돌면서 시작한다. 카우보이들이 말을 타고 달리며 능숙하게 올가미를 던져 소나 말을 꼼짝 못하게 제압한다. 단원들이 말에서 여러 몸동작을 보여주기도 하지만, 공연의 하이라이트는 로데오다. 로데오는 길들이지 아니한 말이나 소를 탄 채 버티거나 길들이는

스템피드 공원의 코디 나이트 로데오 : 야생말과 카우보이, 자유와 길들임의 치열한 싸움

경기다. 이곳이 로데오 수도라고 하지 않았던가. 자유를 속박당하지 않으려
는 야생말과 이를 굴복시키려는 카우보이들 간의 치열한 싸움이 시작된다.

야생말의 입장에서 카우보이에게 길들여지는 것은 야생의 삶을 살 수 있
는 자유를 박탈당하는 것이다. 그러나 야생말이 자유를 박탈하려는 카우보
이에게 저항하는 것은 자연의 순리다. 카우보이는 야생말을 길들임으로써,
그에게 자신의 권력을 행사할 수 있기를 바란다. 그런데 야생말을 길들여서
자신의 손안에 두는 것을 자연의 순리라 할 수 있을까. 만약 그 대상이 야생
말이 아니라, 인간이라면……

환호성. 마침내 야생말을 굴복시켜버린 어느 카우보이에 대한 관중들의
외침이 들린다. 이문열이 쓴 「우리들의 일그러진 영웅」에서 부조리한 권력을
행사하는 반장 엄석대에 도전하지만, 마침내 백기를 들어버린 한병태가 떠
오른다.

한병태는 "저항을 포기한 영혼, 미움을 잃어버린 정신"이었기 때문에 슬
퍼할 수밖에 없었다. 그러나 그에게 사람만이 가질 수 있는 권력에 기인한

모멸감을 승화시킬 수 있는 능력이 없었던 것이 더욱 안타깝다. 아니다. 그만이 아니라, 우리는 이미 남에게 권력에 휘둘리는 모멸을 당하고, 내가 남에게 모멸을 주는 일에 교묘하고도 조직적으로 무디어져버렸는지도 모른다.

그럼에도 불구하고 우리는 김춘수 시인이 「꽃」이라는 시에서 서로 '잊혀지지 않는 눈짓이(의미가) 되고 싶다'고 했듯이, 우리 모두는 서로를 꽃이라는 이름으로 감금하는 것이 아니라, 서로에게 의미가 되어 마침내 친밀감과 연대감을 갖게 되기를 희망한다.

로데오가 끝날 무렵, 해는 옐로스톤에 그림자를 남기고, 대평원 끝자락의 써늘한 바람이 우리 일행을 재촉한다.

저자, 〈심연으로 가는 길목에서〉, 종이에 연필 _ 유타주 브라이스 캐니언

7부

목마른 세상, 시온은
어디에 있는가?

지난날, 책 속에서 '어린 왕자'를 만났을 때, '몹시 슬플 때, 해 질
무렵을 좋아한다'는 '어린 왕자'에게 어떤 위로의 말을 해야 할지를
몰랐다. 그저 무덤덤하게 넘겼을 뿐이다. 그가 왜 그러는지 공감하기
어려웠으니까. 이제, 브라이스 공원의 석양을 보면서 하루 동안
무려 '마흔세 번이나 해가 지는 걸 보았다'는 '어린 왕자'의 마음을
조금이나마 이해할 수 있을 것 같다.

지금, 우리는 중대한 기로에 서 있다!

여행지
그랜드 캐니언 북쪽, 남쪽(Grand Canyon, AZ) - 세도나(Sedona, AZ)

안내자
제러드 다이아몬드(1937~)
『문명, 그 길을 묻다』(안희경, 2015), 『문명의 붕괴』(재레드 다이아몬드 2005),
『세도나 스토리』(이승헌, 2011), 『아메리카』(장 보드리야르, 1986)
〈델마와 루이스〉(리들리 스콧, 1991)

　하룻밤 둥지를 튼 굴딩스 캠프 공원에 모뉴먼트 밸리의 붉은 사암을 달구
는 해가 솟는다. 5월 중순에서 10월 중순까지만 갈 수 있다는 그랜드 캐니언
국립공원 북쪽 지역으로 향한다. 황량한 들판에 듬성듬성 나 있는 풀들이 도
로 양쪽에 끝없이 이어진다. 콜로라도 강을 건너 북쪽 그랜드 캐니언에 들어
선다.

　그랜드 캐니언은 죽기 전에 꼭 가봐야 할 곳으로 꼽히는 곳이다. 방문객
안내소에 들러 브라이트 엔젤 포인트(Bright Angel Point)에 이르니 웅장한 협
곡이 모습을 드러낸다. 그랜드 캐니언 남쪽이 지척으로 보인다. 걸어서 금방
이라도 건너갈 수 있을 것만 같다. 협곡을 건너 남쪽에 가보면 어떨까? 계곡
의 깊이는 1.5킬로미터, 직선 거리는 16킬로미터. 건너편까지 21.5킬로미터
를 걸어가야 한다. 여러 변수들을 감안하면 하루 만에 건너기는 무리다. 가
끔 실종자가 발생하기도 한단다.

언젠가는 이 협곡을 걸어서 건너보고 싶다는 간절한 마음을 갖고서, 루즈벨트 포인트(Roosevelt Point), 포인트 임페리얼(Point Imperial)을 거쳐 남쪽 그랜드 캐니언으로 향한다. 북쪽 그랜드 캐니언에서 지적으로 보이던 남쪽 그랜드 캐니언으로 가는 길은 멀기만 하다. 자동차로 네 시간을 달려야 한다. 카이밥 국유림 소나무 숲을 지나면서 남쪽 그랜드 캐니언 계곡의 모습이 언뜻 언뜻 보인다. 공원 내에 있는 숙소에 도착할 무렵에는 태양의 여운이 남아 있을 때다.

그랜드 캐니언의 새벽. 이곳 마을의 잣나무와 노간주나무 숲이 개벽한다. 어스름 천지가 하늘과 맞닿은 지평선 너머로부터 햇살이 뿌려진다. 그것은 마치 대지에 누운 거대한 여신의 몸에서 품어져 오는 신기루와 같다. 왜 이곳이 어머니 전망대(Mother Point)인지를 알 것 같다.

콜로라도 강물은 20억 년이나 된 바위들을 600만 년이란 세월에 걸쳐 파고 또 팠다. 그런 세월 속에서 계곡에는 층층이 속살이 드러나고, 깊고 깊은 주름이 새겨졌다. 마더 포인트에서 본 세계는 어머니와 같은 모습으로 계곡과 콜로라도 강줄기를 인자하고 포근하게 감싸고 있다.

리들리 스콧이 감독한 영화 〈델마와 루이스〉에서 델마와 루이스는 자동차를 탄 채 이 계곡을 향해 뛰어 들었다. 가정주부인 델마(지나 데이비스)와 웨이트리스인 루이스(수전 서랜던). 그녀들은 얽매인 가정과 지겨운 일상을 벗어나 여행을 감행한다. 여행 중 술집 주차장에서 강간을 당할 위기에 처한 델마. 루이스는 그녀를 구하는 과정에서 참을 수 없는 성적 모욕을 준 남자를 향해서 권총을 발사한다. 그녀들은 당황했고, 달아난다. 그녀들은 집으로 돌아갈 수 없는 처지가 되어 살길을 찾는다. 멕시코로 향한다. 추격해 온 경찰의 포위망에 걸려든 그녀들은 필사적으로 그물망을 빠져나가려 한다. 그러나 그녀들이 도착한 곳은 이제 더 이상 갈 수 없는 그랜드 캐니언의 절벽. 막

인생이란 어디론가 떠나는 것

북쪽에서 본 그랜드 캐니언 : 600만 년의 세월이 만든 계곡

저자, 〈한담〉, 종이에 연필 _ 애리조나주 그랜드 캐니언

지금, 우리는 중대한 기로에 서 있다!

호피하우스에 들어서고 있는 호피족

다른 곳. 눈빛으로 서로의 마음을 확인한 델마와 루이스는 손을 잡은 채 자동차를 몰고 절벽으로 질주한다. 그녀들은 아이들을 남긴 채 자연의 어머니인 그랜드 캐니언의 품속으로 갔다. 누가, 무엇이 그녀들을 막다른 곳으로 몰아, 끝내 돌아올 수 없게 했을까.

　계곡을 따라 만들어진 허미트 레스트 루트(Hermit Rest Route)를 다니는 버스를 타고 오르내린다.

　림 트레일(Rim trail)을 걷는 동안 콜로라도 강은 아득히 먼 계곡 속에서 간간이 얼굴을 보여준다. 불현듯 끝없이 계곡을 파고드는 콜로라도 강물을 상상한다. 끝도 모를 깊은 계곡의 심연. 계곡에 축적된 셀 수도 없는 세월의 흔적. 시간의 무게만큼이나 그곳은 매혹적으로 우리를 몰입하게 한다.

걸음을 멈추고 계곡을 본다. 여행 안내서를 보니 하루 만에 콜로라도 강까지 내려갔다가 올라오는 것은 어려운 일이라고 되어 있다. 그래서 대부분의 등산객들은 계곡 아래에 있는 인디언 가든 캠프그라운드(Indian Garden Campground)에서 하룻밤을 머문다. 간혹 그곳 숙소를 예약하지 못한 등산객 가운데 모험을 하는 이들이 있다 한다. 그들은 해 뜨기 전에 숙소를 출발하여 계곡 아래에 있는 콜로라도 강을 찍고 돌아온다. 한밤중이 되어서야 돌아오는 이들도 있지만, 그렇지 못한 이들도 있단다. 그랜드 캐니언의 계곡은 그렇게 호락호락하지 않은 모양이다.

림 트레일을 따라서 걷다가 마을로 돌아온다. 마침 호피족 복장을 한 남성이 호피하우스(HOPIHOUSE)에 들어가기에 따라간다. 호피족은 나바호족에 둘러싸여 애리조나주 북동부에 살고 있다. 백여 년 전과 비슷한 생활을 유지하는 몇 안 되는 인디언 부족이다. 온순하고 평화를 사랑하는 부족으로 알려져 있다.

호피하우스 건물과 그곳에서 일하는 호피족들은 관광지의 명물이 되었다. 불과 100여 년 전만 해도 제국주의의 속국이었던 민족들은 만국박람회장에서 그들의 노획 전시물이 되기도 하였다. 그들이 보기에 '미개한' 종족들은 박람회장의 눈요깃감이었나 보다. 호피족은 지정된 보호구역에 갇혀(1882년) 생활하지 않을 수 없었다. 이들도 다른 인디언들처럼 오랫동안 유지해온 자신들의 고유한 삶의 양식들을 잃

호피족 장인들이 세웠다는 엘 토바 호텔 로비

어버리면서 미합중국 변방의 일원으로 변해갔다. 호피하우스에서 팔고 있는 공예품과 사진엽서들만이 근근이 그들의 마음을 대신하고 있다. 관광객들의 호기심을 자극하면서 말이다.

1905년 호피족 장인들이 세웠다는 엘 토바 호텔에는 그곳 부족의 흔적이 고스란히 남아 있다. 호텔 중앙에 놓인 진열장에는 호피족의 기념품들이 관광객들의 시선을 끌고 있다. 검은 기둥과 대조되어 밝고 화려한 듯하다. 그러나 그런 만큼 그것은 스러져가는 종족의 마지막 불꽃처럼 보여 더욱 쓸쓸하게 보인다.

비가 부슬부슬 내린다. 안개가 자욱하다. 맑은 날이면 엘 토바 호텔 식당에서 그랜드 캐니언을 볼 수 있으련만, 오늘은 그렇지 못하다. 식당 바로 앞에는 브라이트 엔젤 트레일(Bright Angel Trail)이 있다. 안개 속을 물끄러미 바라보고 있노라니, 마음은 그 길을 따라 협곡으로 향한다.

주문한 음식이 나온다. 누군가 말한다.

"우리 후손들도 이곳을 볼 수 있을까? ……."

『총, 균, 쇠』로 우리에게 익숙한 재레드 다이아몬드(Jared Diamond)는 『문명의 붕괴』에서 지구는 이제 시한폭탄이 되었다고 했다. 최근 한 대담에서 그는 우리의 삶의 방식을 바꾸지 않으면 지구 대부분의 자원은 50년을 버티지 못할 것이라 했다. 그래서 그가 보기에 우리에게 남은 시간은 단지 50년뿐이다. 그의 말이 진실이라면, 우리는 지금, 중대한 기로에 놓여 있다. 캄보디아의 앙코르와트, 남태평양의 이스터 섬, 마야 문명 등 여러 문명들이 사라져 갔듯이 우리의 문명도 사라질 수도 있을 테니까. 재레드 다이아몬드가 지적한 '환경 파괴, 나라 간의 적대적 관계, 기후 변화, 사회 문제에 대한 위기 대처 능력 저하, 우방과의 협력 감소' 등이 심화될수록 우리의 문명은 몰락의

인생이란 어디론가 떠나는 것

길을 가게 될 것이다.

그랜드 캐니언을 떠나면서 언제 또 이곳을 찾게 될지 모른다고 생각하니 착잡하기만 하다. 재레드 다이아몬드의 지적으로부터 우리는 자유로울 수가 없고, 그래서 책임을 면할 수도 없기 때문이다. 다행히 우리가 그의 경고를 받아들인다면, 언젠가 다시 이곳에 올 수 있을 것이다.

늦은 점심을 먹은 후에, 우리는 그랜드 캐니언 동쪽 데저트 뷰 드라이브(Desert View Drive) 길을 따라 카이밥 국유림의 폰데로사 소나무 숲을 지난다. 플래그스태프(Flagstaff)를 향해 남하한다. 세도나로 향하는 89A 샛길을 탄다. 길은 곧장 내려가다가 구불구불 험한 산길을 타기도 한다. 오크 크리크 캐니언(Oak Creek Canyon)을 지나는 길에는 붉고, 노랗고, 하얀 색으로 칠해진 절벽들이 거대한 미루나무 가로수들과 줄지어 있다. 우리는 점점 깊숙하고 은밀한 다른 세상으로 들어선다.

단학선원을 설립하여 기(氣) 수련을 세계에 알리는 데 기여한 명상가이자 뇌교육자인 이승헌은 『세도나 스토리』에서 이렇게 말한다. 세도나는 "미국 애리조나의 사막에 핀 꽃"이자, "강렬한 생명력을 뿜어내는" 곳으로 "우리 안의 가장 위대한 정신을 일깨우는 특별한 힘"을 가지고 있다고 했다.

그의 말처럼 강렬한 생명력을 뿜어내는 세도나를 찾는 이유가 있다. 세도나는 1980년대에 초자연적 에너지라고 하는 볼텍스(vortexes)가 발견되면서 기(氣)와 관련한 사람들에게 아주 인기가 있는 곳이 되었다. 지구상에서 가장 유명한 볼텍스가 네 개(Bell Rock, Cathedral Rock, Airport Mesa, Boynton Canyon)나 있는 곳이라 하니 그럴 만도 하다.

나는 몇 년 전부터 율려선이라는 기수련을 해왔다. 동료 교수의 권유로 우연히 율려선을 하게 된 것은 종교적인 것과는 무관하게 순전히 건강을 위한 것이었다. 율려선은 선도(仙道)의 일종으로 신체 내에 기를 축적시키고 그것

지금, 우리는 중대한 기로에 서 있다!

을 순환시켜 심신을 활력 있게 하고 건강하게 사는 수련법을 말한다. 율려선은 오래전부터 내려오는 여타의 단학과 같이 전래의 선도에 뿌리를 두고 있지만, 수련법을 통해 대중들에게 확산되어 갔다. 이곳 세도나가 수련하는 사람들에게 잘 알려진 곳이고, 실제로 많은 사람들이 이곳에서 수련을 하고 있다고 하니, 자연스럽게 관심을 가지지 않을 수 없었던 것이다. 이곳의 분위기도 익히고, 가능하다면 수련하는 시간도 갖고 싶었다.

세도나는 활력이 넘치고 평온한 느낌이 드는 곳이다. 세도나 입구에 있는 여행자 안내소를 들러 캐드럴 록(Cathedral Rock)을 찾아 간다. 온통 붉은 바위로 가득한 산길을 올라간다. 멀지 않은 곳에 성당 같은 바위가 우뚝 솟아 있다. 우리는 벨 록(Bell Rock)을 비롯하여 가파른 벼랑으로 이루어진 거대한 뷰트(butte)가 보이는 곳에 자리를 잡는다. 이곳에 서 있는 것만으로도 기가 충만해지는 듯하다. 붉은 바위와 촘촘히 박힌 나무들의 생명력에 둘러싸인 환경 때문인가, 아니면 볼텍스 때문인가. 율려선 몸동작을 취해 이곳과 교감을 시도한다.

해가 저물어가니, 낮에 덥혀진 열기도 금세 식어간다. 멋진 일몰을 보기 위해 오던 길을 거슬러 세도나 공항으로 향한다. 지구상에서 가장 유명한 볼텍스 중의 하나인 에어포트 메사(Airport Mesa)로 가기 위해서다. 공항 전망대에서 거대한 세도나 일대의 풍광을 조망한다. 도시 문명은 듬성듬성 솟은 거대한 붉은 바위산과 이곳을 둘러싼 메사 속으로 빨려 들어가는 듯하다. 마을 주민들과 관광객들의 얼굴에는 괴로움은 온데간데없고, 어쩌면 천국의 문턱에서나 엿볼 수 있는 밝은 표정으로 가득하다.

버림받은 고양이를 보고 측은지심(惻隱之心)이 발동해서 동물에 관심을 갖게 된 딸아이는 그곳 주민과 함께 온 강아지를 얼러본다. 행복한 순간에

인생이란 어디론가 떠나는 것

에어포트 메사에서 본 세도나 : 지구상에서 가장 유명한 볼텍스가 네 개 있다.

는 가장 좋아하거나 사랑하는 사람과 함께 하고 싶어 하는 게 인간의 마음이
리라. 초등학교에 다니던 딸아이는 어느 날 길거리에 버려진 고양이를 데려
와 씻겨주고 먹이도 준 적이 있단다. 그러나 고양이를 원래 있던 자리에 두
고 오라는 엄마의 엄명이 떨어지고, 딸아이는 마지못해 고양이를 데리고 갔
으나, 차마 떼어놓지 못하고 울고 만다. 함께 갔던 오빠는 고양이를 동네 동
물병원에 맡기자고 한다. 그리고 아이 둘은 동물병원에 갔단다. 그 사연을
나중에야 알았다. 딸아이가 왜 유달리 동물들을 귀여워하는지를 이해하려고
관심을 두면서부터다.

　이곳 풍광을 즐기는 백인들을 보면서, 유럽 이민자들이 이 땅에 삶의 터전
을 개척하고, 그들의 후손으로 살아가는 행복한 모습을 확인한다. 이 순간만

큼은 그들은 분명 축복받은 사람들이다. 더구나 그들이 소중하게 생각하는 자유와 민주주의를 위해 싸우고, 행복을 추구하는 일은 더욱 가치 있는 것으로 보인다. 퇴임한 아프리칸 아메리칸 대통령이 노조 가입을 독려할 수 있는 나라라는 것을 생각하면 이곳은 분명 다른 특별한 무엇이 있는 것처럼 보인다. 그러나 한편으로는 그들의 조상들은 원주민들과 싸워 땅을 차지해왔다. 그리고 이 땅에는 돈을 유별나게 밝히는 자본가들, 인종차별주의자들이 있다는 것도 엄연한 현실이다.

해가 지면서 사위는 어두워간다. 해는 변화하는 색들의 스펙트럼을 붉은 바위에 칠하면서, 우리의 길을 재촉한다.

인생이란 어디론가 떠나는 것

우리는 왜, 무엇을 위해 도박을 하는 걸까?

여행지

라스베이거스(Las Vegas, NY)

안내자

선우휘(1922~1986), 이상(1910~1937), 채만식(1902~1950),
만델브로트(1924~1910), 장 보드리야르(1929~2007)
「건축무한육면각체」(이상, 1932), 「도박」(선우휘, 1962), 「탁류」(채만식, 1937)
〈스팅〉(조지 로이 힐, 1973)

포스트모더니즘 논의의 한복판에 있는 프랑스의 사회학자이자 비평가인
장 보드리야르(Jean Baudrillard)는 미국을 횡단한 후 쓴 『아메리카』에서 아메리
카는 우리에게 하나의 사막이라 했다. 이곳의 문화는 야생적이며, 따라서 문
화도 문화적 담론도 존재하지 않는다고도 했다. 그가 아메리카를 두고 한 이
같은 생각은 이곳 대륙을 횡단하면서 갖게 된 것일지도 모른다. 야생과 사막
의 생존력 속에 미국이 있다는 것으로 이해된다. 그런데 문화도, 문화적 담
론도 존재하지 않는다는 것은 무엇을 말하는 걸까. 그가 생각하는 문화란 무
엇인가. 문화의 용광로 속에서 특별한 그 무엇을 생각한 것은 아닐까. 그러
나 나는 아직 미국이라는 나라에 대하여 갖게 되는 온갖 수수께끼에 대한 답
을 잘 알지 못한다.

저 멀리 밤하늘 아래, 사막 한가운데에 한 다발의 노란 장미꽃으로 다가오

는 게 있다. 라스베이거스다. 잭팟이 터지는 라스베이거스의 한 카지노에서 수많은 청중들에게 강연하는 장 보드리야르의 모습을 떠올린다. 카지노와 청중 사이에 그가 있다.

라스베이거스의 상징, 도박. 이 말은 우리에게 묘한 느낌을 준다. 돈을 따거나 기회를 잡을 수 있는 것과 없는 것의 낙차, 합법과 불법 사이의 줄타기, 그리고 놀이 등이 주는 흥분, 즐거움, 기대 때문일 것이다.

어린 시절 강렬한 인상을 남긴 영화가 있다. 영화가 나온 이듬해에 아카데미상 최우수작품상을 받은 〈스팅(The Sting)〉이라는 영화다. 미국에서 태어나 예일대학을 나오고 제2차 대전과 한국전쟁에서 해군 비행 조종사로 보냈다는 조지 로이 힐이 메가폰을 잡은 이 영화는 극장에서 개봉된 후 TV '명화극장' 등에서 꾸준히 재방영되어 인기를 누려왔다. 이 영화의 반전은 강렬한 인상을 남긴다.

영화는 일리노이주 시카고에서 서남쪽으로 한 시간 남짓한 거리에 있는 졸리엣시에서 시작한다. 때는 1936년 9월, 1929년부터 시작된 경제공황의 여파가 채 가시기 전이다. 거리에는 부랑자들도 있고 좀도둑과 도박이 성행한다. 야바위꾼인 자니 후커(로버트 레드포드)는 거리에서 갱단 두목에게 입금할 돈을 운반하던 운반책으로부터 11,000달러라는 거액의 돈을 탈취한다. 그날 그는 애인에게 주기로 한 50달러가 포함된 3,000달러라는 거금을 단 한 번의 룰렛 게임으로 잃는다. 욕심은 욕심을 낳고, 쉽게 얻은 재물은 쉽사리 날리는 법. 그런데 어쩌랴. 그 돈은 갱단 두목에게 가야 할 돈이었던 것을. 갱단 두목은 가만있지 않을 터. 두목 도일 로네건(로버트 쇼)은 돈을 털어간 야바위꾼 두 사람을 처치할 것을 지시한다. 후커는 동료 야바위꾼 루터를 잃은 뒤, 루터의 친구인 야바위꾼 헨리 곤도프(폴 뉴먼)를 찾아가 로네건을 복수할 궁리를 한다. 로네건을 가짜 경마 도박장으로 유인하여 50만 달러를 건

로네건을 감쪽같이 속이는 데 성공한다. 이 영화는 도박 그 자체보다는 대단원에서 반전과 복수를 위한 장치로서 영화의 재미를 더해준다.

도박이 나오는 영화는 이것 말고도 수없이 많다. 〈컬러 오브 머니〉(1986), 〈영웅본색〉(1986, 1988, 1989), 〈카지노〉(1995), 〈도신 – 정전자〉(1989), 〈도성〉(1990), 〈지존무상〉(1989), 〈쉐이드〉(2003), 〈007 카지노 로얄〉(2006), 〈21〉(2008), 〈타짜〉(2014), 〈신의 한수〉(2014)……. 도박 없는 인간 사회를 생각할 수 없듯이, 그것 없는 영화도 상상할 수 없다.

'도박'이라는 말에서, 떠오르는 곳은 어디일까? 라스베이거스, 마카오, 강원랜드……. 이 가운데 라스베이거스는 단연 첫머리에 온다. 라스베이거스는 도박, 서커스, 환락의 도시라는 이미지가 한꺼번에 떠오른다. 에스파냐 사람들이 이곳을 발견하고 붙인 '초원'이라는 뜻의 라스베이거스는 오늘날 '도박'과 '쇼'로 표상되는 도시로 상징화되어 있다. 그러한 신화 속에 자리 잡은 라스베이거스는 수많은 관광객들을 욕망을 찾아 나서는 부나비로 만들어 버린다.

우리가 라스베이거스를 찾은 것은 이런 욕망으로부터 자유로울 수 없을 뿐더러, 그 현장을 온몸으로 확인하고 싶기 때문이다. 도대체 우리에게 라스베이거스는 어떤 곳일까.

라스베이거스를 다녀온 사람들은 슬롯머신을 비롯한 도박에 얽힌 이야기를 한다. 본인이 도박장에서 '얼마를 땄다'는 이야기를 하거나, 전해들은 일확천금을 얻은 사람의 이야기를 그럴 듯하게 덧붙이기도 한다. 돈을 잃은 사람들은 말이 없고, 화려한 밤거리로 이야기를 돌리기도 한다.

맥캐런 국제공항을 지나 네온사인으로 덮힌 라스베이거스 거리의 불빛 속을 지난다. 익숙한 장면들이 길 양쪽으로 펼쳐진다. 피라미드와 룩소르 호

욕망의 용광로와 같은 라스베이거스의 밤거리

텔 & 카지노(Luxor Hotel & Casino), 동화 속 궁전과 엑스칼리버 호텔 & 카지노(Excalibur Hotel & Casino), CSI 과학수사대와 MGM 그랜드 호텔(MGM Grand Hotel), 뉴욕과 뉴욕−뉴욕 호텔 & 카지노(New York−New York Hotel & Casino), 에펠탑과 파리 라스베이거스(Paris Las Vegas), 성인쇼 광고판과 밸리스 라스베이거스 호텔 & 카지노(Bally's Lasvegas Hotel & Casino)……. 이 거리에는 유럽, 아프리카, 아메리카 등 온갖 욕망의 대상들이 집결해 있다. 라스베이거스의 밤거리는 이것들의 용광로 같다.

우리에게 「날개」라는 소설과 「오감도」라는 시로 친숙한 식민지 근대와 화해할 수 없었던 요절한 이상(李箱)이라는 사람이 있다. 그가 일제하 조선의 수도인 경성과 일본의 수도인 동경의 번화가에 서 있었다면, 우리는 지금 라스베이거스의 번화가에 서 있다. 라스베이거스 번화가(Las Vegas Strip)의 풍경은 이상이 경험한 근대의 기하학을 넘어선 듯하다. 그는 '신기한 것들이 있

인생이란 어디론가 떠나는 것

는 상점에서(AU MAGASIN DE NOUVEAUTÉS)'라는 부제가 붙어 있는 「건축무한육면각체」에서 백화점을 시적 대상으로 삼았다. 백화점은 온갖 상품들이 집결해 있는 소비 문화를 상징하는 곳이다. 이상은 그가 살았던 시절의 근대 백화점의 구조를 "사각형의내부의사각형의내부의사각형의내부의사각형의내부의사각형"이라 기술하면서 시작했던 것이다.

사각형의 세계는 200년 이상을 지배해온 유클리드의 기하학을 상징한다. 그것은 이상이 그토록 이상하게 여기던 세계이기도 하다. 그곳에서는 사각형 속에 또 다른 사각형이 반복되고 끝내 사각형의 세계에 갇혀버린다. 그것은 부분과 전체가 똑같은 모양의 구조로 되어 있다는 프랙털(Fractal)의 자기 유사성(self-similarity)과 순환성(recursiveness)의 특징을 갖는 것이기도 하다. 라스베이거스의 번화가는 욕망을 끝없이 자극하기 위해서 같은 모양의 반복을 부정하려고 안간힘을 쓰고 있지만, 건물 하나하나는 욕망을 재생산하고 있다는 점에서 자기 유사성과 순환성에서 벗어나 있지 않다.

프랙털 이론을 제시한 프랑스 수학자 만델브로트(Mandelbrot)에 기대어 물어본다. '라스베이거스의 길이는 얼마나 될까?' 욕망이라는 심리적 길이 말이다. 그것은 어떤 척도를 사용하느냐에 따라 달라지듯이, 그 길이는 무한대로 늘어날 수도 있다. 인간 부나비들을 라스베이거스로 불러들이는 동인은 바로 그 무한성에 있을 것이다. 욕망의 무한한 유혹과 질주······.

우리는 벨라지오 호텔에 있는 '카지노(Casino)'에 들어선다. 전문 도박꾼이나 갑부가 아닌 평범한 사람들은 일확천금은 아닐지라도 약간의 투자로 돈을 딸 수도 있을 것이라 기대한다. '요행수를 바라고 불가능하거나 위험한 일에 손을 대는 것'이 도박이 아니고 무엇이겠는가.

'원금 손실이 확실하지만, 잘하면 약간의 여비를 마련할 수도 있다!'
'운 좋으면 돈 벼락을 맞을 수도 있다!'

우리는 왜, 무엇을 위해 도박을 하는 걸까?

일제 식민지 시대, 풍자소설가로서 능력을 발휘한 채만식은 장편소설 『탁류』에서 그 시대에 만연한 도박을 탁월하게 재현한 바 있다. 일본인들이 1896년 인천에 미두(米豆) 취인소를 만들었고 이어 군산, 부산 등의 항구에도 설립했다. 이곳은 일제가 조선에서 나온 미두 등을 일본으로 실어 나르는 곳이었다. 미두(곡) 취인소는 현물 거래뿐 아니라 오늘날 선물 거래와 유사한 것으로 현물 없이도 미래의 가격을 예측해서 그것을 사고팔았다. 쌀값의 10퍼센트만 있어도 거래를 할 수 있었고, 따라서 적은 돈으로 막대한 돈을 벌 수 있다는 허황된 꿈을 가진 이들은 미두(곡) 취인소로 몰려들었다. 그러나 오늘날 일부 개미투자자들이 그렇듯이 당시의 그들도 재산을 탕진하였고 심지어 자살하는 사람들도 속출했다. 일제가 합법이라는 미명하에 동양척식 주식회사를 통해 조선인들의 땅을 수탈해갔다면, 미두(곡) 취인소를 통해 현금을 빼앗아갔다는 말이 있을 정도다. 채만식은 그의 소설에서 1930년대 중반 군산 미곡(米穀) 취인소에 대하여 "조금치라도 관계나 관심을 가진 사람은 시장(市場)이라고 부르고, 속한(俗漢)은 미두장이라고 부르고, 그리고 간판은 '군산미곡취인소(群山米穀取引所)'라고 써붙인 ××도박장(賭博場)"이라 썼다.

집이나 땅을 저당잡히고, 미두를 시작하고, 결국에는 빈털터리가 되고, 그곳을 떠나지 못하는 게 그 시절 미두장 도박에 손을 댄 사람들의 모습이었다. 여기에 등장하는 정 주사 역시 군서기에서 미두꾼을 거쳐 하바꾼(밑천 없이 투기하는 사람)으로 전락해갔다. 일제 식민지 조선의 군산 '미두장'이 식민지라는 과거의 특수한 국지적인 도박장이었다면, 라스베이거스의 카지노는 더욱 화려하고도, 공공연하면서, 교묘하게 욕망을 자극하는 제국주의적 국제 도박장이다.

그런데 우리에게는 해결되지 않은 '지금-여기'의 또 다른 도박이 있다. 경성사범학교를 나와 교사, 기자를 거쳐 정훈 장교로 예편한 소설가 선우휘가 쓴 「도박」(1962)에는 늙은 농군이 등장한다. 그는 도박을 싫어했을 뿐 아니라, 투전꾼인 삼촌과 함께 있었다는 이유로 아들의 종아리를 혹독하게 때리기도 하는 인물인데, 해방이 된 후에는 생존을 위한 도박에 관심을 갖게 된다. 해방 후 남북이 갈라서게 되자 그는 "도무지 어느 쪽이 견디어내고 어느 쪽으로 기울어질지를 알 수가 없는" 분단 현실에서 아내, 장남, 차남을 남으로 보내고, "어느 쪽이 나와도 밑천을 터는 위험"에 처하지 않도록 자기와 셋째는 북에 남는 도박을 감행한다. 이 늙은 농군의 '도박'에 아직도 희망을 걸어볼 만한가? 불행한 것은 그의 도박은 아직도 진행 중이라는 점이다.

우리는 왜, 무엇을 위해 도박을 하는 걸까?

누가, 두 눈을 뽑는 고통을
감내할 수 있을까?

여행지

라스베이거스(Las Vegas, NY) : 태양의 서커스(Cirque du soleil)

안내자

기 랄리베르테(1959~), 발터 벤야민(1892~1940), 소포클레스(BC 496~406)

『기술복제 시대의 예술 작품』(발터 벤야민, 2007), 『오이디포스 왕』(소포클레스)

〈라스베가스를 떠나며〉(마이크 피기스, 1995),

〈알레그리아〉(데브라 브라운, 1994), 〈O〉(프랑코 드라곤, 1998)

네온사인이 뒤덮인 라스베이거스 번화가에 자리한 벨라지오 호텔. '태양의 서커스'가 〈O〉 쇼를 펼치는 곳이다. 라스베이거스에서는 벨라지오 호텔의 〈O〉 쇼뿐 아니라 MGM 호텔의 〈카(KA)〉와 윈 호텔(WYNN Hotel)의 〈꿈(Le Reve)〉 등의 쇼가 알려져 있다. 이들은 캐나다의 거리 공연자로 알려진 기 랄리베르테(Guy Laliberté)가 캐나다 퀘벡주에 만든 '태양의 서커스'라는 세계적인 엔터테인먼트 회사의 작품들이다. 라스베이거스에 있는 상당수의 오락물은 여기에서 나온다.

2009년 6월 16일, 라스베이거스 시에서는 '태양의 서커스' 창립 25주년을 축하해주기 위해 '라스베이거스 거리'를 '태양의 서커스 거리'로 명명했다. 이로 보면 라스베이거스에서의 그 위상을 짐작할 수 있을 것이다. '태양의 서커스'의 작품은 라스베이거스뿐 아니라 전 세계에서 20여 개의 작품이 공연되고 있다는데, 이것들을 본다는 것은 그리 쉬운 게 아니다. 비용도 만만

치 않고, 공연하는 곳도 한정
되어 있기 때문이다.

공연장으로 가는 길목에
도박 기구들이 가득한 카지
노를 지난다. 마이크 피기스
가 메가폰을 잡은 영화 〈라
스베이거스를 떠나며(Leaving
Las Vegas)〉에서 알코올중독자
벤(니콜라스 케이지)이 찾아간
곳이 라스베이거스다. 할리

〈O〉 쇼가 공연되는 벨라지오 호텔

우드에서 더 이상 극작가로 활동하기 어렵게 된 그가 마지막 원고료를 들고
향했던 곳이다.

카지노는 벤이 창녀 세라(엘리자베스 슈)와 서로의 존재를 확인하고 동거하
면서 데이트할 때 들른 곳이다. 그들은 카지노 슬롯머신에 기대어 열렬히 키
스를 한다. 이들의 카지노 데이트가 인상적인 것은 카지노가 인생 막장까지
이르게 된 그들조차도 벗어날 수 없는 곳을 상징하기 때문이다. 한때는 그들
이 라스베이거스의 외곽에 자리한 한적한 모텔에 머물기도 하지만 그들은
결국 그곳으로 돌아올 수밖에 없었다. 그들이 라스베이거스에 머무는 한 카
지노는 그들의 삶의 일부가 될 수밖에 없는 것이다.

뿐만 아니라 카지노는 벤의 무의식이 분출한 곳이기 때문이기도 하다. 술
에 취한 그는 할리우드에 두고 온 아들이 생각났는지 이렇게 중얼거린다.

"난 그 애 아빠야."

만일 성인이 된 벤의 아들이 알코올중독자인 아버지를 본다면, 그를 아
버지로서 온전히 받아들일 수 있을까. 쉽게 속단할 수는 없을 것이다. 비슷

한 처지에 있는 그가 불쌍했던지 창녀 세라는 그를 온전히 받아들이려 노력
한다.

2008년 찬바람이 부는 가을날 밤, 우리 가족은 '태양의 서커스' 공연을 위
해 잠실운동장 옆에 마련한 빅탑이라는 건물에 들어섰다. 공연 제목은 〈알레
그리아〉. 1994년 서커스단 창립 10주년을 기념해 제작했다는 아홉 번째 작
품이다. 알레그리아는 스페인어로 '환희', '기쁨', '희망'이라는 뜻이다. 적지
않은 관람료임에도 불구하고, 2007년 〈퀴담〉(1996)을 내한 공연 때 17만 명
이상이 관람했다는 명성을 익히 알고 있었기 때문에 그 기회를 놓칠 수 없었
다. 〈알레그리아〉는 어릴 때 학교 운동장이나 마을 공터에서 벌어지곤 했던
서커스에 대한 향수를 자극했다.

〈알레그리아〉는 내 기억에 남아 있는 공중 묘기와 동물들의 묘기와는 달
랐다. 그것은 줄거리가 있는 이야기를 음악, 무대, 조명 등으로 엮어낸 스펙
터클과 볼거리를 보여주었다. 서커스가 예술성과 상업성이 절묘하게 결합될
수 있는 가능성을 보여주었다는 점에서 신선했다.

〈알레그리아〉는 화이트 싱어(The White Singer)와 블랙 싱어(The Black Singer)
를 통해 전달되는 기쁨과 고뇌, 올드 버드들(Old Birds)과 브롱크스(Bronx)의
과거 속에 묻힌 탐욕과 미래 지향적인 변화, 그리고 대립과 갈등의 세계를
희화화하는 광대(Clowns) 등을 통해 희망을 이야기한다. 제1막 끝부분에서
보여주는 눈보라 장면은 고난의 통로를 벗어나 기쁨과 희망으로 이어지는
이미지로 다가왔다는 점에서 인상적이었다. 공연 후 〈알레그리아〉 CD를 사
고서, 집으로 가는 내내 들었던 기억이 생생하다.

벨라지오 호텔 〈O〉 쇼 공연장은 세계 각지에서 온 관객으로 만석이다. 광
대가 바람잡이를 하는가 싶더니, 관객들을 볼거리가 있는 이야기의 세계로

몰고 간다. 물의 쇼답게(불어로 물을 뜻하는 EAU는 발음이 오(O)이다) 물속에서부터 하늘에 이르기까지 화려하고 웅장한 장면들이 객석을 압도한다. 잠실 운동장 빅탑에 마련된 〈알레그리아〉는 이야기의 줄거리를 따라갈 수 있었다. 그러나 그곳보다 몇 배나 되는 라스베이거스 공연장에서 펼쳐지는 〈O〉 쇼는 줄거리 잡기가 쉽지 않다. 그야말로 '스펙터클'에 사로잡혔다고나 할까.

일찍이 유대계 독일 비평가 발터 벤야민(Walter Benjamin)은 「사진의 작은 역사」에서 사진과 이미지들로부터 줄거리를 잡고, 주제 파악하는 일을 잊지 말라고 대중들에게 충고를 아끼지 않았다. 인간을 속이고, 인간성을 파괴하는 모든 매체와 음모들에 맞서기 위해서는 그것으로부터 거리를 두어야 하는 것이다.

물이 모든 존재의 가능한 모태를 상징하듯이 'O'는 안과 밖이 소통하는 통로이기도 하다. 따라서 〈O〉 쇼는 하늘과 물, 나와 남, 억압과 저항, 공격과 방어, 중심과 주변, 남과 여, 백인과 비백인, 동과 서 등 온갖 대척적인 것들이 녹아 새롭게 소통하는 매개가 되어야 한다. 그러나 '꿈과 놀라움, 그리고 도시 생활에서의 보편적인 경험'이라는 '태양의 서커스'의 이념적 경구가 암시하듯이 〈O〉 쇼는 일상으로부터의 일탈, 즐거움, 자유로움을 주는데 중점을 두고 있는 듯하다. 그것은 자본주의의 용광로인 라스베이거스의 상징을 고스란히 보여준다.

쇼가 끝나고, 공연장을 빠져나가는 통로에서 이런 대화를 나눈다.

"어땠니?"

"미국스런 데가 있는 듯한데."

"어떤 면에서?"

"엄청난 규모와 첨단 기술이 동원된 화려한 장치, 그런 거."

벨라지오 호텔을 나서면서, 오이디포스 왕이 생각난다. 그리스 3대 비극

시인 가운데 한 사람인 소포클레스는『오이디포스 왕』에서 아버지를 죽이고 어머니와 결혼한 오이디포스로 하여금 자신이 저지른 일을 알게 하고 스스로 두 눈을 뽑게 한다. 자기를 아는 것과 두 눈을 맞바꾼 것이다. 우리는 자신도 모르게 어떤 일을 저지르거나 욕망을 채워나간다. 그것이 운명이든지 의지에 따른 것이든지 간에……. 다행히 그것의 진실을 알아차리기라도 한다면 최소한의 인간성은 지킬 수 있을지도 모른다. 그러나 누구나 자기의 처지를 온전히 알아차릴 수 있으리라 기대하기는 어려울 것이다.

여행하는 길목에는 욕망을 부추기고, 소진하게 하는 유혹들이 곳곳에 존재한다. 우리는 욕망이라는 굴레에서 헤어날 수 있을 것인가? 우리는 자기와 타자의 숨통을 죄는 일을 알아차리고 스스로 두 눈을 뽑는 고통을 감내할 수 있을 것인가?

진정한 이야기에 목마른 세상,
어느 누구도 죽음을 피할 수 없는 것

여행지

후버 댐(Hoover dam, NV)

안내자

『나는 빠리의 택시 운전사』(홍세화, 1995), 『책도둑(The Book Thief)』(마커스 주삭, 2007)
〈라스베가스를 떠나며〉(마이크 피기스, 1995), 〈책도둑〉(브라이언 퍼시벌, 2013)

영화 〈라스베가스를 떠나며〉는 고달프고 애절하게 살아가는 우리네 인생
에서, 사람이 그립거나 존재 이유를 찾고 싶을 때 한 번쯤 보고 싶은 영화다.
로스앤젤레스에 사는 알코올중독자 벤(니콜라스 케이지)은 가족(아내와 아들)과
헤어지고 직장에서도 해고된다. 모든 걸 잃은 그는 라스베이거스로 향한다.
술을 먹다 죽기 위해. 차 안에서도 술병을 놓지 않는다. 차는 라스베이거스
거리를 느리게 걷는다. 거리의 여자인 창녀 세라(엘리자베스 슈)를 운명처럼
만난다.

벤과 세라가 서로에게 바라는 것은 오직 함께 있고, 함께 이야기를 하고
싶다는 것뿐이다. 창녀 세라가 포주로부터 벗어나 '내 몸의 주인'이 된 후, 그
녀가 하고 싶은 것은 진정으로 사랑하는 사람을 만나서 이야기를 나누는 것
이다. 알코올중독자 벤은 어땠을까. 그가 원하는 것 역시 진정으로 사랑하
는 사람과 이야기를 나누는 것이다. 벤은 세라에게 '드디어 짝을 만났다'고

고백하고, '내 꼬인 영혼을 당신의 인생에 강요하지 않겠다'고 약속한다. 그리고 그들은 서로를 있는 그대로 인정하고 만난다. 그들은 각자 여전히 술을 마시고, 몸을 판다. 그러다 세라는 알코올에 심하게 중독된 벤의 건강을 걱정한다. 그들 사이에 사랑이 싹트기 시작한 걸까. 그러나 벤은 다른 여자를 침실에 끌어들인다. 만신창이가 된 자기에게 점점 가까이 다가오는 세라를 염려해서일까. 그녀와의 정을 끊으려 했기 때문일까. 세라는 그 충격에 집을 나가고, 집단 강간을 당한다. 죽지 못해 살아난 세라가 다시 벤을 찾았을 땐, 그는 죽음을 눈앞에 두고 있었다. 벤이 마지막 순간들을 보내고 있는 낡은 호텔방. 서로의 사랑을 확인한 세라는 영화를 보고 있는 우리들에게 이렇게 이야기한다. '우린 둘 다 시간이 얼마 안 남은 걸 알고 있었'고, '난 그 사람을 있는 그대로 받아들였'으며, '그는 날 진심으로 사랑했'다고.

영화에서는 그들이 나눈 이야기가 무엇인지 잘 드러나지는 않는다. 알코올중독자와 창녀의 진정한 사랑도 의심스러울 수도 있다. 그렇지만 사회로부터 소외된 사람들을 통해 있을 법한 이야기를 보여준다는 점에서 현실보다 더욱 진실할 수 있다. 그리하여 우리는 저마다 자기 나름의 의미를 부여하면서 영화와 함께 울고 웃는다. 예술은 그런 것이다.

사랑하는 사람과 함께 할 수 있는 시간은 한정되어 있다. 서로를 있는 그대로 받아들이고, 서로의 삶의 이야기를 인정하고 좋아하며, 진심으로 사랑하는 것. 그것이 이 영화가 전하는 메시지일지도 모른다.

이 영화는 우리가 서로의 이야기에 너무나 목말라 있다는 것, 그것은 우리에게 진정한 이야기가 너무도 없다는 것을 역설적으로 말해준다. 이야기가 넘쳐나는 세상에서 말이다. 자고나면 새로운 이야기가 만들어지고, 누구나 이야기를 만들며 살아가고 있건만, 진정 누군가의 영혼을 울려주는 그런 삶의 이야기는 찾기가 어려운 것이 우리네 삶이다.

인생이란 어디론가 떠나는 것

이제, 우리는 라스베이거스를 떠나련다. 영화 속 벤은 죽어서 라스베이거스를 떠났다. 세라가 그의 마지막 생명의 불꽃을 살리려 했건만, 그는 결국 세상을 떠났다. 하지만 우리는 가야 할 길이 있다. 사랑하는 부모, 아내, 연인, 아이들과 함께 살아가기 위해……

트로이 전쟁의 영웅 오디세우스가 죽을 고비를 무수히 넘기고 천신만고 끝에 고향 이타카로 돌아가지 않았던가. 우리는 이번 여행이 아무리 험하고 멀다한들 반드시 집(고향)으로 돌아갈 것이다. 그러나 돌아갈 집(고향)이 없는 사람은 어디로 가야 할까.

『나는 빠리의 택시 운전사』를 쓴 홍세화는 남민전 사건에 관련되어 프랑스에서 망명을 신청한 후, 프랑스 정부로부터 "여행 목적지 : 꼬레를 제외한 모든 나라(pour tous pays sauf Coree)"라고 적힌 여행 문서를 받아든다. 그는 이제 부모 형제, 친구들이 살고 있는 곳에 갈 수 없게 된 것이다. 이 문장을 보고 그는 갑자기 깊은 심연 속으로 자지러지는 느낌을 받았다고 한다. 우리는 그가 받은 충격이 어느 정도였는지를 헤아릴 길이 없다. 다만, 그의 글을 읽는 가운데 여행 문서 표지 안쪽에 쓰여 있다는 "프랑스 국민은, 자유의 이름으로, 그들의 조국으로부터 망명한 외국인들에게 피난처를 제공한다. 압제자들에게는 이를 거부한다."는 문장을 보면서 부럽기도 하고 부끄럽기도 한, 그러면서 말로 할 수 없는 복잡한 감정에 싸인 적이 있다.

자유의 이름으로 망명한 사람들에게 피난처를 제공하지만, 압제자들에게는 단호하게 거부한다는 것을 천명한 나라, 프랑스. 홍세화가 택시 운전사로 파리 피난지에서 달렸듯이, 우리는 여기서 멈출 수 없다. 살아 있는 한 우리는 달려야 한다. 그가 달린 길은 눈물의 길이었지만, 우리가 가는 길은 세상을 찾아가고 바꾸어 나가는 길이다. 다행히 그는 여행 목적지에서 제외되었던 조국 한국으로 돌아올 수 있었다.

뉴딜 정책으로 만들어진 후버댐 : 우리는 댐을 만든 사람 냄새를 맡는다.

　　라스베이거스에서 동남쪽으로 한 시간 조금 못 되게 달리다 보면 길이 사
라지는 곳에 커다란 호수가 보인다. 후버댐이 가까워졌다는 신호다.

　　북부 로키산맥에서 출발하여 그랜드 캐니언을 관통한 콜로라도 강물은
후버 댐에 와서 잠시 멈춘다. 황량한 사암들 위로 높다란 철탑에 전선이 축
축 늘어져 있다. 높이 221m, 너비 200m. 저수량 320억 ㎥. 1936년 뉴딜 정
책으로 조성된 다목적 댐. 건설 기술이 집약된 당대 최고 규모의 댐. 이 댐은
1947년 제31대 대통령 후버를 기념하여 볼더댐에서 후버댐으로 개칭된다.

　　많은 사람들이 댐의 규모와 쓸모에 관심을 둔다. 그런데 우리는 그곳에서
사람 냄새를 맡는다. 이곳을 건설하기 위해 그들이 흘렸을 땀방울과 죽음을
본다. 마커스 주삭(Markus Zusak)이 쓴 소설『책도둑(The Book Thief)』이 있다. 나
중에 영화〈책도둑〉으로 재탄생한 이 소설은 제2차 세계 대전 당시 독일에서
나치들이 유대인들을 몰살시키던 때에 살았던 소녀와 가족 이야기다.

　　소녀의 이름은 리젤 메밍거. 아버지를 잃고 양부모를 찾아 기차를 타고 가
는 길에 죽은 어린 동생을 묻게 된다. 그때 그녀는 일꾼이 흘린 책을 얻게 된
다. 그 책에는 장례에 대한 이야기가 담겨 있지만, 오히려 그것은 그녀가 공

인생이란 어디론가 떠나는 것

포에 시달릴 때 위로가 된다. 그녀는 나치들이 광장에서 책을 불사를 때, 잿더미 속에서 책을 가까스로 품에 안기도 한다. 그녀는 바느질감을 배달하면서 시장의 집을 출입할 때도, 그곳 서재의 책을 몰래 품어오기도 한다. 뿐만 아니라, 그녀는 양아버지 한스의 도움으로 글자를 익히고, 그 집에 피난 온 유대인 은인의 아들 막스를 만나, 책을 읽고, 이야기를 만들어가기도 한다. 책은 삶과 죽음의 경계에 있는 그녀에게 위안을 주는 안식처인 것이다. 그러나 막스가 유대인 수용소로 끌려가면서 그들의 이야기는 중단된다. 폭격으로 마을 사람도, 가족도 죽어간다.

'작은 진실 한 가지는 당신은 죽을 것'이라는 것과 '이 문제를 명랑하게 이야기하려 한다'로 시작하는 『책도둑』의 첫머리는 "나는 나를 떠나지 않는 인간들에게 시달린다."로 끝을 맺는다. 서술자의 역할을 하는 '죽음'의 목소리다.

'죽음'은 그/녀가 진정으로 알고 있는 진리를 '책도둑'뿐 아니라, 우리에게도 알려주고자 한다. 그것은 어느 누구도 죽음을 피할 수 없지만 어떻게 죽느냐가 인간에게 주어진 가장 중요한 과제라는 것이다. 그래서 그는 각자가 지닌 '색깔'을 보려고 했을지도 모른다. 주인공이 '말을 미워했을 뿐 아니라 사랑했으며, 어쨌든 나는 그것을 올바르게 만들었기를 바란다'고 마무리하듯이, 우리가 우리 자신뿐 아니라 세상 이야기를 어떻게 만들어가느냐가 중요한 과제일 것이다.

후버 댐을 만든 수많은 사람들, 그들도 여느 사람과 마찬가지로 죽음을 피할 수 없었을 것이다. 그들은 또 어떤 이야기를 써나갔을까? 그들의 이야기와 나의 이야기가 만나기까지는 아직도 많은 시간이 필요하다. 우리는 여전히 우리의 이야기를 써가는 중이기 때문이다. 『책 도둑』의 내레이터인 '죽음'은 과연 우리의 삶을 어떻게 이야기할 것인가?

진정한 이야기에 목마른 세상, 어느 누구도 죽음을 피할 수 없는 것

진정, 시온은 어디에 있는가?

여행지
자이언 국립공원(Zion National Park, UT) –
브라이스 캐니언 국립공원(Bryce Canyon National Park, UT)

안내자
로웰 메이슨(1792~1872), 생텍쥐페리(1900~1944), 장 지글러(1934~),
토머스 헤이스팅스(1784~1872)
『어린 왕자』(생텍쥐페리, 1943), 『다시 만난 어린 왕자』(장 피에르 다비트, 1998),
『왜 세계의 절반은 굶주리는가?』(장 지글러, 1999)
〈시온의 영광이 빛나는 아침〉(토머스 헤이스팅스 작사, 로웰 메이슨 작곡, 1930)

작은 모래성 같은 둔덕과 이따금 듬성듬성 나 있는 사막의 풀과 저 멀리 잿빛 산을 향해 뻗어 있는 구름 사이로 질주해간다. 네바다주에서 애리조나주 북서쪽 귀퉁이를 지나는 길을 따라 끝 모를 사막의 지평선을 향해 달리면서 붉은 바위산들과 마주친다. 그 사이로 난 길가 멀리에는 집들이 듬성듬성 늘어서 있다.

유타주의 남서부 해발 2,000미터에 자리 잡은 자이언 국립공원이 가까이 보인다. 24킬로미터에 이른다는 계곡은 점점 깊어만 간다. 자세히 보니 계곡에 다가갈수록 길은 완만하게 오르막이고 바위산은 높아만 간다. 그랜드 캐니언은 계곡을 위에서 내려다보지만, 이곳은 계곡을 아래에서 위로 볼 수 있다. 콜로라도강의 지류인 북쪽 버진강(Virgin River)이 400만 년 동안 깎아서 만든 작품이다.

공원 입구에 이르는 길에는 주유소, 여관, 모텔, 자동차 캠핑장(RV Park), 카폐가 늘어서 있다. 공원 입구에는 돌탑에 걸려 있는 자이언 국립공원 안내판이 마중 나와 있다. 방문객 센터에 들러 공원에 대한 정보를 수집한다. 자이언 공원은 1847년 솔트레이크시티가 생기면서 알려지기 시작했고, 1919년에 국립공원으로 지정되었으며, 1923년에 계곡을 다닐 수 있는 자동차 도로가 완공되면서 많은 사람들이 방문할 수 있게 되었단다.

자이언(Zion)의 영어 사전 뜻풀이를 찾아보니 다양하다. 시온 산(예루살렘 성지의 언덕), (유대인의 고향·유대교의 상징으로서의) 팔레스타인, 이스라엘 백성 : 유대민족, 고대 유대의 신정(神政), 그리스도 교회, 하늘의 예루살렘, 천당, 천국.

자이언 국립공원 : '시온의 영광이 빛나는 아침'이라는 찬송가가 마음속에서 울린다.

진정, 시온은 어디에 있는가?

자이언 공원을 돌아보는 버스는 시간, 물, 바람 그리고 우주가 함께 만든 걸작품 사이로 빨려 들어간다. 많은 사람들이 이곳을 신의 정원으로 알고 있다. 그리하여 이곳을 찾는 이들은 거대하고, 엄숙하고, 조화롭고, 평화로운 곳으로 받아들이면서 감탄사를 내뱉곤 한다. 공원을 둘러보는 동안 검붉은 바위의 물결을 타고 오는 리듬과 우리의 몸은 공명한다. 그 순간 '시온의 영광이 빛나는 아침'이라는 찬송가는 마음과 머리와 입에서 동시에 울린다.

왜 이 노래일까? 어머니의 손에 이끌려 어릴 때부터 교회에 다니면서 들어온 이 노래는 너무나도 익숙하다. 이 노래는 토머스 헤이스팅스(Thomas Hastings)가 1830년에 작사하였고, 로웰 메이슨(Lowell Mason) 박사가 곡을 붙였다. 토머스 헤이스팅스는 미국 코네티컷주 워싱턴에 있는 시골 가난한 집안에 태어나 독학으로 음악을 공부하여 6백 여 편의 찬송시와 1천 곡 이상의 찬송곡을 남겼다. '자비하신 예수여', '만세반석 열리니' 등은 그가 작사, 작곡한 것들이다. 로웰 메이슨은 '내 주를 가까이', '우리 구주 나신 날' 등을 작곡하고, '기쁘다 구주 오셨네' 등을 편곡하기도 하였다.

이 노래를 듣고 부를 때마다 기쁨보다는 눈물이 앞선다. 슬픔과 애통, 싸움과 죄악으로 가득한 고달픈 이 세상이 더욱 슬프고도 서럽게 다가와서일까? 아니다, 내 처지가 너무나 슬펐기 때문이었을 것이다. 중학교 2학년 때 아버지를 잃고, 아버지의 투병으로 가산은 기울고, 홀어미의 생존 투쟁 속에 자라지 않았던가. 이 땅이 밝아오고, 은총을 찬송하는 일은 아득히 멀리 있지 않았던가. 그래서 내겐 자이온의 아름다움은 슬픈 풍경의 멜로디인 것이다.

자이온 국립공원을 빠져나와 바위를 뚫은 길을 지나고, 초록이 짙어가는 길을 따라 브라이스 캐니언으로 간다. 주유소와 옹기종기 모여 있는 숙박시설은 공원 입구가 가까이 있다는 것을 알려준다.

브라이스 국립공원을 알리는 안내판이 눈에 들어온다. 이곳은 1928년 국립공원으로 지정되었고, 초기 정착자인 에비니저 브라이스(Ebenezer Bryce)의 이름을 땄다고 한다. 공원은 수백만 개의 돌기둥(후드, Hoodoo)과 수천 개의 퇴적층을 이루는 주름들로 만들어졌다. 그랜드 캐니언, 자이언 캐니언, 브라이스 캐니언 등은 지층에 따라 색을 달리한다. 자이언 캐니언의 주름들은 선명한 핑크색이거나 그 위에 회색 물감을 뿌려놓은 듯하다.

공원 깊숙한 곳에 있는 '무지개 전망대(Rainbow Point)'와 '브라이스 전망대(Bryce Point)'를 들르고, '해넘이 전망대'에서 걸음을 멈춘다. 공원 입구에 들어설 때 정수리를 넘어선 태양이 어느덧 어깨 위에 걸려 있다. 계곡 아래로 지그재그로 난 길을 따라 걸어본다. 다른 세계로 통하는 길인 듯 갈수록 깊어만 간다. 마치『어린 왕자』에 나오는 맹수를 삼키고 있는 도아뱀처럼. 여섯 살 된 '어린 조종사'가 나타나, 그가 그린 그림을 보여주면서 나에게 무엇으로 보이느냐고 물어볼 것만 같다.

그러면 나는 뭐라 대답해야 할까? 그런 그림은 집어치우고 차라리 국어, 영어, 수학, 과학을 공부하라거나, 아니면 각종 대회에 나가 상을 받거나, R&E를 열심히 해서 상을 받거나, 자기소개서를 멋지게 쓸 스토리텔링을 미리미리 준비하라고 해야 할까?

어른이 되어서도 마음을 툭 터놓고 이야기할 사람을 찾지 못해 외톨이가 된 그가 어린 왕자를 다시 만난다면 조금이나마 위로를 받을 수 있을까? 우리는 캐나다 작가 장 피에르 다비트(Jean-Pierre Davidts)가 쓴『다시 만난 어린 왕자』에서 사하라 사막에서 사라진 어린 왕자를 미얀마 앞바다 무인도에서 다시 만난다. 생텍쥐페리는『어린 왕자』에서 "만일 금발머리를 가진 어떤 사내아이 하나가 당신에게 다가와 미소를 지어 보인다면……, 그 아이가 돌아왔다고 편지를 써서 알려주십시오"라고 하지 않았던가. 그 어린 왕자가 이제는 장성하고, 사회가 그를 외롭게 하지 않기를 간절히 바라지만, 문명이 발달했다고 해서 그것은 쉽게 해결되지 않는 모양이다. 다비트가 반세기 후에 다

브라이스 전망대에서 본 풍경 : 어디선가 어린 왕자가 불쑥 나타날 것만 같다.

시 호출한 '어린 왕자'를 통해 우리는 키욕퓨로 가는 여행길에 난파당한 무인
도에서 '어린 왕자'를 다시 만난다. "나는 다시 외로운 표류자의 위치로 돌아
와 있는 자신을 발견하게 되었습니다"라는 말 속에서 알 수 있듯이 그 역시
외로움에서 벗어날 수는 없었다.

장 피에르 다비트가 쓴 『다시 만난 어린 왕자』에서 '다시 만난 어린 왕자'
는 달라진 시대에 걸맞게 생텍쥐페리의 '어린 왕자'와는 달리 환경보호론자,
이데올로그, 광고인, 컴퓨터통계학자 등을 만난다. 그러나 문명은 더욱 풍요
로워졌다고 하지만 이들을 만나면서 어린 왕자는 여전히 외롭다. 그만 그런
것이 아니다. 우리도 여전히 외롭지 않은가!

'해넘이 전망대'에서 바라본 태양은 붉은 돌기둥들을 더욱 눈부시게 한다.
돌기둥 사이에서, 떠나 버린 '어린 왕자'가 여전히 입가에 미소를 잃은 채 '당
신들은 쓸쓸하지 않느냐?'고 묻듯이 서 있다.

지난날, 책 속에서 '어린 왕자'를 만났을 때, '몹시 슬플 때, 해 질 무렵을 좋
아한다'는 '어린 왕자'에게 어떤 위로의 말을 해야 할지를 몰랐다. 그저 무덤
덤하게 넘겼을 뿐이다. 그가 왜 그러는지 공감하기 어려웠으니까. 이제, 브라
이스 공원의 석양을 보면서 하루 동안 무려 '마흔세 번이나 해가 지는 걸 보았
다'는 '어린 왕자'의 마음을 조금이나마 이해할 수 있을 것 같다.

그런데 '어린 왕자'는 더욱 슬퍼 보인다. 장 지글러가 『왜 세계의 절반은 굶
주리는가?』에서 전한 10세 미만 아동이 5초에 한 명씩 굶어 죽어가고 있고(매
일 기아로 5만 7,000명이 죽어감), 세계 인구의 7분의 1에 이르는 8억 5,000만 명
이 심각한 만성 영양실조에 걸려 있다는 실상을 알게 되어서 일까?

제주도로 수학여행을 가는 고등학생들이 '세월'호에 갇혀, '가만 있으라'
는 어른들의 말을 잘 들었다는 이유로, 영문도 모른 채 죽어간, 봐서는 안 될
참혹한 실상이라도 본 것일까? 세월호에 갇혀, 죽음을 앞둔 학생들은 '엄마
보고 싶어요', '춥고 무서워요', '살려주세요', '살아 있어요', '죄송합니다',

인생이란 어디론가 떠나는 것

'감사해요', '사랑해요'라는 문자 메시지를 보냈다.

그 아이들은 죄송하다고, 감사하다고, 사랑한다고……, 채 말을 끝내기도 전에 그렇게 떠나갔다. 그 아이들이 왜 죄송하다고 말하는 걸까?

우리는, 어린 왕자의 그늘진 얼굴을 브라이스 캐니언의 눈물겹도록 아름다운 해 질 녘 풍경과 함께 마음에 담는다. 진정, 시온은 어디에 있는가?

저자, 〈여명〉, 종이에 연필 _ 유타주 아치스 국립공원

8부

인생이란
어디론가 떠나는 것

이제, 우리도 이곳을 떠난다. 정말 인생은 초콜릿 상자와 같은 걸까. 우리에게는 초콜릿 상자가 있기는 한 걸까. 이번 여행에서는 어떤 초콜릿을 꺼내 먹게 되는 걸까. 우리네 인간들은 각자가 원하는 목적을 위해 달려간다. 그 길을 가면서 수많은 시련과 갈등, 사랑과 우정 그리고 기쁨을 겪게 된다.

길, 떠남 : 낯선 시간과 공간 속으로

여행지
컬럼비아(Columbia, MO) – 그레이트 플레인스(Great Plains, MO; KS; CO) – 덴버(Denver, CO)

안내자
멜 깁슨(1956~), 알랭 드 보통(1969~)
「가난한 사랑노래」(신경림, 1988), 「행복」(허영자, 1966)
〈패션 오브 크라이스트〉(멜 깁슨, 2004)

여행의 사색가 알랭 드 보통(Alain de Botton)에 따르면 여행은 행복을 찾는 일에 있어서 그 어떤 활동보다 그것을 풍부하게 드러내주는 것이다. 또한 여행은 일과 생존을 위한 투쟁으로부터 벗어나는 삶이 어떤 것인가를 보여주기도 한다.

우리는 학창 시절 읽었을 듯한 허영자 시인의 「행복」이라는 시를 기억한다. 시인은 행복이 "보물찾기 놀이 할 때 보물을 감춰두는 바위틈새 같은 데"에 "아기자기 숨겨져 있을" 것이라고 말한다. 하지만 우리네 평범한 사람들이 일상 속에서 행복을 찾는 일은 결코 쉽지 않다. 어른들은 먹고 살기 위해 일에 파묻혀 살고, 학생들은 학교와 학원을 오간다. 어쩌다 쉬는 시간에는 텔레비전을 보거나 잠을 자거나 SNS에 몰두한다.

그렇다고 「가난한 사랑노래」에서 '가난하다고 해서 외로움과 사랑을 모르겠는가'라고 노래한 신경림 시인의 말처럼, 우리가 그렇게 산다고 해서 행복을, 사랑을, 외로움을, 그리움을 모를 리야 있겠는가.

우리는 여행길에서 많은 시간을 보내야 한다. 집을 멀리 떠나온 우리에게 이 길은 낯선 시간과 공간 속으로 빠져드는 여정이다. 이 여행이 일상성에서 비일상성으로 이행하는 어떤 성스러운 시공간이 될지는 모를 일이다.

여행을 통해서 우리는 낯선 것들을 온몸으로 체험함으로써 새로운 존재로 거듭나기를 소망한다. 이것은 어쩌면 이 세상에 살면서 끊임없이 진정한 자아와 삶의 의미를 찾기 위해 떠나야만 하는 우리에게 주어진 운명일 것이다. 그 속에서 행복과 사랑을 덤으로 누릴 수만 있다면 얼마나 좋을까.

세상은 적막하고 어둑어둑한 시간, 우리는 미국 중북부 대평원(Great Plains)을 동서로 관통하는 70번 도로를 달린다. 미국 중부 미주리주 컬럼비아를 떠나 서쪽으로 콜로라도주에 있는 덴버로 향한다.

이곳은 오래전부터 베링 해협을 넘어와 북미 대륙에 정착한 부족민들이 유목 생활을 하던 곳이었다. 그러다가 서부로 향하는 유럽 이주자들의 마차들이 그들을 호위하는 기병대와 함께 미시시피강을 건너 이 드넓은 평원을 달렸다. 그들은 땅과 황금을 찾아, 그것을 목숨과 바꾸면서도 이 길을 밟았던 것이다.

낮은 구릉이 차창 너머로 몇 시간 째 이어진다. 자유가 주는 광활함을 느낀다. 아니다. 광활함이 주는 자유를 만끽한다. 광활함은 발이 닿지 못하는 곳에 대한 질주 욕망을 부추긴다.

주가 바뀌면 어김없이 그것을 알리는 것이 있다. 휴게소도 그 중 하나다. 여행자들에게는 정보와 휴식이 필요한 법이다. 질주에 익숙해진 내 정신과 육신을 위해 잠시 틈을 만든다. 휴게소에서 바라본 붉은 빛깔로 둘러싸인 로

대평원에서 바라본 로키산맥에 드리운 저녁놀

키산맥이 아스라이 지평선에 걸쳐 있다. 그것은 멜 깁슨(Mel Gibson)이 감독한 〈패션 오브 크라이스트(The Passion Of The Christ)〉에 등장한 예수의 붉은 피를 기억 속에서 불러들인다. 우리는 선명한 블루레이 영상에 담긴, 채찍에 살점이 떨어져 나가는 고통을 당하는 예수, 가시 면류관을 쓰고 십자가를 지고, 마침내 골고다 언덕 십자가에 못 박힌 예수를 기억한다. 그가 지나간 길은 검붉은 피범벅으로 채워졌다. 그것은 인간의 죄를 용서하고, 인류를 구원하기 위해 예수가 치러야 했던 선명한 빛이었다. 우리는 왜 황혼 속에서 예수의 피를 기억해내는 것일까. 기억 속에 자리 잡은 핏빛 심상이 이 광활한 대지 속에 있는 우리로 하여금 무언가 말을 건네고 있기 때문이 아니었을까.

로키산맥의 어둑한 그림자가 해발 1600미터에 자리한 덴버시에 드리울

태터드 커버 북스토어

때쯤, 우리가 맨 처음 찾은 곳은 '태터드 커버 북스토어(Tattered Cover Bookstore)'라는 서점이다. 1896년에 지어진 건물에 들어선 이곳은, 여행 안내 책자에는 애서가들에게 꿈의 장소로 알려져 있다고 소개되어 있다. 책의 무게를 거뜬히 견디고 있는 진한 체리 빛깔의 향기가 지친 여행자들을 맞이한다. 손때가 묻은 책장은 사람들을 포근하게 감싸고, 시간의 무게를 꿋꿋하게 버텨내고 있는 의자는 앉으라고 권한다.

우리에게는 여행에 필요한 지도가 필요하다. 미국의 공원과 도로가 수록된 『로드 아틀라스(Road Atlas)』를 펼친다. 북미 대륙이 한눈에 들어온다.

서점을 나서니 폭죽이 덴버시 상공을 덮는다.

인생이란 어디론가 떠나는 것

여행, 일상으로부터의 탈주
: 존재의 충일함을 위하여!

덴버(Denver, CO)−로키산맥(Rocky Mts.)−아치스 국립공원(Arches National Park, UT)

박완서(1931~2011), 비틀스(1960~1970), 에드 설리반(1901~1974),
존 덴버(1943~1997), 폴 메카트니(1942~)
『아주 오래된 농담』(박완서, 2000), 〈렛 잇 비〉(비틀스, 1970)

덴버 외곽에 위치한 레드 록스 공원·원형극장(Red Rocks Amphitheatre). 붉은 바위들이 병풍처럼 둘러싼 곳에 9000석이 넘는 규모의 널찍한 원형 공연장이 있다. 이곳에서 영국의 록밴드 그룹인 비틀스(The Beatles)와 미국의 싱어송라이터인 존 덴버(John Denver)와 같은 전설적인 그룹과 가수들이 공연을 했다.

당시, 맹위를 떨치던 비틀스가 1964년 2월 7일, 미국에 상륙해서 '에드 설리반 쇼'에 출연했을 때 미국 전역에서 10대들이 저지른 주요 범죄가 한 건도 없었다 하지 않은가.

원형극장 무대에 올라가 비틀스와 존 덴버 등 유명 가수들과 그들에 열광하는 관중들을 그려본다. 그들의 노래와 함성은 로키산맥의 산자락을 붉게 뒤흔든다. 렛 잇 비(Let it be), 렛 잇 비, 렛 잇 비……. 폴 메카트니가 만든 노래에서 '렛 잇 비'는 스무 번이나 반복된다. 우리는 이들과 함께 렛 잇 비를

여행, 일상으로부터의 탈주 297

나직이 불러본다. 저 깊숙한 어딘가에 머물러 있을 마음의 한 자락이 녹아내린다.

〈렛 잇 비〉에서는 내가 어려움에 처해 있을 때나 상처 입은 사람들이 아파할 때, 어머니 메리(성모 마리아)가 하시는 지혜로운 말씀이 '그냥 내버려두라(순리에 따르라)'고 말한다. 그러니까 위안이 필요한 우리들에게 '괜찮아, 모든 게 잘 될 거야!'라고 위로한다. 그것은 인간 존재의 근원인 어머니이자 인간을 구원해주신 예수를 낳은 성모의 말씀이라는 점에서 거역할 수 없는 진리를 확보한다. 그러나 내버려 두거나, 순한 이치를 따른다는 것이 얼마나 힘들고 어려운 일인가! 내가 어려움에 처해 있을 때는 나를 힘들게 한 세상에 분노하고, 그로 인한 번뇌로 몸부림치고, 숱한 밤을 새우는 게 인간의 자연스런 모습이 아닌가. 더구나 상처 입은 사람들이 아파할 때조차도 순한 이치에 따르라는 것은 어떻게 보면 수동적이고 패배적인 태도를 강요하는 건 아닌가. 그럼에도 불구하고 노래는 모든 것을 내려놓고 순리에 맡기라 한다. 모든 분노와 번뇌를 내려놓고 그 순간만큼은 위로를 받으라 한다. 고통 너머에 있는 희망을 보라 한다.

한결 가벼워진 마음으로 36번 도로를 따라 로키산맥을 넘는다. 인디언 룩아웃(Indian Lookout) 산을 지나 어느새 로키산맥의 산자락은 가파른 낭떠러지 길로 이어진다. 산쪽 길가에는 아직도 눈이 예닐곱 미터나 쌓여 있다. 산기슭에는 엘크가 한가로이 무리지어 있건만, 운전대를 잡은 손에 힘이 들어간다. 도로를 건너는 엘크도 있다. 차는 더디게 올라간다.

아직도 로키산맥의 눈 덮인 봉우리들로 에둘러 있는 방문 센터에 들른다. 높고도 험한 산맥을 힘겹게 넘어가는 나그네들에게는 휴식이 필요한 법이다. 인생에서도 그렇지 아니한가. 전망대에서 바라본 장엄한 광경은 잠시 올라온 길을 잊게 하고 휴식을 준다.

초여름 눈 덮인 로키산맥 : 산을 넘는 나그네들의 눈길을 붙잡는다.

　굽이굽이 로키산맥 등허리를 따라 내려가다 보면 에스테스 파크(Estes Park)
라는 마을에 도착한다. 마을이라고는 몇 집 없는 한적한 곳이다. 거기서 경
치가 좋다는 34번 비포장도로를 따라 두 시간 정도 달리다 보면 덴버에서 서
쪽으로 로키산맥을 넘는 70번 도로를 만난다. 도로는 산맥 사이로 난 협곡
을 따라간다. 할리데이비슨 오토바이를 탄 무리들이 요란한 엔진 소리를 내
며 우리를 추월해간다. 그들은 자연 속을 달리는 즐거움을 만끽한다. 우리가
속도를 내는 기계에 빠져드는 이유다. 이 도구를 통해 자신이 연장되고 확장
된다는 느낌, 그리하여 마침내 우주와 내가 하나가 되고자 하는 체험을 가질
수 있기 때문이다.

　유타주 모압(Moab)에 있는 아치스 국립공원 방문객 센터에 이른다. 그 뒤
로는 아치스 국립공원이 성곽을 두른 듯 우뚝 솟아 있다. 어느덧 해는 기울
었고, 땅거미는 하늘과 대지에 촉촉하다.

아치스 국립공원 방문객 센터에서 바라본 '개와 늑대의 시간'

공원에 드리운 짐승이 개인지 늑대인지 분간할 수 없는 시간이 된 것이다. 프랑스 사람들은 이 순간을 '개와 늑대 사이의 시간(heure entre chien et loup)'이라 하지 않았던가. 밝음에서 어둠으로 이행하는 '불분명한 시간'. 우리는 항상 이것 아니면 저것, 긍정과 부정, 낮과 밤, 이편과 저편을 구별짓기를 원한다. 그래야 아군과 적군을 분명히 하고, 경계를 분명히 구획하고, 대상을 뚜렷이 인식함으로써 안심할 수 있기 때문이다. 그러나 불분명한 시공간은 그것을 무너뜨린다. 그것은 어둡지도 밝지도 않은 푸르스름한 세상이다. 그러기에 그 시간 속에 있는 세계는 낯설고 불안하게 다가온다. 우리에게 다가오는 것이 내가 기르는 개인지, 나를 해치러 오는 늑대인지 구별할 수 없다면 얼마나 불안한 일이겠는가!

그러나 소설 「나목」으로 마흔 살에 문단에 나온 작가 박완서의 장편소설 『아주 오래된 농담』에 나오는 인물 현금에게 그것은 완전히 다른 시간으로 인식된다. 심영빈의 초등학교 동창생이자, 그로 하여금 때 묻지 않은 시절을 불러일으키는 현금은 한때 돈에 얽매인 시절이 있었다. 그렇지만 이혼 후에

인생이란 어디론가 떠나는 것

그녀의 삶은 그것으로부터 자유로울 수 있었다. 게다가 가부장적 제도권 밖에 놓일 수도 있게 된 것이다. 그녀가 갖게 된 자유로움은 영빈을 만날수록 생명에 대한 욕망으로 깊어간다. 그러기에 그녀에게는 '빛 속에 명료하게 드러난 바깥세상은 낯설고, 사납고, 겁나는 적대적이던 것이지만, 개와 늑대의 시간은 거짓말처럼 부드럽고 친숙해지는 시간'이 된다. 그리하여 능소화가 만발했을 때 베란다에 선 그녀는 불타오르는 장작더미에 있는 마녀가 되어 황홀해지곤 한다.

방문객 센터는 문이 닫혀 있다. 공원으로 가는 언덕길을 따라 높고 평평한 메사(mesa)에 올라서니 어스름 그림자를 동반한 기괴한 사암들이 우리를 맞이한다. 이들의 안내를 따라 도착한 곳은 데빌스 가든 야영장. '데빌스'라는 이름처럼, 개와 늑대의 시간은 악마의 시간이 될 것인가, 아니면 그것과는 다른 친숙한 시간이 될 것인가.

예약해 놓은 자리에 텐트를 치고, 가스버너에 불을 붙인다. 늦은 밤은 끓고, 저녁밥은 익어간다.

텐트에 누워 하늘을 본다. 수많은 별들이 반짝인다. 지금껏 본 적이 없는 큼지막한 별들이다. 우리는 별이고, 별은 우리다. 우리의 입술은 '렛 잇 비'를 기억 속에서 불러온다. 렛 잇 비, 렛 잇 비, 렛 잇 비……. 내 안에 신비롭고 고유한 그 무엇이 가득 차서 넘치는 것, 곧 존재의 충일함이란 바로 이런 순간을 두고 말할 수도 있으리라.

지독하게 아름다운 밤,
인생은 초콜릿 상자와 같은 걸까?

여행지
아치스 국립공원(Arches National Park, UT)-메사버드 국립공원(Mesa Verde National Park, CO)
-모뉴먼트 밸리(Monument Valley, UT; AZ)

안내자
돈 맥클린(1945~), 빈센트 반 고흐(1853~1890),
「이스터 섬의 몰락」(재레드 다이아몬드, 2006)
〈별이 빛나는 밤〉(빈센트 반 고흐, 1889), 〈빈센트〉(돈 맥클린, 1971)
〈포레스트 검프〉(로버트 저메키스, 1994)

쏟아지는 별을 가슴에 담고, 밤이 지나가는 것을 아쉬워하며 잠든 적이 있는가? 그럴 때 어떤 노래가 떠오르는가?

저마다 마음에 담아둔 이런 밤을 그리거나 노래한 적이 있듯이, 내게는 빈센트 반 고흐(Vincent Van Gogh)가 그린 〈별이 빛나는 밤〉이 있고, 돈 맥클린이 노래한 〈빈센트〉가 있다.

고등학교 땐가, 라디오에서 흘러나온 감미로운 기타 반주에 마음을 뒤흔드는 가수의 목소리에 빠져 들었다. 나중에 이 노래가 돈 맥클린(Don McLean)이 빈센트 반 고흐의 「별이 빛나는 밤」을 보고 그의 삶과 예술을 기린 노래라는 것을 알았다. 돈 맥클린이 '별이 빛나는 밤에' '내 영혼의 어둠을 아는 눈으로' 세상을 보라 했듯이, 반 고흐는 자신의 영혼에 깃든 어둠을 응시하는 눈으로 캔버스에 그려 넣은 것은 아닐까.

아치스 국립공원에도 시간은 흐른다. 아직 텐트에 스며들었던 쌀쌀한 기

아치스 국립공원
데빌스 가든의 아침

운도 남아 있다. 눈을 뜬다. 지난밤에 우리를 매혹한 여기는 도대체 어떤 모습을 하고 있는 걸까. 텐트에서 나와 야트막한 바위에 오른다. 세상은 어둠에서 밝음으로 가고 있다. 불안하게 다가오는 '개와 늑대의 시간'이 아니라, 세상은 부드러움으로 다가오는 시간이다. 카메라 셔터를 누른다. 스케치북에 마음을 담고 싶다.

빈센트 반 고흐라면 어땠을까. 네덜란드에서 목사 아들로 태어나 목회의 길을 가지 못하고, 동생 테오의 영향으로 화가의 길로 들어선 고흐. 아이가 딸린 창녀를 받아들이고, 성병에 시달리고, 생전에 화가로서 인정받지 못하고, 정신 질환의 고통 속에 살다가 37세의 나이로 세상을 떠난 그.

고흐는 아를에 있을 때 동생 테오에게 보낸 편지(1888.4.9)에서 '이곳의 밤은 지독하게 아름다울 때가 있어, 그걸 그리고 싶은 마음이 굴뚝같다'고 했다. 그리고 '사이프러스 나무 옆으로, 혹은 잘 익은 밀밭 위로 별이 빛나는 밤을 그리고 싶다'고도 말했다. 얼마 후 그는 〈론강의 별이 빛나는 밤〉(1888.9)을 그렸다. 그렇지만 그것은 그가 보기에 별이 빛나는 지독하게 아름다운 밤의 풍경이기는 하지만, 사이프러스 나무나 혹은 밀밭의 세계는 아니었다.

고흐는 생레미에 있는 정신요양원에 있을 때인 1889년 6월 무렵 커다란

지독하게 아름다운 밤, 인생은 초콜릿 상자와 같은 걸까?

사이프러스가 있는 〈별이 빛나는 밤〉을 그렸다. 그것은 새벽녘의 풍경이었다. 샛별을 포함한 연무가 낀 열한 개의 별과 노란 그믐달을 소용돌이치는 구름(은하계)과 함께 짙푸른 하늘에 담아냈다. 마을에는 불을 밝힌 집들과 불 꺼진 교회를 그려 넣었다. 그리고 하늘을 찌르고 있는 교회 첨탑과 나란히, 사이프러스를 검은 불꽃으로 활활 타오르게 했다. 고흐가 이 그림을 그린 것은 고갱과 다툰 이후에 정신 발작을 일으켜 면도칼로 자신의 귓불을 자른 지 몇 달 만이었다. 아를에서 가까운 생레미의 생폴드모솔 정신요양원에 입원한 지 얼마 지나지 않을 때다. 정신 질환을 앓고 있는 고흐가 바라본 새벽은 그런 세계였다. 그에게 '밤과 새벽 사이의 시간'은 두려운 시간이었을까 아니면 희망을 주는 시간이었을까.

고흐는 자신이 생을 마감해야 할 때가 다가온 것을 직감했을까. 그는 그곳에 있는 1년 동안 〈별이 빛나는 밤〉을 비롯하여 〈자화상〉, 〈사이프러스 나무가 있는 밀밭〉 등 그의 대표작을 포함하여 200여 점의 작품을 쏟아냈다. 고흐는 〈별이 빛나는 밤〉을 그린 지 1년 만에 '고통은 영원하다(La tristesse durera toujours)'는 말을 동생 테오에게 남긴 채, 자신에게 쏜 권총 상처로 고통 속에서 숨져갔다. 1890년 7월 29일, 1시 30분. 그가 숨을 거둔 시간이다. 1890년 5월 정신요양원에서 퇴원한 후 파리 북쪽 오베르 쉬르 우아즈로 옮긴 지 두 달여 만이다.

돈 맥클린은 '당신이 내게 뭘 말하려 했는지, 이젠 알 것 같다'고 노래하고 있지만, 우리는 반 고흐가 우리에게 말하려는 것을 온전히 깨달았다고 말할 수 있을는지.

어스름 기운에 햇살이 내리친다. 푸르스름한 세상이 불그레 달아오르고 있다. 모래 바위로 만들어진 2,000여 개의 아치들이 모습을 드러내고 있다. 붉게 솟아오르는 태양과 함께 이글거리는 이 풍광은 비를 애타게 기다리다

타버린 흙의 육신이자, 영상 40℃에서 영하 17℃에 이르는 더위와 추위를 견디며 지켜낸 자태다.

흙먼지 날리는 협곡 길과 사암을 따라 오르다 보니, 거대한 붉은 바위들 위에 자연이 만들어놓은 작품들과 마주친다. 그중 단연 눈에 띄는 것은 우아한 아치(Delicate Arch)다. 바람, 비, 기온 그리고 시간이 만든 걸작이다. 그렇지만 자연이라는 신이 만든 이 작품은 언젠가 다른 모습으로 변할 것이다. 그때에도 사람들은 이곳을 찾게 될지는 알 수 없다. 그때쯤이면 시간이 만든 또 다른 작품들이 우리를 반기겠지.

태양은 머리 위에 이글거린다. 물 한 병을 비우고서야 우리는 왔던 길을 거슬러 간다. 캠핑 도구를 챙겨 공원 입구로 향하는 길에는 온통 기괴한 도예품들로 가득하다. 붉은 사암들로 만들어진 하늘 공원이다.

191번 도로를 따라 남으로 내려간다. 메사 버드 국립공원이다. 2,600미

푸에블로 인디언들의 벼랑 거주지

터가 넘는 메사 버드 고원은 6세기에서 12세기 동안 푸에블로 인디언(Pueblo Indian)들이 살았던 곳이다. 이곳에서 사천 개 이상의 유적지가 발굴되고, 그중 100개가 넘는 방과 수십 개의 키바(kiva, 지하에 있는 원형 구조물로 제례나 회의 등에 사용됨)가 있는 벼랑 거주지들도 있다.

우리는 벼랑 거주지(Cliff Palace)와 마주한다. 어떻게 해서 벼랑에 집을 짓고, 살다가, 죽고, 사라지게 되었을까? 벼랑 바위에 집을 짓고 살았던 것을 보면, 틀림없이 그들은 생존하고자 했을 것이다. 그리고 그들은 신에게 의지하면서도 자신들이 할 수 있는 일을 했건만, 어찌할 수 없는 난관에 부딪혀 그곳을 떠나지 않으면 안 되었을 것이다. 범상치 않은 이곳도 결국 사람이 살 수 없는 곳으로 변할 수 있다는 사실에서 우리네 찬란한 문명의 운명을 생각하지 않을 수 없다.

사라져버린 수수께끼 같은 문명이 어찌 메사 버드에만 있겠는가. 마야, 앙

인생이란 어디론가 떠나는 것

코르와트, 이스터 섬 등 많은 문명들이 거대하고 신비한 유산들을 남겨두고 사라졌다. 어느 날 뉴욕과 서울의 고층 빌딩이 풀과 나무로 뒤덮인 채 후손들에게 발견되지 말란 법이 있을까. 남미와 뉴질랜드 사이 육지로부터 멀리 떨어진 태평양의 어느 곳에 위치한 이스터 섬은 한때 높이 10미터에 82톤까지 나가는 200개가 넘는 석상들이 대규모 돌 재단 위에 줄이어 있을 만큼 번창한 곳이었다. 이 수수께끼 같은 것은 수백 년 동안 온갖 추측을 불러왔다. 몰락한 문명에 대한 유력한 견해는 문명의 발달이 숲이 재생산되는 속도보다 빨라 환경이 급속하게 파괴되었다는 것이다. 제러드 다이아몬드는 「이스터 섬의 몰락」에서 왜 그들은 너무 늦기 전에 그것을 깨닫지 못했는지 안타까움을 나타낸다. '위기란 우리가 제대로 인식하지 못하는 사이에 서서히 다가오고 있다'는 경고는 오늘날 우리에게도 똑같이 말할 수 있을 것이다.

메사 버드 국립공원을 나와 모뉴먼트 밸리로 향한다. 이곳 사람들은 모뉴먼트 밸리를 말할 때 '영(spirit)'이라는 말과 연결짓는다고 한다. 그만큼 신령한 공간으로 여긴다는 뜻이다. 모뉴먼트 밸리로 가는 163번 도로를 달린다.

영화 〈포레스트 검프〉에서 포레스트가 그를 따르는 추종자들과 달리다가, 문득 돌아선 그 자리에 서 본다. 길은 저 멀리 지평선 위에 우뚝 솟은 바위까지 뻗어 있다.

"과거는 뒤에 남겨둬야 앞으로 나갈 수 있는 거야."

사랑하는 지니가 떠난 후, 포레스트가 3년 동안 달리며 되새기던 그의 어머니의 말이다. 정말 그런 걸까? 앞으로 나가기 위해 과거에 연연해하거나 발목 잡히지 말라는 뜻으로 이해하련다. 그렇더라도 지나간 시간을 함부로 뒤에 남겨놓고 싶지는 않다.

사진을 찍으면서 아이들에게 이런 마음을 전한다. 어른이 된다는 건 많은 도전과 시련을 만나는 것이고, 그러는 과정에서 성숙해지고 인류가 공존하

▲ 포레스트 검프가 추종자들과 달리다가,
문득 돌아선 163번 도로
◀ 저자, 〈루트 163〉, 종이에 연필 _ 유타주
모뉴먼트 밸리

기 위해서는 그것을 함께 극복해나가야 한다고······.

포레스트는 추종하는 무리들을 뒤로 한 채 사랑하는 지니를 만나기 위해서 이곳을 떠났다. 그리고 그는 마침내 지니를 만나기 직전 버스 정류장에서 초콜릿 상자를 열며 그의 어머니가 하신 말씀을 전한다. "인생은 초콜릿 상자와 같은" 것으로 "네가 무엇을 고를지 아무도 모른다"고.

이제, 우리도 이곳을 떠난다. 정말 인생은 초콜릿 상자와 같은 걸까. 우리에게는 초콜릿 상자가 있기는 한 걸까. 우리 여행에서는 어떤 초콜릿을 꺼내 먹게 되는 걸까.

인생이란?
역마차를 타고 어디론가 떠나는 것

여행지
모뉴먼트 밸리(Monument Valley, UT; AZ)

안내자
레오나르도 다 빈치(1452~1519)
〈성 안나와 성모자〉(레오나르도 다 빈치, 1510?)
〈역마차〉(존 포드, 1939)

휘파람, 만돌린, 말발굽, 벤조 소리……. '역마차'가 먼지를 일으키며 광활한 모뉴먼트 밸리를 지난다. 서부극 장르를 대표하는 존 포드가 감독한 〈역마차(Stagecoach)〉에 등장하는 낯익은 장면이다. 이 영화에 등장하는 모뉴먼트 밸리는 그가 감독한 거의 모든 서부 영화에 나온다. 모뉴먼트 밸리는 당시 서부 개척 시대에 대한 향수를 불러오는 역할을 했다. 더불어 우리들에게는 그 광활하고 이색적인 풍광으로부터 미국이라는 대국 이미지와 그에 대한 부러운 이미지가 각인되었다. 카우보이, 보안관으로 대표되는 인물들이 무법자, 인디언과 같은 악당들을 물리치는 모습에서 우리는 그들로부터 정의의 사도를 보았다. 지금 우리는 바로 그 '역마차'가 달리던 계곡에 서 있다.

'역마차'는 애리조나주 톤토(Tonto) 마을을 출발한다. 거기에는 '법과 질서를 위한 부녀회'로부터 쫓겨난 매춘부 달라스(클레어 트레버)와 알코올중독자인 의사 닥 분(토머스 메첼)을 비롯하여, 군인 남편을 찾아가는 루시 맬로리(루이즈 플랫), 그녀에게 반한 도박꾼 햇필드(존 캐러딘), 위스키 장사꾼 피콕(도널드 미크), 맡긴 돈을 훔쳐 달아나는 은행장 게이트우드(버튼 처칠), 현상범을 잡으러가는 보안관 컬리(조지 밴크로프트) 등이 타고 있다. 도중에 이 영화를 통해 일약 스타로 거듭난 존 웨인이 역할을 맡은 탈옥수 링고 키드가 동승한다. 그는 살해당한 아버지와 동생의 죽음을 복수하러 가는 길이다.

'역마차'는 광활한 모뉴먼트 밸리를 지나 드라이포크로 달린다. 그들이 그곳에 당도하고 보니, 루시의 남편과 군대는 이미 떠난 뒤였다. 게다가 그들을 호위해온 기병대는 돌아가야 한다. 이제 그들은 계속 가야 할지, 돌아가야 할지를 선택해야 한다. 그러나 그들에게는 선택의 여지가 없다. 돌아갈 수 없기 때문이다. 다만 장사꾼 피콕은 계속 가야 할 절박한 이유가 없다.

다음 목적지인 아파치웰스까지는 아파치들을 피하기 위해 눈 덮인 길로 일곱 시간을 질주한다. 루시는 그곳에서도 남편을 만날 수 없었다. 남편 맬로리 대위는 아파치족과의 전투에서 심한 부상을 입고 로즈버그로 후송되었기 때문이다. 그 충격으로 루시 부인은 아기를 출산한다. 알코올중독 의사인 닥 분은 아이를 받고, 매춘부인 달라스는 그녀를 돕는다. 그 와중에 탈옥수 링고 키드는 달라스에게 청혼을 한다. 그리고 아파치족의 공격 신호를 본 일행은 로즈버그로 급히 출발한다. 그곳에 가까워지자 무사히 도착한 것을 축하하기 위해 축배를 드는 순간, 피콕은 화살을 맞고 쓰러진다. 아파치족의 공격이 시작된 것이다. 총알이 떨어질 무렵, 기병대 나팔소리가 들려온다.

로즈버그에 도착한 링고는 원수를 복수하러 나선다. 그는 혼자이고, 상대는 세 사람이다. 이길 확률은 거의 없다. 그럼에도 그는 싸웠고, 마침내 그들을 처치한다. 그를 체포해야 할 보안관은 의사와 함께 링고와 달라스를 마차에 태워 국경 너머로 그들이 살 곳으로 보낸다.

'역마차'에는 다양한 목적을 가진 사람들이 탔다. 그들 가운데는 마을에서

인생이란 어디론가 떠나는 것

추방당한 사람뿐 아니라, 마을을 거쳐 가거나, 마을을 지키는 사람들도 포함되어 있다. 그들은 여행을 하면서 서로를 반목하는 관계에서 공동체 의식과 연대감을 갖게 되는 관계가 된다. 그리고 무법자들이 제거되고, 추방당하거나 감금되어야 할 인물들이 국경 너머의 안식처로 향한다.

톤토에서 로즈버그에 이르는 길은 이주자들이 개척해 놓은 모뉴먼트 밸리를 비롯한 붉고 황량한 사암 지역을 통과해야 한다. 그 길은 원주민들이 살아온 삶의 터전이기에, 그들의 저항에 부딪히지 않을 수 없다. 그래서 '역마차'를 탄 일행은 아파치족 인디언들과 전투를 벌이면서 쌍방이 목숨을 잃는 대가를 치러야 했던 것이다.

우리네 인간들은 각자가 원하는 목적을 위해 달려간다. 그 길을 가면서 수많은 시련과 갈등, 사랑과 우정을 겪게 된다. 한배를 타고 우리라는 울타리 안에 살면서 갈등하기도 하지만, 공동의 적 앞에서는 합심해서 물리치기도 한다. 그렇지만 그것은 다른 배에 탄 사람들의 배제와 희생을 요구하는 것이기도 하다. 모든 사람들이 공존하기 위해 한배를 탄 우리도, 다른 배에 탄 그들도, 모두 우리가 될 수는 없는 걸까.

카우보이 링고가 매춘부 달라스와 함께 그가 원하는 곳에 가는 것으로 〈역마차〉는 끝난다. 그들이 행복하게 살 것이라 영화는 암시하고 있지만, 과연 그렇게 될지는 미지수다. 영화 주제곡에서 카우보이가 '쓸쓸한 초원에 나를 묻지 말아다오'라고 애절하게 원하건만, '우리는 그를 쓸쓸한 초원에 묻고 말았다'고 노래하고 있듯이, 그들은 존재의 한계를 넘어설 수 없을지도 모르기 때문이다. 아니다. 우리는 그의 소원을 들어줄 수 없는 냉혹한 인간이거나 그럴 만한 능력이 없는 사회에 사는지도 모른다.

'역마차'가 달려온 그 길을 가려면 차량을 이용해야 한다. 험로를 견딜 수 있게 만든 투어용 자동차를 보니 우리가 타고 온 차론 엄두가 나지 않는다.

구딩의 로지 전망대에서 본 모뉴먼트 밸리

자갈, 흙먼지, 거기다 울퉁불퉁하고 가파른 길이 이어져 있다. 무엇을 탈지 선택해야 한다. 우리는 타고 온 미니밴을 끌고 이 길에 도전하기로 한다.

'역마차'는 인디언들의 공격을 피하기 위해 그들이 낼 수 있는 한 속도를 높였다. 그러나 우리는 그럴 필요가 없다. 차라리 잘 되었다. 자연이 선물한 이 장엄한 풍광을 감상하기 위해서는 느리게 가는 게 낫다. 투어 버스는 붉은 먼지를 일으키며 우리를 추월해 간다.

한낮의 뜨거움도 서쪽 구름 너머로 사그라들고 있다. 모뉴먼트 계곡이 한눈에 보이는 구딩의 로지(Goulding's Lodge) 전망대에 앉는다. 계곡을 바라보고 있노라니, 스러지는 빛에 따라 변화하는 풍광은 우리를 압도하기도 하고, 즐겁게 해주기도 하며, 슬프게도 하며, 매혹하기도 한다. 그러나 그 어떤 미적 개념도 이 순간만큼은 내려놓고 이 풍광이 주는 감정을 있는 그대로 받아들이고 싶다.

인생이란 어디론가 떠나는 것

레오나르도 다 빈치가 그린 〈성 안나와 성모자(Virgin and Child with St. Anne)〉가 있다. 성 안나와 성모자를 둘러싼 높은 바위산과 그 사이를 흐르는 시내. 흐뭇한 듯, 기쁜 듯, 신비한 미소로 마리아를 바라보는 그녀의 어머니 안나, 안나보다는 진지하면서도 미소를 잃지 않은 얼굴로 예수를 바라보는 마리아. 왼손엔 양의 뿔을 잡고, 왼발로는 양의 몸통을 걸친 채 천진난만한 표정으로 엄마와 눈 맞춤을 하는 예수. 안나는 마리아를, 마리아는 예수를, 예수는 양을 끌어안고 있는 이 가족의 모습에서 느끼는 강렬한 느낌이 이 계곡으로부터 고스란히 전해온다.

황량한 계곡 사이로 솟아오른 거대한 바위들 사이로 다 빈치의 환상적인 물줄기는 빛이 되어 흘러간다. 계곡을 배경 삼아 아내와 두 아이의 모습을 카메라에 담으면서 안나와 마리아와 예수가 지었던 미소를 발견한다. 성 안나 가족의 미소가 그들의 울타리를 벗어나 인류의 구원으로 이어지듯이, 우리의 미소가 우리라는 울타리를 넘어서길 소원한다.

모뉴먼트 밸리 주차장 가로등이 영롱해진다. 거대한 붉은 뷰트(butte)가 어둠의 바다 속으로 잠긴다.

레오나르도 다 빈치, 〈성 안나와 성 모자〉

저자, 〈가로지르기〉, 종이에 펜과 연필 _ 오클라호마주 오클라호마 대평원

다시, 여행 너머의 여행을 꿈꾸며

우리는 그에게 매사추세츠 플리머스에서 캘리포니아까지,
한라에서 백두에 이르기까지, 메마르고 뒤틀려버린 세상에 비를
촉촉이 뿌려주도록 요청해야 할지도 모른다. 더욱 아름답고
풍요로운 세상을 만들기 위해…….

에필로그 다시, 여행 너머의 여행을 꿈꾸며

여행지
샌타페이(Santa Fe, NM) - 오클라호마(Oklahoma, OK)

안내자
존 스타인벡(1902~1968)
『분노의 포도』(존 스타인벡, 1939)
〈레인 맨(Rain Man)〉(베리 레빈슨, 1988)

뉴멕시코주와 텍사스주의 경계를 지나 오클라호마주의 대평원을 가르며 달린다. 몇 시간을 가도 끝이 보이지 않는 지평선. 인디언 부족들은 이 길을 눈물과 고통 속에서 걸었으며, 백인들은 땅과 황금을 찾아 달렸다.

1838년 10월, 남동부에 살던 체로키 인디언은 가을부터 한겨울 동안 오클라호마의 인디언 보호구역까지 1,300킬로미터에 이르는 '눈물의 길(The Trail of Tears)'을 강제로 걸어야 했다(1838.10~1839.3). 부족민 4분의 1가량인 4,000여 명은 길에서 추위와 굶주림, 질병으로 세상을 떠났다. 그들은 독립된 주권국임을 선포하는 헌법을 가지고 있었다. 그런들 무슨 소용이 있었을까. 국제법은 강대국들에게는 무용지물이듯이, 그들이 만든 헌법은 대포 한방을 막기에도 역부족인 것을……. 1817년에서 1880년대까지 100개 이상의 인디언 부족이 인디언준주(보호구역)로 강제 이주를 당했다.

1889년 4월 22일, 월요일 정오. 불하하는 땅을 차지하기 위해 백인들은 마차로, 기차로 오클라호마에 몰려들었다. 토지선점 경주에 참여한 5만 명은 나팔 소리를 신호로 목숨을 걸고 달렸다. 200만 에이커(8,000제곱킬로미터)의 땅을 인디언(크리크족, 세미놀족)으로부터 헐값에 사들여, 160에이커(647,497제곱미터; 195,868평)씩 나누어 표시해놓은 땅을 차지하기 위해……. 그날은 토지 선점 경주의 시작에 불과했다.

그리고 20세기 들어 경제공황이 닥쳤을 무렵, 이 땅은 '사람들이 집 안에 틀어박히고, 밖으로 나갈 때는 얼굴에 손수건을 싸매서 코를 가리고, 눈을 보호하기 위해 둥그런 안경을' 써야 했던 소작농들이 떠나지 않으면 안 되는 곳이 되었다. 오클라호마에는 가뭄과 황사가 닥쳤고, 소작농들은 지주와 은행의 횡포로 부쳐 먹던 땅마저 잃게 되었다. 그리하여 그들은 살기 위해 풍요의 땅이라 믿었던 캘리포니아로 떠나야 했다. 66번 가도를 가득 메운 오키들. 오클라호마주 출신의 가난한 이주민들을 경멸하는 별칭으로 불리는 오키들은 66번 가도를 가득 메웠다. 그러나 그들이 도착한 캘리포니아는 자신들이 상상하던 포도를 마음껏 먹을 수 있는 곳이 아니었다. 사람들은 영양실조로 죽어갔으며, 일자리 구하기는 하늘의 별 따기였고, 저임금과 노동력 착취, 공권력의 폭력에 시달려야 했다. 무엇보다 대지주들의 횡포는 극에 달해 있었다.

누가, 무엇이 이 같은 상황을 벗어나게 할 수 있을 것인가? 1962년에 노벨문학상을 받은 존 스타인벡(John Steinbeck)은 『분노의 포도(*The Grapes of Wrath*)』에서 비참한 삶으로 아이를 사산(死産)한 여인(샤론의 로즈)으로 하여금, 엿새째 아무것도 먹지 못하고 목화밭에 병들어 있는 50대 노동자에게 젖을 물리게 하는 장면으로 이야기의 끝을 맺는다.

존 스타인벡은 가장 위로를 받아야 할 사람이 그/녀와 비슷한 처지에 놓인 사람의 생명을 구하는 것, 그러한 구체적인 사랑의 실천만이 이 지긋한 고통을 벗어날 수 있으리라 믿었던 것일까.

인생이란 어디론가 떠나는 것

20세기 세계 경제 대공황도 가고, 21세기의 금융 위기도 지나간 지금, 풍요로워 보이는 이 땅에는 아직도 한숨을 쉬거나, 목숨을 부지하기도 어려운 사람들이 곳곳에 있다. 부자와 가난한 자의 격차는 더욱 커지고 있다. 그러기에 '분노의 포도'는 여전히 진행형인지도 모른다. 우리라고 다를까.

　우리는 진정한 형제애를 느낄 수 있게 해주었던 베리 레빈슨(Barry Levinson, 1942~)이 감독한 영화 〈레인 맨(Rain Man)〉을 기억한다. 레인 맨 레이먼드(더스틴 호프먼)는 정신병원에 갇혀 있다가 부친의 유산을 탐낸 동생 찰리(톰 크루즈)에게 납치된다. 그는 서부 로스앤젤레스로 가는 도중 라스베이거스에서 돈을 따서 그의 형에게 금전적인 도움을 주기도 하지만, 결국 자폐증을 지닌 그는 동생과 헤어져 정신병원으로 돌아가야 했다.

　이 시점에서, 아무래도 그곳에 갇힌 레인 맨(Rain Man)을 다시 호출해야겠다. 우리는 그를 비정상이라 하여 그곳에 보냈지만, 그가 보기에 우리가 사는 세상이 제정신이 아닐 수 있지 않을까. 우리는 그에게 매사추세츠 플리머스에서 캘리포니아까지, 한라에서 백두에 이르기까지, 메마르고 뒤틀려버린 세상에 비를 촉촉이 뿌려주도록 요청해야 할지도 모른다. 더욱 아름답고 풍요로운 세상을 만들기 위해……

•• 여행과 함께한 작품들

시

「가난한 사랑노래」(신경림, 1988), 「건축무한육면각체」(이상, 1932), 「교목(喬木)」(이육사, 1940), 「국경의 밤」(김동환, 1925), 「그 꽃」(고은, 2001), 「꽃」(김춘수, 1952), 「끝없는 강물이 흐르네」(김영랑, 1930), 「나그네」(박목월, 1946), 「남으로 창을 내겠오」(김상용, 1934), 「부모」(김소월, 1952), 「사평역에서」(곽재구, 1981), 「엄마 걱정」(기형도, 1991), 「행복」(허영자, 1966)

「끝물의 라일락이」(월트 휘트먼, 1865), 「오 선장님! 우리 선장님!」(월트 휘트먼, 1865)

소설

「도박」(선우휘, 1962), 「사평역」(임철우, 1983), 「삼포 가는 길」(황석영, 1973), 「아버지의 자리」(김소진, 1994), 「아홉 켤레의 구두로 남은 사내」(윤흥길, 1977), 「옐로스톤의 오후」(이경숙, 2013), 「우리들의 일그러진 영웅」(이문열, 1987), 「해변 아리랑」(이청준, 1985), 「화수분」(전영택, 1925)

「검은 고양이」(에드거 앨런 포, 1843), 「마지막 한 잎」(오 헨리, 1952), 「큰 바위 얼굴」(너새니얼 호손, 1850)

『그 섬에 가고 싶다』(임철우, 2003), 『너희가 재즈를 믿느냐』(장정일, 1994), 『아주 오래된 농담』(박완서, 2000), 『엄마를 부탁해』(신경숙, 2008), 『탁류』(채만식, 1937)

『다시 만난 어린 왕자』(장 피에르 다비트, 1998), 『동물농장』(조지 오웰, 1945), 『모모』(미하엘 엔데, 1973), 『바람과 함께 사라지다』(마거릿 미첼, 1936), 『변신』

(F. 카프카, 1915), 『분노의 포도』(존 스타인벡, 1939), 『아주 오래된 농담』(박완서, 2000), 『어린 왕자』(생텍쥐페리, 1943), 『어머니』(막심 고리키, 1906), 『엄마를 부탁해』(신경숙, 2008), 『오이디포스 왕』(소포클레스), 『자기 앞의 생』(에밀 아자르, 1975), 『죽은 시인의 사회』(톰 슐만, 1989), 『채털리 부인의 사랑』(D. H. 로렌스, 1928), 『책도둑』(마커스 주삭, 2007), 『춘희』(뒤마 필스, 1848), 『탁류』(채만식, 1937), 『톰 소여의 모험』(마크 트웨인, 1876), 『파우스트』(괴테, 1988), 『허클베리 핀의 모험』(마크 트웨인, 1884), *Treasury of World Masterpieces Mark Twain*(Octopus, 1981)

희곡

『욕망이라는 이름의 전차』(테네시 윌리엄스, 1947)

산문

『나는 빠리의 택시 운전사』(홍세화, 1995), 『더불어 숲-신영복의 세계기행』(신영복, 2015)

『나에게는 꿈이 있습니다-마틴 루터 킹 자서전』(클레이본 카슨 엮음, 2000), 『마크 트웨인 자서전』(마크 트웨인), 『마틴 루터 킹』(마셜 프래디, 2004), 『성경』, 『아메리카 인디언의 가르침』(포리스트 카터, 1991), 『엘비스, 끝나지 않은 전설』(피터 해리 브라운 · 팻 H. 브로스키, 2006), 『인디언의 영혼』(오히예사, 2004), 『인디언의 전설, 크레이지 호스-땅과 생명을 짓밟으면 영혼까지 빼앗을 수 있는가?』(마리 산도스, 2003), 『인생수업』(엘리자베스 퀴블러 로스 · 데이비드 케슬러, 류시화 역, 이레, 2006), 『인생이란 무엇인가』(레프 톨스토이, 1904~1910)

음악 · 노래

〈가시나무〉(시인과 촌장, 1988), 〈걱정 말아요 그대〉(전인권, 2004), 〈그것만이 내 세상〉(들국화, 1985), 〈눈눈눈눈(nunnunnunnun)〉(전인권밴드, 2015), 〈레퀴엠,

K626〉(모차르트, 1791), 〈루씰〉(한영애, 1988), 〈모모〉(김만준, 1978), 〈우리가 어느 별에서〉(정호성 시, 안치환 노래, 1993), 〈킬리만자로의 표범〉(조용필, 1985), 〈타인의 계절〉(한경애, 1981), 〈행진〉(들국화, 1985)

〈나우스 더 타임〉(찰리 파커, 1952), 〈렛 잇 비〉(비틀스, 1970), 〈루트 66〉(냇 킹 콜, 1946), 〈빈센트〉(돈 맥클린, 1971), 〈스모크 겟츠 인 유어 아이〉(J. D. 사우더, 1958), 〈시온의 영광이 빛나는 아침〉(찬송가, 1930), 〈아이라 헤이즈 발라드〉(자니 캐쉬, 1964), 〈언체인드 멜로디〉(라이처스 브라더스, 1965), 〈얼마나 아름다운 세상인가?〉(루이 암스트롱, 1967), 〈오 주여 이 손을〉(마할리아 잭슨, 1956), 〈온 세상이 물바다〉(찰리 패튼, 1929), 〈우리 승리하리라〉(존 바에즈), 〈이 땅은 너의 땅〉(우디 거스리, 1940), 〈이상한 열매〉(에이블 미어로폴, 1939), 〈자니 비 굿〉(척 베리, 1958), 〈히어로〉(Family of the Year, 2012)

그림

〈감자 먹는 사람들〉(빈센트 반 고흐, 1885), 〈별이 빛나는 밤〉(빈센트 반 고흐, 1889), 〈성 안나와 성모자〉(레오나르도 다 빈치, 1510?), 〈흰독말풀, 하얀꽃 No. 1〉(조지아 오키프, 1932)

사진

〈리오그란데강을 건너는 멕시코인〉(스탠 그로스펠드, 1985), 〈베트남 – 전쟁의 테러〉(후잉 콩 "닉" 우트, 1972.6.8)

영화 · 드라마 · 애니메이션

〈연애소설〉(이한, 2002), 〈집으로〉(이정향, 2002)

〈7인의 사무라이〉(구로사와 아키라, 1954), 〈내 심장을 운디드니에 묻어주오〉(이브 시므노, 2007), 〈늑대와 춤을〉(케빈 코스트너, 1990), 〈대부〉(프랜시스 포드 코폴라, 1972), 〈델마와 루이스〉(리들리 스콧, 1991), 〈라스베가스를 떠나며)(마이크 피기스, 1995), 〈레인 맨(Rain Man)〉(베리 레빈슨, 1988), 〈리오그란데〉(존 포드, 1950), 〈매그니피센트 7〉(안톤 후쿠마, 2016), 〈미시시피 버닝〉(앨런 파커, 1988), 〈미지와의 조우〉(스티븐 스필버그, 1977), 〈바람과 함께 사라지다〉(빅터 플레밍, 1939), 〈백 투 더 퓨처〉(로버트 저메키스, 1987), 〈버드〉(클린트 이스트우드, 1988), 〈버킷 리스트 : 죽기 전에 꼭 하고 싶은 것들〉(롭 라이너, 2007), 〈보이후드〉(리처드 링클레이터, 2014), 〈브레이킹 배드〉)(AMC, 2008~2013), 〈브로크백 마운틴〉(이안, 2005), 〈사랑과 영혼〉(제리 주커, 1990), 〈서부 개척사〉(존 포드, 헨리 헤서웨이, 조지 마셜, 1962), 〈셀마〉(에바 두버네이, 2014), 〈셰인〉(조지 스티븐스, 1953), 〈스팅〉(조지 로이 힐, 1973), 〈아마데우스〉(밀로스 포만, 1984), 〈아버지의 깃발〉(클린트 이스트우드, 2006), 〈아폴로 13〉(론 하워드, 1995), 〈알라모〉(존 리 핸콕, 2004), 〈앙코르〉(제임스 맨골드, 2005), 〈역마차〉(존 포드, 1939), 〈영혼은 그대 곁에〉(스티븐 스필버그, 1989), 〈욕망이라는 이름의 전차〉(엘리아 카잔, 1957), 〈위트니스〉(피터 위어, 1985), 〈위플래쉬〉(데이미언 셔젤, 2014), 〈은하철도 999〉(린타로, 만화 1977~79, 애니 1978~81), 〈응답하라 1988〉(2015.11~2016.1), 〈이오지마에서 온 편지〉(클린트 이스트우드, 2006), 〈인생은 아름다워〉(로베르토 베니니, 1997), 〈장고〉(세르지오 코르부치, 1966), 〈죽은 시인의 사회〉(피터 위어, 1989), 〈책도둑〉(브라이언 퍼시벌, 2013), 〈천국을 향하여〉(하니 아부 아사드, 2005), 〈천국의 문〉(마이클 치미노 감독, 1980), 〈키드〉(찰리 채플린, 1921), 〈트랜스포머〉(마이클 베이, 2007), 〈파리, 텍사스〉(빔 벤더스, 1984), 〈패션 오브 크라이스트〉(멜 깁슨, 2004), 〈포레스트 검프〉(로버트 저메키스, 1994), 〈해바라기〉(비토리오 데 시카, 1970), 〈황야의 7인〉(존 스터지스, 1960), 〈황야의 무법자들〉(세르지오 레오네, 1964)

공연

〈알레그리아〉(데브라 브라운, 1994), 〈O〉(프랑코 드라곤, 1998)

•• 참고문헌

강 헌, 『전복과 반전의 순간』, 돌베개, 2015.

김성곤, 「뗏목 해체하기 : 트웨인에 대한 해체론적 접근」, 『현대 영미 소설의 이
　　　해』, 아침이슬, 2004.

김용관, 『탐욕의 자본주의 : 투기와 약탈이 낳은 괴물의 역사』, 인물과사상사,
　　　2009.

안희경, 『문명, 그 길을 묻다』, 이야기가있는집, 2015.

양홍석, 「대영제국과 버팔로빌쇼 : 미국 서부활극의 세계화와 인디언 이미지 형
　　　성」, 『미국사연구』 제25집, 한국미국사학회, 2007.

여치현, 『인디언 마을 공화국―북아메리카 인디언은 왜 국가를 만들지 않았을
　　　까』, 휴머니스트, 2012.

조현진, 『로큰롤의 유산을 찾아서』, 안나푸르나, 2015.

디 브라운, 『나를 운디드니에 묻어주오 : 미국 인디언 멸망사』, 최준식 역, 한겨
　　　레출판, 2012.

로버트 M. 어틀리, 『시팅불 : 인디언의 창과 방패』, 김옥수 역, 두레, 2001.

루스 베네딕트, 『문화의 패턴』, 김열규 역, 까치, 1993.

마리 산도스, 『인디언의 전설, 크레이지 호스―땅과 생명을 짓밟으면 영혼까지
　　　빼앗을 수 있는가?』, 김이숙 역, 휴머니스트, 2003.

마셜 프래디, 『마틴 루터 킹』, 정초능 역, 푸른숲, 2004.

발터 벤야민, 「사진의 작은 역사」, 『기술복제시대의 예술 작품』, 최성만 역, 길,
　　　2007.

빈센트 반 고흐, 『반 고흐, 영혼의 편지』, 신성림 역, 예담, 2005.

알랭 드 보통, 『여행의 기술』, 정영목 역, 이레, 2004.

알렉시스 드 토크빌, 『미국의 민주주의1』, 임효선 · 박지동 역, 한길사, 1997.

에드워드 홀, 『문화를 넘어서』, 최효선 역, 한길사, 2000.

────, 『침묵의 언어』, 최효선 역, 한길사, 2000.

유발 하라리, 『사피엔스』, 조현욱 역, 김영사, 2015.

장 지글러, 『왜 세계의 절반은 굶주리는가?』, 유영미 역, 갈라파고스, 2007.

재러드 다이아먼드, 「이스터 섬의 몰락」, 『낯선 곳에서 나를 만나다』, 일조각,
        2006.

────, 『총, 균, 쇠』, 김진준 역, 문학사상사, 1998.

────, 『문명의 붕괴』, 강주헌 역, 김영사, 2005.

존 A. 호스테틀러, 『아미쉬 사회』, 김아림 역, 생각과사람들, 2014.

테오도르 젤딘, 『인간의 내밀한 역사』, 김태우 역, 강, 2005.

피터 해리 브라운 · 팻 H. 브로스키, 『엘비스, 끝나지 않은 전설』, 성기완 · 최윤
        석 역, 이마고, 2006.

하워드 진 · 레베카 스테포프, 『하워드－살아있는 미국역사 : 신대륙 발견부터
        부시 정권까지, 그 진실한 기록』, 김영진 역, 추수밭, 2008.

하워드 진 · 앤서니 아노브, 『〈미국민중사〉를 만든 목소리들』, 황혜성 역, 이후,
        2011.

니토베 이나조, 『무사도란 무엇인가』, 심우성 역, 동문선, 2001.

이즈쓰 도시히코, 『의미의 깊이』, 이종철 역, 민음사, 2004.

Jeanne Rogers, *Standing Wittness － Devils Tower National Movement A History*, Devils
        Tower National Monument, 2007.

저자 임경순

김제에서 태어나 징개맹개(김제·만경) 외배미를 가로지르며 누볐다. 초등 4학년생인 그는, 어느 날 말로만 듣던 서해 바다까지 왕복 120리 길을 자전거를 타고 무작정 달렸다. 땅거미가 스멀거리는 길을 되감아 올 때엔 탈진으로 길은 멀어져만 갔다. 하지만 그의 엄마는 행여 식을세라 아랫목 이불 속에 밥을 묻고 아들을 맞았다. 그의 경이롭고 고달픈 첫 여행은 그렇게 시작되었다. 초·중·고를 그곳에서 다닌 그는 고향에서 하고 싶은 공부를 하며 대학을 다니겠다는 소망과 달리, 어쩌다 서울에 유학을 가게 되었다. 그가 서울대학교에서 국어교육을 전공하고, 박사 학위를 받고, 수십 편의 논문을 썼다지만, 어린 시절 첫 여행에서 첫 여행에서 느낀 짜릿함과 견줄 수 있을지 모르겠다. 그는 교수로서 한국외국어대학교에서 학생들과 더불어 독서와 토론의 즐거운 여행을 하면서, 언제든 더 젊고 넓은 세상 속으로 떠날 준비를 하고 있다. 일복은 있어 그는 한중인문학회 회장과 김유정학회 회장을 겸하고 있다. 최근 그가 다녀온 지적 여행 가운데 『서사, 연대성 그리고 문학교육』이 대표적이다.

동행자 한영식

엄부자모에 자라 서울대학교 지리교육과를 졸업하고 중학교 사회 교사가 되었다. 세계 각 지역의 자연과 문화를 가르치던 중 체험의 필요성을 절감하여 일찍이 유럽 배낭여행을 하였다. 결혼해서는 대학원 진학의 꿈을 보류하고, 직장·육아·가사를 병행하며 두 아이를 키웠다. 막내가 고등학교에 들어갈 즈음 석사 과정에 진학하여 사회과 핵심 역량과 창의적 리더십의 연관성으로 석사 학위를 받았다. 이후 배움은 죽을 때까지 자신을 만들어가는 과정이라는 믿음에 따라 숭실대학교 평생교육과 박사과정에 진학하여 양육철학을 주제로 박사 학위 논문 쓰는 일에 몰두하고 있다.

임준영

어릴 때부터 공부하는 아버지와 교사이신 어머니의 바쁜 일상 속에서 일찌감치 스스로 사는 법을 터득해야 했고, 동생을 위해 양보를 많이 해왔다. 호기심 많고 활달했던 그는 과학 현상에 집중하고, 다소 엉뚱할 정도로 상상력을 발동시켜 주위 사람들을 놀라게 했다. 그래서인지 초·중학교 때 영재교육원을 즐겁게 다닐 수 있었다. 아버지를 따라 미국에서 고등학교를 다니다가, 고3 막바지에 조국으로 돌아와 공학도의 길을 가고 있다. 육군 수색대대에서 국방의 의무를 다한 후, 지금은 미래의 삶을 진지하게 모색하고 있다.

임예린

유치원 때는 가끔 아버지께서 땋아주신 머리를 하고 다니곤 했다. 그땐 그저 그게 좋았다. 초등학생 때, 그녀의 부모가 그렇듯이 부모가 맞벌이를 하는 동네 친구와 가깝게 지냈다. 그녀는 학교 대표로 선발될 정도로 달리기를 잘하기도 하였으며, 인생뿐 아니라 사회와 과학에 대하여 궁금한 것도 많다. 중학생 때 그녀는 미국 오바마 대통령상을 추억으로 간직한 채 귀국한 후, 친구들과 독서와 친교 모임을 갖고 있다. 그녀는 공학도로서 동아리·봉사 활동을 하면서, 당차게 앞길을 터 가고 있다.

인생이란 어디론가 떠나는 것

: 버킷 리스트와 두 질문

초판 1쇄 인쇄 · 2019년 5월 20일
초판 1쇄 발행 · 2019년 5월 25일

지은이 · 임 경 순
펴낸이 · 한 봉 숙
펴낸곳 · 푸른사상사

주간 · 맹문재 | 편집 · 지순이 | 교정 · 김수란
등록 · 1999년 7월 8일 제2-2876호
주소 · 경기도 파주시 회동길 337-16 푸른사상사
대표전화 · 031) 955-9111(2) | 팩시밀리 · 031) 955-9114
이메일 · prun21c@hanmail.net
홈페이지 · http://www.prun21c.com

ⓒ 임경순, 2019
ISBN 979-11-308-1433-9　03980

값 16,500원

이 도서의 국립중앙도서관 출판예정도서목록(CIP)은
서지정보유통지원시스템 홈페이지(http://seoji.nl.go.kr)와
국가자료공동목록시스템(http://www.nl.go.kr/kolisnet)에서 이용하실 수 있습니다.
(CIP제어번호 : CIP2019018306)